设计的生态
DESIGN ECOLOGIES

中国设计创新园区优秀典例与设计软实力系列研究
Research on Excellent Examples of China Design Innovation Parks and Design Soft Power

蒋红斌　张俏　著

清华大学出版社
北京

内 容 简 介

本书以中国优秀设计园区——北京"751D·PARK"时尚设计广场和"798艺术区"的建设、转型和发展为主线，通过访谈和数据整理，将聚集在那里的设计先行者们助力中国设计崛起的实践心得和孜孜以求的认知整理起来。本书引入组织生态学研究视角和知识图谱研究方法，将设计园区的构建与演进过程，解构为一场汇聚创新先锋、城市文化、创新资源及新质生产力等多元设计要素的生态盛宴，展现了一个可持续繁荣、生生不息的园区生态系统。在此基础上，本书进一步拓宽视野，将中国设计之都的设计产业版图与园区发展实践置于国际舞台之上，进行细致入微的对比分析，旨在探索中国设计软实力在全球语境下的发展新路径，以及构建具有国际竞争力的设计生态体系的深层机理。这不仅是对中国设计力量的一次深刻致敬，更是对未来设计蓝图的一次前瞻布局。

版权所有，侵权必究。举报：010-62782989，beiqinquan@tup.tsinghua.edu.cn。

图书在版编目(CIP)数据

设计的生态：中国设计创新园区优秀典例与设计软实力系列研究 / 蒋红斌, 张俏著. -- 北京：清华大学出版社, 2024.12. -- ISBN 978-7-302-67042-1

Ⅰ.TU986.2

中国国家版本馆CIP数据核字第2024G2L497号

责任编辑：张占奎
封面设计：金志强
责任校对：欧 洋
责任印制：杨 艳

出版发行：清华大学出版社
网   址：https://www.tup.com.cn, https://www.wqxuetang.com
地   址：北京清华大学学研大厦A座
邮   编：100084
社 总 机：010-83470000
邮   购：010-62786544
投稿与读者服务：010-62776969, c-service@tup.tsinghua.edu.cn
质量反馈：010-62772015, zhiliang@tup.tsinghua.edu.cn
印 装 者：三河市东方印刷有限公司
经   销：全国新华书店
开   本：165mm×235mm
印   张：24.5
字   数：438千字
版   次：2024年12月第1版
印   次：2024年12月第1次印刷
定   价：128.00元

产品编号：108338-01

前言

本书是以国家社科重大课题——"设计文化与国家软实力建设研究"的子课题"文化间性视阈下跨文化设计与传播方式研究"为动因和主线,通过中国设计类园区的发展现状考察,以当代中国工业设计园区的文化软实力,以及跨文化的设计影响力和传播力为核心思考内容,通过甄选与设计创新密切关联的设计创新典型园区而开展的调研与分析,旨在认识和描述近年来最具典型性的设计文化类园区发展的面貌和发展特质。

设计与跨文化,之所以引人入胜,是因为它竟然是这样的一种活动,是以创造事物的美好、动人和新生活方式为目标的活动;设计与跨文化,之所以进入我们视线和脑海,是因为它竟然是这样的一种专业,以探索人们如何塑造事物,给事物以动人和善意;设计与跨文化,孜孜以求地将生活中的事物,赋予人性的良知,将其凝结成整体,给生活以热爱、尊重和真诚的营建。设计与跨文化,因为体现了我们内心深处对文明的向往而显得魅力无穷,现代文明把这个向往的基础与根本,描述为人文精神和对人类自身命运关怀的要求。

"798 艺术区"和"751D·PARK"设计产业创意产业集聚园区,正是当今中国呈现这种特质的一个园地和区域。它让设计文明成为这里的向度,让不同时期的城市文化汇聚成可以体察到的气息和氛围,将城市的功能以社会化的园地方式,呈现勃勃生机的事业形态而彰显其价值。如果你来到北京,想去一个地方,想去理解和观察北京所集聚起来的现代设计文化和人文精神,那么,"798 艺术区"和"751D·PARK"设计产业集聚区是一个很好的去处。它们可以让人沉浸其中、品味艺术。如果你在北京求学,想去一个地方,想去认识和体会设计在这个时代汇聚怎样的能量,那么,"798 艺术区"和"751D·PARK"设计产业集聚区是一个很好的去处,它为你静静地展开扉页,让你浏览设计、文化、艺术和创业的融合所散发的事业魅力和神奇。如果你是一个设计学人,想去一个地方,想去结识北京城里的同行,去见识和切磋设计的技艺,或者聆听设计者们讲述自己的理念,那么,"798 艺术区"和"751D·PARK"设计产业集聚区是一个很好的地方,它会让你自然地遇到许多素养深厚的设计前辈，与他们交谈，或者有机会在他们的工作室里浏览精致的作品和模型。如果你需要陪着你的朋友去一个地方，想去探索一个意想不到的人文宝地，那么，"798艺术区"与"751D·PARK"设计产业集聚区，实为文化与设计交融的宝地。这里人流如织，文化氛围浓厚，设计者的倡议不绝于耳，让人深刻体会到文化理想与现实世界的和谐共生。漫步其间，你能感受到当代中国创新力量的强劲脉搏，以及创造新事物所蕴含的巨大能量。这里不仅是乐趣与联想的源泉，更是心灵触动与思想碰撞的高地。

中国的设计园区，正在以城市新生态的方式呈现发展的力量。

我们关注和研究"798艺术区"和"751D·PARK"设计产业集聚区，是因为可以敏捷地在这里窥见中国设计的蓬勃事业和现实发展。

设计，自引入中国社会以来，已历经四十余载的蓬勃发展。一个由国外传来，逐渐内化为成长要求的过程。这个过程，就是设计进入中国社会主体经济的过程，经历了一个被认识到被需求的过程。

而且，这样的需求才刚刚开始。20世纪80年代，现代设计理念和学科开始进入中国，当时的思潮和学养基本都来自西方。设计理念的传达方式，主要通过学堂教育和教科书这两种渠道进行。在那个时期，美术、艺术、工艺和设计之间，几乎没有什么根本区别。所有的设计科目也都冠以艺术的头衔，被称为艺术设计、装潢设计或装饰设计。几乎所有的设计人，被称为美工，与工艺美术师同类。绝大部分的设计专业都开设在美术学院，基础课程中的一半都是美术专业的课程，另一半，则是抽象的三大构成。设计，如同一个舶来品，依靠学术传达的方式走入中国社会，进入人们的视野，尽管这样的传达十分高效且具影响力，但由于与当时社会主体经济方式难以深刻关联，导致其发展迟缓且理念纷乱。

某种意义上，近十多年来的中国各地设计园区的蓬勃出现，标志着中国设计有了自己的市场和"战场"。设计真正存在理由是融入社会主体经济发展的血脉，成为它的有机组成部分。它的核心价值是社会的主体生产方式和经济形态对它的需要。设计正在成为中国当代经济、文化等发展机制的一个重要组成部分。一个逐渐成为社会主体经济需要的，具有人文自觉的主动探索。其中，设计园区的崛起，标志着设计正在转变为中国社会自身发展需要的动能和力量。

设计园区的出现不是一个偶然的现象，它是一个极具中国自身特色的发展方式。设计园区不是某项政策的刻意所为，或简单地认为是某地方政府的形式作为。它的实质是社会生产水平达到一定程度后，经济与文化对生产与生活的要求。近十年来，各地设计创新园区和园地的涌现，正是这种要求的体现。它是融合了中国社会政治体系、国家战略、地区发展，以及企业创新要求的社会化组织。一批依托城市功能、发展和深化城市功能，并将城市生活融合在一起的设计园区建设，呈现吻合时代发展要求的一种社会模式。

本专题的研究思考是清华大学艺术与科学研究中心下属的设计战略与原型创新研究所提出基本架构和主题创建，是在完成了2009年广东省通过以"省区共建"方式建设"广东工业设计城"的课题研究成果基础上，立足北京市，联合近30家设计优秀驻园企业的经理人和园区管理者等的调研，阐明只有中国人自己研究自己的问题，才能将设计的智慧耕植于中华文明的振兴之中。希望与时俱进地指出，中国设计事业的真正价值，一定要通过对本国国情和社会发展要求的深入了解中，才能挖掘和把握其内在的发展规律，进而指导和引领这一新生事物的健康成长。

设计与跨文化发展，作为现代工业社会文明进程中的璀璨成果，都是有效转化社会主体经济发展的强劲动力。当下，设计园区凭借其独特的广泛联结性和强大的社会动员力，已成为地方产业版图中备受瞩目的组织形态。面对这一趋势，设计园区的构建、运营，以及如何高效整合设计资源，均成为了推动其持续发展的关键现实议题。

放眼世界，设计园区的建设没有太多现成的范例，也没有非得要请来的权威指导，有的只是实事求是的思考、兢兢业业的耕耘和孜孜不倦的探索。在这个领域，中国设计只能依靠自己的智慧，展现自己的才华，发展自己的能力，开展自己的研究。中国的设计事业，已经成为国际设计界的一支生力军，正在从东施效颦、举步维艰的泥潭中步出一条独特的探索之路。设计如何带给社会以能量，其蕴含的规律需要我们认真地思考和探索。考察和分析某个设计园区的发展脉络和建设过程，是开展这样的思考和探索的最好途径之一。

作为当代中国设计园区发展的典例，"798艺术区"和"751D·PARK"设计产业集聚区是研究中国设计园地建设的良好素材。其隶属于北京正东电子动力集团有限公司。前身是北京电子管厂的一个组成部分。承担整个工厂系统的能源伺服机能，不仅为当时的国防工业，还为当时周边生产企业和居民生活提供着能源动力和电子工业产品。

北京电子管厂是我国"一五"期间重点建设的156个大型骨干工业项目之一。始建于1954年，建成于1957年。在诞生之初就带有强烈的国家设计战略和意志。厂区的设计和厂房的建设，均由当时的民主德国援助，有着强烈的现代主义设计理念和设计手法，是经典的现代主义工业建筑群。"798艺术区"自2000年由央美教师受国家委托制作"卢沟桥抗日战争"雕塑将"798艺术区"选取为制作场地，艺术在这个曾经辉煌但彼时闲置的工业厂区内生根发芽。2008年前后，在北京奥运举办前夕正式挂牌，"798艺术区"成为北京的文化艺术的城市名片。而后经历多次转型发展，形成如今艺术与科技融合发展的新局面。而"751D·PARK"则是走在巨人铺就的转型之路上的"自上而下"转型更新的另一种尝试。2003年北京地区各煤气厂按照市政府能源结构调整退出运行。2006年响应政府号召，利用煤气厂厂房、设备设施，工业资源再利用，发展文化创意产业。2007年3月18日，"751D·PARK"北京时尚设计广场正式揭牌，让正东集团形成了能源产业与文化创意两条轨道共同发展的新格局。园区迅速成为北京市创意产业的集聚区之一。按照北京市委市政府的战略布局和战略要求，园区利用腾退出的煤气厂区（原北京市人工煤气气源厂之一），保护留存了具有现代主义工业建筑特质的工业建筑资源，将工业遗存与科技、时尚、艺术、文化紧密结合，在历史与未来的更迭交汇中发展创意设计、产品交易、品牌发布、演艺展示等文化产业内容，推动以服装设计为引领，涵盖多门类跨界设计领域的时尚设计产业。开园之初就设立了明确的发展方针，即保护、利用、稳定、发展。发展的原则是整体规划和分步实施。发展的目标是国际化、高端化、时尚化和产业化。发展定位以坚持设计为核心，围绕服务、共享、交流、交易、品牌孵化，致力于打造国际化、高端化、时尚化、产业化的创意产业集聚区，占地总面

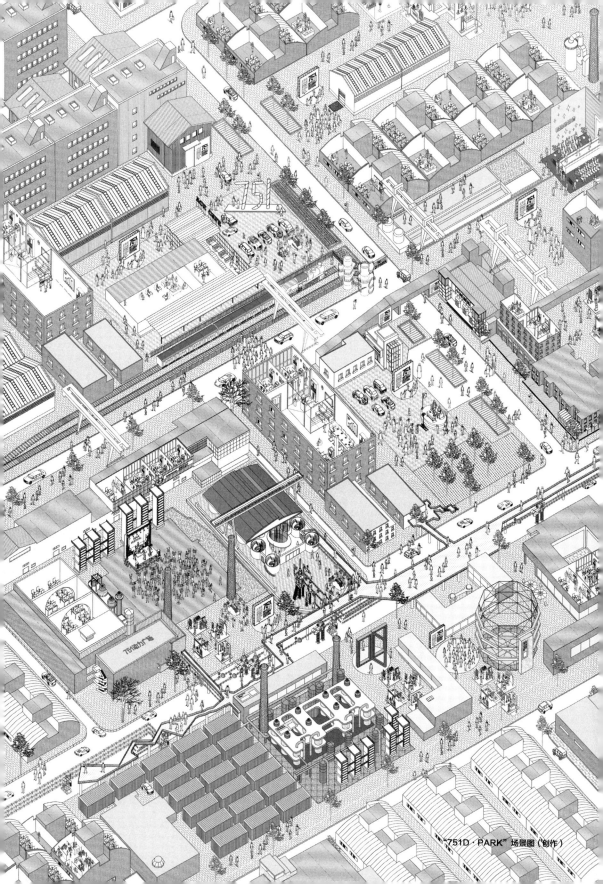

"751D·PARK" 场景图（创作）

积为 22 万平方米。在发展理念上,其高度围绕首都功能定位,以创意设计为核心,依托于科技创新,文创内容运营,推动创新创业。以金融资本介入,依托智慧管理,推动资源集聚、产融结合进行,建立共享、协作服务体系。目前,入驻园区的设计师工作室及辅助配套类公司 130 家,其中服装设计、建筑设计、环境设计、家居设计等 70 余家,时尚设计类及相关配套类企业占比超过 80%,文化科技类企业近 20%。

纵览十多年来"798 艺术区"和"751D·PARK"的发展历程,值得关注的成功方略有以下几点。

首先,"798 艺术区"已发展为多元化艺术生态区,集创作、展示、文化交流于一体。艺术展览、讲座等活动丰富,吸引了大量的艺术家、学者和游客。艺术与科技结合紧密,数字化技术丰富艺术创作,虚拟现实等技术带来全新体验。同时,该区也是设计创新的摇篮,汇聚设计师和创意工作者,创作出的作品艺术价值高且实用。这里既是艺术圣地,也是创新摇篮,每个人都能在此探索艺术,共创美好未来。因其最初是由艺术家自发聚集而形成的艺术产业集聚区,而后再由七星集团整体规划发展,所以形成了"自下而上"的更新机制。同时,市场化的招商路径和艺术商业产业链和学术链条完整且形成闭环,让其商业和学术氛围充沛,形成"以商养学"和"以学养商"的双轨制艺术产业集聚区的新经济形态。还形成了以艺术生态主体、艺术生态相关服务、艺术生态环境为要素的艺术生态。艺术主体间通过服务和相互作用在系统环境中进行艺术产物交流、艺术信息交流和艺术能量交流,进而形成彼此间的竞争、合作共生、捕食、寄生、偏利、偏害、中性等相互作用。此外,整个系统又通过与外界的物质交流、信息交流、能量交流形成一个开放型的艺术生态系统。整个系统根据与生态主体的链接强度划分为 3 个环境层次,即核心层(专业艺术市场环境)、紧密层(大众消费艺术市场环境)和松散层(外围环境)。艺术创作者到消费者通过完整的生产、销售、交流、学术引导环节形成了 8 条完善的产业链,促进了文化艺术产业的经济闭环。

其次,"751D·PARK"以北京时尚设计广场为基地,实现了融展示、发布、交易、双创孵化的设计创新业态聚集,形成了以时尚设计为主导,涵盖服装、建筑、家居、汽车、大数据、智能硬件等多门类跨界设计领域的设计类产业生态基

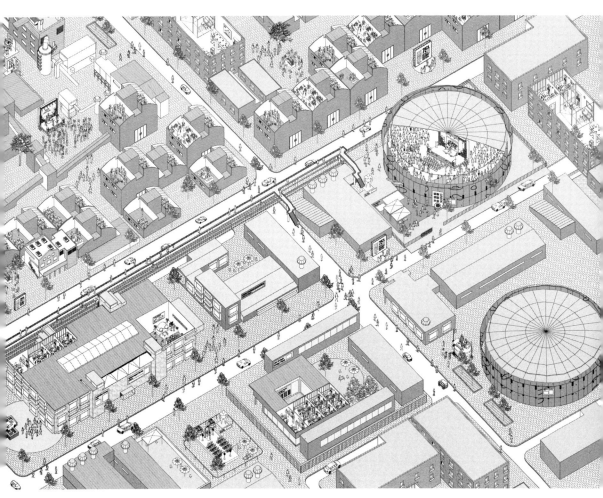

"751D·PARK"场景图(创作)

地与文化氛围。"751D·PARK"展现出一个策略明晰、规划周密、框架完整、目标明确的创新生态2.0版本。此生态以设计创新产业链为主轴，科技创新产业链为辅助，二者交织，形成了独特的双产业链核心结构。其他多元创新产业亦在此汇聚，或竞相争艳，或携手共进，构成了一个错综复杂而又和谐共生的创新网络。其善于锁定关键人才，帮助其落地时尚设计行业及文创人才在园区内的事业集聚，从而形成高端时尚设计资源集聚，如：中国高级时装定制领军人物郭培、国家级服装设计师曾凤飞、王玉涛、武学伟、邹游；著名音乐人小柯、解晓东、张亚东等；"双创"代表海军、雷海波、冯芳、张鹏等。同时，还善于将关键企业落地，引设计产业龙头企业将其设计中心入驻其中，带动园区设计行业的引领地位，如：中国新中式家具著名品牌荣麟、国家双创基地极地国际创新中心、极客公园、知为科技、中国服装设计师协会、奥迪亚太研发中心以及小柯剧场等企业和品牌相继落地园区。善于将关键环节落地成跨界设计元素的集聚，促进新兴业态在园区内的融合与发展。从2006年服装设计工作室的首批入驻，到如今涵盖服装设计、建筑设计、家居设计、音乐设计、汽车设计、视觉设计、影视制作、数字传媒等，入驻设计师近千人，可谓形成了多元综合的设计集群，呈现出跨界设计的新业态。

最后，文创内容推动存量资源的再利用，"798艺术区"和"751D·PARK"成为老工业资源再利用的典范。尤其是"751D·PARK"利用改造后的工业空间资源，经营各类文化创意活动，为品牌展示发布提供场馆场地。坚持以设计为核心，清晰地将"国际化、高端化、时尚化、产业化"设计为整个园区的发展目标，通过短短几年，就形成了集聚大型品牌活动、时装周、时尚及科技类品牌发布活动、文化研讨交流活动、演出活动、公益活动等社会活动群的文化创意产业生态面貌，从而成为北京市的一个重要的国际交流与时尚地标。

如今，已经成为北京国际文化交流重要平台的"798艺术区"和"751D·PARK"，每年举办文化创意活动达到近千场，参与人数几百万余人次。

国际时尚高端品牌发布会，每年约有百余场高端品牌国际会展及新品发布活动，包括了国际一流时尚品牌和知名汽车品牌。国际当代艺术展览及学术交流活动，每年吸引全球艺术专家、爱好者近百万余人次。

此外，"798艺术区"和"751D·PARK"善于将城市工业建筑遗存与当代文化建设，以及文化创意类园区的环境氛围相结合，成功地以一个"园地"的形式，将六七十年来的城市记忆和历史画面折叠在一起，锻造出一个惊人的文化魅力场域。

不仅如此，其紧密联系所在地区的发展要求，将自身的变革与国家发展战略和城市发展战略联系在一起。不是利用政策，而是成为政策执行的一部分。其路径可以简述成这样三个方面：①依托北京市朝阳区"一廊两带三区"的功能布局，以及北京市望京－酒仙桥科技文化创意产业带的规划，充分发挥其在国际交往和文化交流中的作用，将自身发展与地区发展高度一致。②紧紧围绕北京首都的政治中心、文化中心、国际交往中心、科技创新中心的功能定位，将"时尚之都""设计之都"的建设作为园区建设的连接模块，在发展的内容上高度符合首都功能的要求和目的。③其依据电控集团的"一二二一"战略，以及自身文创内容的发展特质，推动设计、科技创新，资源共享的城市新生态。

现代设计，本质上是建立在工业化社会的意志和要求之上的，体现了工业精神和人文主义精神的融汇。设计者们喜闻乐见的地方，首先在物理空间上应该具有人文精神和文化家园的环境特质。"798艺术区"和"751D·PARK"没有遗忘过去的特质，深深地打动了前往那里的每个人。尤其是在当下，在今天整个中国都努力实现中华民族的伟大复兴的目标之下，这里的工业遗存，封存着一个时代人们生产建设的精神面貌，为今天的文化守望者呈现了一个仿佛能够回到过去，获得神奇体验的场所。"798艺术区"和"751D·PARK"深刻地懂得了这些事业者所需要的生活方式，并努力为他们营建这样的生活环境。这里，既是设计者们聚会的地方，亦是其生活的地方。

通过深访，我们了解到其建设过程中，需要探索和克服的一些困难，值得同行们的借鉴。譬如，随着活动的蓬勃开展，当前亟待解决的问题是高端品牌的发布空间及配套设施的配套。其隐忧是一旦活动开展起来,缺乏国际级发布的专业化交流空间和国际级大师的灵活工作室。进而,高层次的活动需要高品质的配套设施。随着近年大型活动的举办,配套设施缺乏是个亟须解决的问题。以中国国际时装周为例,每年两季的春夏时装发布会80%的活动在"751D·PARK"举行,其余20%的活动在北京饭店及国贸等地方举行,严重影响了活动的效率和参与者的热情。原因是"751D·PARK"不具备高标准的发布空间及配套设施,导致媒体、服务人员等在会场间来回奔波,引发交通拥堵,且导致服务品质降低,进而影响品牌形象。

本书基于清华大学艺术与科学研究中心设计战略与原型创新研究所对全国工业设计园区的基础数据与发展指数系列研究,将其中最具潜能和典型的园区作为案例,从城市发展、跨文化交流、促进策略、产业生态、创新人才、企业类型和区域经济等角度,系统分析设计与跨文化发展的组织机制与实践效能,从社会综合发展的诸多要素中审视发展的意义与价值。本书理论联系实际,归纳与总结这一焕发着中国独特设计与跨文化发展魅力的社会创新生态,与城市发展、区域经济、产业新兴和创业集群等特质中认识中国设计的社会发展机制和规律。以此,期待与广大致力于中国设计振兴的伙伴们,希望将设计与产业政策、设计管理的探索者们,以及一切热爱设计创业的工作者们分享当今设计园区在组织方略上的经验与成果。

在结构上,我们将书的结构分成四个主要部分。首先,呈现了"798艺术区"和"751D·PARK"的企业背景和历史背景;其次,描述了园区诞生之时在国家发展战略与城市功能定位,以及整个中国社会发展变化的时代要求;进而分析和解构了园区的发展架构,多维度地描述了驻园企业各具特色的事业类型和发展理念;最后,站在地区、城市和设计的跨文化发展功能,总结和归纳设计园区作为地区发展要素、城市的人文生态环境要素和设计的文化软实力对社会发展重要意义与价值的思考。希望从政策引导、创业主导和文化编导等综合因素的汇集中理解设计与跨文化发展园区的组织意义，分析企业性质的园区组织形态作为设计发展的类型和事业体，其建设机制和经营方略应该如何整理其宝贵的经验；解析以工业设计为核心的设计发展事业在当今中国产业升级、创业兴业和文化振兴中应该起到怎样的作用；从真实的社会生态中探索中国设计事业如何与城市、产业、人才、资金和文化等的结合，从而形成吻合自身社会发展要求的综合的、人文的国家创新软实力。

蒋红斌
2024 年春

目录 CONTENTS

第一部分 PART I 工业的城市产业生态 — 1

第一章 从"0"到"1"的产业建设 — 4
"一五"计划时期,国防工业全面发展 — 6
集聚科技人才,发展新型工业 — 10
创新人才培养制度及设备创新策略 — 14

第二章 融入首都的发展战略 — 18
"大工业城市""分散集团式"城市格局 — 20
"电子工业发源地"的地理位置 — 22
"718"联合厂结构 — 23

第三章 现代化工业建筑群 — 28
现代主义设计理念 — 30
现代主义建筑的设计特征 — 31
现代主义建筑初期代表作品 — 32

第四章 城市文化的新机遇 — 38
中国工业信息化改革 — 40
三大经济圈的形成与区域经济一体化 — 42
文化体制改革新机遇 — 44

第五章 创新转型助力城市功能升级 — 46

第二部分 PART II 城市中的艺术生机 — 57

第六章 从"当代艺术"到城市"艺术生态" — 60
"工业"与"艺术"双向奔赴 — 62
"拆迁危机"与自觉"再造798" — 66
"798艺术区"发展历程示意图 — 72

第七章 文化与艺术的经济性 — 74
多元化的艺术线下经济模式 — 76
艺术线上经济平台的创新探索 — 82
当代艺术展示与研究平台 — 84

第八章 资源与活动的自组织 — 98
国际艺术交流活化产业结构 — 100
艺术机构链动园区产业闭环 — 114

第九章 艺术与生活的社区化 — 140
生活配套业态艺术化 — 142
综合社区化概念反哺艺术生态 — 144
园区内产业内循环的环节 — 146

第十章 "798"的艺术生态 — 148

第三部分 PART III 人文聚合的设计新经济　　　　　　　　　　　　　　　　　　　　157

第十一章 转型与定位　　160
"751D·PARK"的新战略　　162
"751D·PARK"园区建设者深访　　168
"751D·PARK"再造　　186

第十二章 时间与空间的聚合　　192
发布空间　　194
地产空间 & 商业空间　　202
设计文化空间　　204

第十三章 文化与文明的聚合　　208
人才集聚　　210
国际企业带动产业集聚　　216
园区多元企业集聚　　244

第十四章 国际化产业资源集聚　　252
"设计之都"新态势　　254
年度固定品牌活动　　256
国际品牌发布会　　266
国际交流研讨活动　　268
园区平台型活动集聚　　272

第十五章 751D·PARK 设计生态　　276

第四部分 PART IV 设计创新的新生态　　　　　　　　　　　　　　　　　　　　285

第十六章 国家发展的战略生态　　288
国家促进设计产业发展的政策研究　　290
中国设计园区近十年发展基本情况　　298

第十七章 城市转型的创新生态　　304
城市创新生态国内研究情况——基于 Citespace 分析　　306
"设计之都"申都之路，即城市转型之路　　318
"设计之都"产业发展情况分析　　332

第十八章 从"1 到 N"的城市综合体　　346
设计创新在新质生产力生态中的作用与影响　　348
设计创新生态 3.0——新质生产力设计创新园地构建　　354
设计创新生态 1.0—3.0 演化图　　360

结语　　362
参考文献　　366
致谢　　373

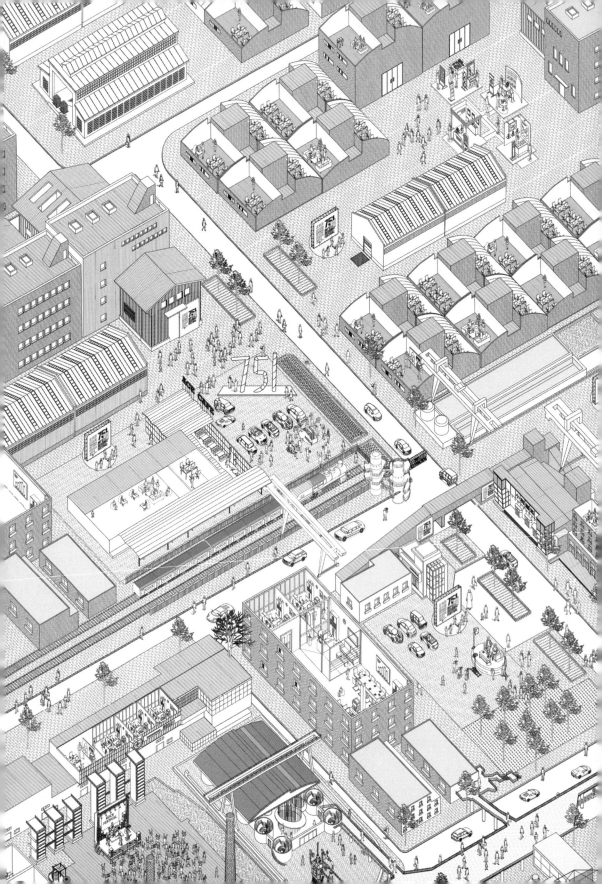

第一部分　PART I
工业的城市产业生态

"798艺术区"和"751D·PARK"的前身是"718"联合厂——北京电子管厂，作为中国电子工业的基石，承载了我国电子产业的初心和梦想。他的历史渊源可以追溯到中华人民共和国成立初期，当时的中国百废待兴，面对巨大的工业发展需求，以苏联和民主德国为主的共产国际世界伸出了援手。作为其中的重要组成部分，北京电子管厂承载了这一时代的使命，成为北京地区战略建设项目的重中之重。

这些工厂是国家工业战略的生态呈现，是中国电子工业的发源地，更是现代主义建筑的杰作，也是创新生态的空间基础。其建筑群以现代主义建筑理念为基础，汇聚了当时最先进的工业企业群，设计完整、建筑坚固、形制专业。巨大的建筑体量、规整的结构和独特的外观，在当时就成为了一道靓丽的风景线，为中国电子工业的崛起奠定了坚实的基础，独有的时代气息和现代主义理念的建筑群也成为新时代设计创新生态形成的空间基础。

随着时光的流逝和科技的进步，电子工业逐渐迈入了新的阶段。"798"和"751"工厂在电子产业的发展历程中，经历了转型和更新。随着全球经济的变化和中国经济结构的调整，工厂逐渐转型，从传统的电子制造业转变为创意产业园区。在这一过程中，"798"和"751"工厂在自己的转型发展之路上走出了截然不同却各具特色和研究价值的发展方式，"798"厂由艺术家、市场导向"自下而上"逐渐发展为文化艺术生态集聚区，"751"由政府和园区管理导向"自上而下"发展为设计创新生态集聚区。他们像两朵同根而生、各有千秋的花朵，一朵代表人文与文化的商业语境探索之花，一朵代表设计与创新的产业升级探索之花。他们相互辉映、相得益彰，共同构成了设计创新产业发展的多彩画卷。他们不仅使其工业遗存焕发了新的生机和活力，更为中国的艺术生态和设计生态注入了新的活力。这里会聚了国内外优秀的艺术家、设计师和创意人才，形成了独具特色的文化氛围和创新生态。每一处都弥漫着艺术的气息，每一个角落都充满了设计的灵感。来自不同文化背景的艺术家和设计师在这里交流碰撞，激发出了无尽的创意火花，为中国的艺术和设计产业注入了新的动力和活力。

工业的城市
产业生态

第一章 从"0"到"1"的产业建设

INDUSTRIAL CONSTRUCTION FROM 0 TO 1

中华人民共和国刚刚成立，面临现实复杂的国际政治格局和地缘政治环境的危机。以美国为首的西方国家对中国进行孤立、封锁。国防工业成为中华人民共和国成立后工业发展的重中之重。我国作为大国，在技术资源有效整合、自然资源丰富以及高度集中的管理体制方面，有利于集中各种资源，推动国防工业的快速发展。20世纪50年代初，国家有效集中和使用大量资金用于建设国防工业，"一五"计划时期，国防基本建设资金投入90%来自财政，其中军工投资占20%。社会主义大国的国情还有利于人力资源整合，形成协同创新效应。20世纪50年代，中央陆续从各地区、各部门抽调大批技术人员、技术工人和大中专毕业生到国防科技工业部门工作。华北及东北地区作为国防工业发展和布局的重心，占据全国国防工业一半左右的布局份额。大国资源禀赋特征和高度集中的管理体制耦合，"一五"计划的全面推动，在管理体制的促生下，自然资源和人才资源的集合，为国防工业的快速发展创造了条件，重点建设国防工业则引致了重工业的优先发展，改变重工业发展严重滞后的畸形产业结构，推动了独立、完整工业体系的初步形成，这与大国建立完整工业体系的内在发展要求完全契合。"798艺术区"和"751D·PARK"的前身"718"联合厂作为中华人民共和国电子工业基地肩负起国防工业发展的使命。

"751D·PARK" 火车头

"一五"计划时期，国防工业全面发展

The Overall Development Of The National Defense Industry In The Period Of First Five-Year Plan

中华人民共和国成立初期，国防工业薄弱，建设迫在眉睫

早期资本主义国家的工业化通常是从发展轻工业开始的，待资金积累到一定程度才转向发展重工业。但是，苏联为了在尽可能短的时间里赶上经济发达的资本主义国家，加强国防力量以抵御帝国主义的军事威胁和侵略，选择了通过优先发展重工业来快速实现工业化的战略。新中国成立后，一方面学习苏联的经验，在工业化上也采取了优先发展重工业的战略，用重工业推动整个工业经济的快速发展，用重工业产品装备轻工业和农业，用重工业作为基础构筑完整的国民经济体系；另一方面，汲取苏联片面和过分强调优先发展重工业的教训，提出在优先发展重工业的前提下，农业、轻工业、重工业同时并举和以农业为基础、以工业为主导的战略。

中华人民共和国成立初期，军事工业处于起步阶段。虽然拥有一支数量庞大的军队，专业类别兵团匮乏，国防工业极其薄弱。原解放区的人民兵工和国民党政府遗留下来的军事工业经过整合，组建成76个军工企业，包括45个兵工厂、6个航空中心修理工厂、17个无线电器材工厂和8个船舶修造厂。这些军工企业设备简单、技术力量落后，只能进行枪炮等轻型武器的简单制造以及飞机和舰艇等重型装备的简单维修。我国面临严峻的安全形势，维护国家统一的需求迫在眉睫，加速国防工业建设、生产精良武器装备军队，成为重工业领域的重中之重。

中华人民共和国国防工业的快速发展，开始于"一五"计划时期，国防工业是当时的建设重点和主要投资方向。在苏联援建的156个大型骨干建设项目中，航空、兵器、无线电、造船等国防工业有44个。"一五"计划成为中国近代以来规模最大、效果最好的工业化的开端。"一五"计划的156个项目中投入施工的有150个，大多数工程都按期或提前完成建设计划，中国的工业化建设蓬勃发展，到1957年年底第一个五年计划任务超额完成。5年内全国完成投资总

额550亿元，新增加固定资产460亿元，相当于1952年年底全国固定资产原值的1.9倍。苏联帮助中国建设的156个建设项目，到1957年年底，有135个已施工建设，有68个已全部建成和部分建成投入生产。"二五"计划又继续安排了44个国防工业重点建设项目，这批项目规模大，设备比较先进，技术水平也较高。中华人民共和国国防工业经过10年的发展，到1959年年底，已建成大中型企业100多个，独立的科研设计机构增加到20多个，共有金属切削机床6万多台，职工70多万人，其中技术人员3.3万人，是1952年的7.3倍，初步形成坦克、火炮、轻重机枪、弹药、通信器材等常规武器的成批生产能力，飞机、舰艇等武器制造企业的兴建工作也取得重大进展。

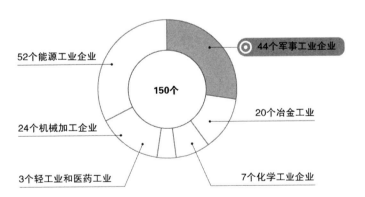

"一五"计划的156个项目中，150个完成施工：军事工业企业44个，其中航空工业12个、电子工业10个、兵器工业16个、航天工业2个、船舶工业4个；冶金工业20个，其中钢铁工业7个、有色金属工业13个；化学工业企业7个；机械加工企业24个；能源工业企业52个，其中煤炭工业和电力工业各25个、石油工业2个；轻工业和医药工业3个。

在军民两用特点突出的电子工业领域，优先建设电子管厂和无线电元件厂，重点建设雷达工厂和为航空配套的飞机电台及导航设备工厂，带动了我国电子工业技术水平和工艺制造水平的大幅提升。

"718"联合厂肩负国防工业发展使命，应运而生

"718"联合厂在"一五"期间由中央军委通信兵部王诤部长申请建设，由周恩来总理亲自批准建设。

在信中，王诤部长就建设无线电零件厂及真空管厂的建设费用问题向周总理进行了详细的汇报，周总理在批示中指出，同意设立两厂方针，具体设计和布置，待苏联综合设计组来中国后即与他们计议此事。在建设费用方面国家大力支持，可以作为军事贸易来批准，表达了建设国防电子工业基础厂区的迫在眉睫和建设决心。

国家"一五"计划中独立的第157项就是建设我国第一个现代化电子元器件生产基地——"718"联合厂北京华北无线电联合器材厂。"718"联合厂是中国第一个五年计划中规模最大的企业之一，是民主德国在中国最大的工程，是从元器件、工模具、动力到检验的整套大而全的巨型联合厂，其规模之大、设备数量之多、工艺之先进、技术面之广，在当时是领先于世界的。"798"厂为无线电器材联合厂三分厂，是无线电产品的技术核心厂之一；"751"厂为第五分厂，作为该电子产业的能源服务和后勤服务分厂，是这个庞大工业体的产品技术核心和动力总成。

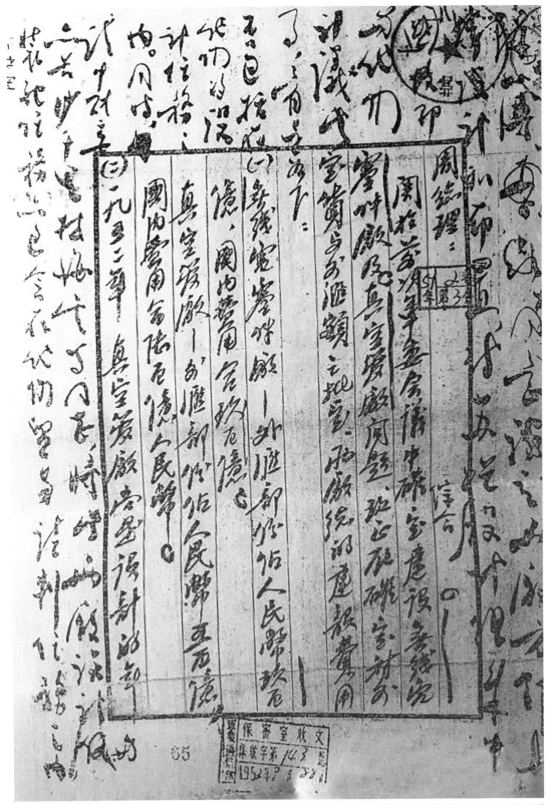

周总理亲笔复信件影印版（来源："718"联合厂历史文献及设备陈列）

工业的城市
产业生态

集聚科技人才，发展新型工业

Gather High-Tech Talents And Develop New Industries

高科技人才集聚大工业城市，空前热情发展工业

工业化需要大量人才的支持，中华人民共和国成立初期，在农业社会背景下，基础劳动力有充足的保证，但高科技人才严重匮乏，在中华人民共和国工业发展战略中，技术和管理类人才的培养成为重要任务。

旧中国人口的 80% 是文盲，儿童入学率仅为 20%；在 1912—1948 年的 36 年里，国内高等学校毕业生只有 21 万人；1927—1947 年的 20 年里，国内高校工科毕业生只有 3 万人，其中硕士 200 人，博士一个也没有。中华人民共和国成立时，全国科技人员不到 5 万人，属于中央研究院和北平研究院 22 个研究所的研究人员不过 224 人，加上地方的高级科研人员不足 500 人。面对这种情况，我国也采取了一系列正常的对策。例如，抽调有文化的干部到工业战线；兴办和扩大高等院校，特别是工程技术学校；让理工科大学生提前毕业；向苏联等国派出留学生；从苏联、东欧国家请经济、技术顾问和专家。另外，有针对性地举办了各种培训班、训练班。通过这些办法，基本缓解了工业化建设与人才缺乏之间的尖锐矛盾。

中华人民共和国成立后，在祖国大好形势的感召下，上千位海外学子回国效力，掀起中华人民共和国成立初期第一波海外留学生归国潮。从 1949 年 8 月到 1951 年 12 月，共有 1144 位海外留学生响应祖国召唤，毅然回国，为国家各项建设的发展进步抛洒青春与热血，作出巨大贡献。为建设首个全国现代化电子元器件生产基地，有数以百计的高新科技人员进入"718"联合厂，如 20 世纪 50 年代初，中国科学家罗沛霖受中央指派，考察民主德国的工厂及研究所，归国后动员协调起整个民主德国电信工业力量共同支援联合厂的建设。如我国电子科技工作的资深领航人秦亦山总工程师，也在"718"联合厂的筹备工作中做出巨大贡献。"718"联合厂几乎集聚了全国电子科技的高新人才、最专业的青年工人，从欧洲运往中国最先进的设备仪器，建设祖国的热情空前高涨。

"718"老照片 中俄考察团 图片来源：718 museum

"718"老照片 图片来源：718 museum

"718"联合厂的建立离不开一位为中国电子工业开疆拓土的红色创业战士的热忱奉献。他就是被称为"战士、博士、院士"的"三士科学家"——罗沛霖院士。

回忆起建立这个工厂的初衷,罗沛霖说:"建设这个使中国拥有无线电基础元器件品种齐全的万人联合厂,使中国的无线电工业彻底翻身,是国防的需要,是中央军委决定、经周恩来总理批示的保密军工厂。"

1951年7月,罗沛霖正在参加赴民主德国第一届贸易代表团的工作。赴苏联参加苏联贸易代表团的同志打电话告诉罗沛霖:"我们带来的一个订单,其中有无线电元件厂。但是苏方说:'我们没有力量,我们的元件厂也是民主德国供应的。'看样子要转到民主德国去。"不久,周总理批件传到民主德国贸易代表团那里。国内决定罗沛霖留在民主德国,代表团工作结束后不要回国。

于是,罗沛霖向民主德国发出订货单,并探讨了建厂的可能性,为了掌握知识,罗沛霖参观了民主德国50多家相关单位。

罗沛霖在民主德国紧锣密鼓地工作了4个月之后,于1951年11月21日向上级领导递交了《无线电零件制造设备在民主德国进行委托设计及询价情况前段的报告》。民主德国重工业部的部长那格勒被罗沛霖专业高效和务实的态度所感染,常常陪着他一同前去各厂,布置任务,他们曾在两星期内共接洽了13个厂和2个实验室。其中,正式委托8个厂和2个实验室负责进行,此外,还打算再接洽3个厂。这样的工作态度和效率让事情进展得十分顺利,但这只是"万里长征的第一步"。要知道,中国需要的是一个从模具、动力到生产、检验齐备的大而全的工厂。这样的工厂不仅在苏联没有,在民主德国没有,在世界上任何一个国家都没有。这个厂涉及的产品、技术之多,几乎需要动员全民主德国无线电工业力量。

终于,在1952年7月,项目进入实行阶段。罗沛霖同王诤、王士光等历经千辛万苦,将"718"厂总平面布置图,包括3000台移动电台、30万架收音机、厂区划分都确定了下来。

1952年9月，华北无线电器材厂开始筹建，"718"厂筹备组在电信工业局内部成立，罗沛霖被任命为正组长，秦亦山为副组长。

当时，《人民日报》称"718"厂为"我国第一座规模巨大的现代化的制造无线电元件的综合性工厂。它将同已经投入生产的北京电子管厂（'774'厂）一起，基本上改变了我国无线电工业依靠外国零件由国内装配的状况。这个工厂的产量将基本上满足目前国内市场的需要，有些产品还可以出口。"

在那个经历过烽火连天，万象亟待更新的年代，我国电子工业的基础几乎为0，电子工业从"0"到"1"，再由"1"到卓越的发展过程，何不是一场赤手空拳、艰苦卓绝的创业，罗沛霖为代表的老一辈"红色"科学家，带着无所畏惧的创业家精神，对国家、对事业最纯粹的忠诚和忘我的境界，让他们为建设伟大富强的祖国而努力奋斗。祖国的事业就是他奋斗的一辈子。

到了2004年，经过改制的"718"大院已经隶属于七星集团，那时集团想要炸掉德国的包豪斯式厂房，改建高楼大厦。要知道，这是世界上仅存的完整的包豪斯工业建筑群。罗沛霖得知此事，焦急万分。他联系到了相关权威人士，让他们到"718"参观德国厂房包豪斯建筑群，最终得到专家的认可：从艺术角度来看，这建筑群极具价值！正是通过罗沛霖先生的奔走，"718"联合厂厂房得以保存。罗沛霖先生不仅是"718"厂的建设者，电子工业的奠基人，也是工业文化的守护者。

我国无论是那个战火连天的时代，还是如今经济腾飞的时代都需要像罗沛霖先生一样的祖国事业创业家，为中国式现代化进程和中华腾飞燃尽满腔热血。

工业的城市
产业生态

创新人才培养制度及设备创新策略

Innovative Talent Training System And Equipment Innovation Strategy

在那个百废待兴的时代，人才极度匮乏。"718"厂在建设之初，非常系统地进行了高级、中级、基础级的创新工业人才培训安排。一种从"0"到"1"的创新精神一直贯穿于"718"厂的前世今生。

"718"联合厂的创新人才培养制度

培训类型	培训人员	培训方式
高级	高级技术和管理人员，如厂长、总工程师、总工艺师、总机械师，以及各个分厂的主管人员	选拔专业人员到德国各厂实习（一共两批）
中级	中级技术人员，如车间技术主任、工段长和各类企业管理人员	从老厂抽调总设计师、总工艺师、总机械师管理干部、老工人等
初级	基层技术工人，生产组长等	来源于老厂支援、招收中学生进行培训和通过各类训练班培训，或从中专学校、技工学校招聘专业人才和技术工人； 成立技工训练班，如1955年北京牛街劳动局开设了第一个"718"厂的技工训练班； 办工业学校，如华北无线电联合厂工业学校，酒仙桥（业余）工学院
语言培训	以上人员	张家口中国人民解放军军事通信学院成立外语系，开办俄文班和德文班； 机织卫德文班、德文甲班、德文乙班、德文丙班、新德文甲班

"718"厂设备更新策略：引进—消化—吸收—创新

1. 材料的国产化创新

一分厂，在仿制民主德国 Rohdle & Schwarz 的误差分选仪，由方天骥和沈执良负责。用铁氧体E型磁性材料替代其中的差动变压器所用的昂贵材料铂钼合金磁性材料，完成了产品的材料替换开发。

2. 电表的试制生产与创新发展

1956年，一分厂开始试制德式06结构动圈式开关板电表，该仪表由卡尔－马克思仪表厂生产。在德国专家的指导下，工人培训、磨合工艺、中国材料替代等尝试，中国工人自己制造出合格的零件和组件，装配出整机，于1957年完成试制。

由于国内电台等通信导航设备都是苏联援助的，德国标准的电表和苏联标准相差很大，在尺寸上无法安装，也不能互换。德国产品的环境试验要求低，冲击、震动、高低温、潮湿度等方面都不能满足苏联标准的要求。后来，根据苏联的电表图纸和样品，开始仿制苏联电表。经过修改图纸，到1959年，电表试验合格，环境试验、冲击、震动、高低温、潮湿度过关，投入生产。

1960年前后，虽然仿制的苏式结构动圈式开关板电表已经投产，解决了重点工程急需问题。但是苏式电表，结构复杂繁琐，各种型号电表零件不统一，工装模具很多，装配工艺要求较高。德式电表、苏式电表各式结构自成体系，零部件种类多，生产装配管理杂乱。同时，这些电表还不能完全满足使用环境要求。于是，"718"厂决定，研制开发中式统一结构动圈式开关板电表。要求尽可能利用现有已生产零部件，减少新工装，降低成本；吸收苏式和德式电表的优点，简化结构和工艺，提高机械性能和环境试验要求，特别是优化冲击、震动性能和高低温湿度要求指标。

该新产品与当时德国、苏联、美国、日本的同类型产品比较，在结构设计、装配工艺、技术性能等方面处于领先地位，成为一分厂电表产品的主要品种，是我国引进、仿制、创新的经典案例。

3. 天安门特大型声柱设计

国庆十周年，长安街、天安门的特大型米黄色声柱，高2.455米、内装6个低音扬声器和2个高音扬声器的声柱，安装在天安门城楼前、劳动人民文化宫至南池子、中山公园至南长街，共40条。根据中央美术学院的声柱外观设计方案，进行声柱的机械结构设计和加工、低音扬声器设计制造、音频变压器的设计制造、高通滤波器设计制造、声柱总装配调试。

4. 德国标准改成苏联标准，在改标中消化、创新

"718"厂建成投产后，遇到一个严重问题：按照民主德国标准生产出的元件，不符合按照苏联标准生产的整机要求，由于国内电台等通信导航设备都是苏联援助的，因此必须把产品（元件）由民主德国标准改成苏联标准。由于民主德国标准（使用环境：温度 -10 摄氏度 ~ +40 摄氏度，湿度 80%）比苏联标准（使用环境：温度 -40 摄氏度 ~ +70 摄氏度）低，因此"改标"本质上是提高标准过程，是产品更新换代过程，是引进—消化—创新的过程。"718"厂的技术人员和工人要用德国生产设备制造出要求更严格的苏标产品过程中，创造出许多新产品、新材料。

资料来源:718museum

工业的城市
产业生态

第二章 融入首都的发展战略

INTEGRATING INTO THE DEVELOPMENT
STRATEGY OF THE CAPITAL

城市格局的变化与城市的功能定位密不可分，是一个复杂的变化过程，其演变的脉络直接影响了城市经济、政治的发展方向，城市格局规划也从经济、政治的发展中总结经验获得进化。

城市的总体规划决定了城市性质、城市规模、城市发展方向等与城市发展有关的重大决策，正所谓"真正影响城市规划的是深刻的政治和经济的转变"。中华人民共和国成立以来，随着对经济发展模式的不断探索，以及对国际国内形势的不断适应，首都北京的发展经历了漫长的过程。北京，作为一个有3000多年建城史和800多年建都史的历史文化古都，首都发展建设史就是中华人民共和国最具代表性的篇章。

梁思成曾说："北京城之所以为艺术文物而著名，便是在于它原是'有计划的壮美城市'。"这个有计划的壮美不仅是对北京已有历史建设的肯定，也有对未来北京建设规划的信心。经历70余年的发展变革，北京城市作为中国首都城市，规划发展反映时代特色，走出了具有中国特色的城市发展道路。北京城市功能战略定位经历了几次更迭，从建立大工业城市，到发展首都经济，再到政治中心、文化中心、国际交往中心、科技创新中心的最新战略。在不同阶段，城市区域规划对于不同产业的区域格局进行大幅度调整。所谓城市产业布局是城市功能定位的投影，研究城市功能定位的变迁也就为产业布局调整的原因找到了支点。

本章对中华人民共和国成立后到20世纪80年代北京城市规划内容、城市发展史进行考察，目的是探寻北京不同阶段城市规划态势变迁、北京城市功能演进和产业布局演替变化过程，进而透视在城市功能变革和产业布局变化的情况下，"718"联合厂，即"798"和"751"厂前身，应运而生的城市规划格局调整点以及在产业结构布局中"718"联合厂所处的角色位置。

20 世纪 60 年代北京作为大工业城市的面貌

| 工业的城市
| 产业生态

"大工业城市""分散集团式"城市格局

"Big Industrial City" And "Decentralized Group Style" Urban Pattern

1949年3月在西柏坡举行的中共七届二中全会中明确指出:"从现在起,开始了由城市到乡村并由城市领导乡村的时期。"中华人民共和国成立后,社会主义制度逐渐确立,党的工作中心终于得以从农村转移至城市,伴随着"一五"计划的实施,新的社会主义城市开始大刀阔斧地建设起来。

北京的城市变化则首先完成的是从封建都城到社会主义首都的转变。作为中华人民共和国的首都,中共中央、国务院和中共北京市委、市政府对北京的城市规划工作给予了高度重视。彭真曾在北京市第一届人民代表大会上说道,"北京解放,我们就必须把这个城市由消费城市变为生产城市,从旧有落后的城市变为现代化的城市。"伴随着这种"社会主义城市最中心、最根本的物质基础就是工业和农业,只有工业发展了,才能带动交通运输业、文化教育事业等的发展,也才有可能出现为这些事业服务的城市"的认知,以及"社会主义城市的建设和发展,必然要从属于社会主义工业的建设和发展;社会主义城市的发展速度,必然要由社会主义工业的发展速度来决定"的总体思路。在1953年的《改建与扩建北京市规划草案要点》中,中共北京市委提出了如下六条基本原则:

第一,以全市的中心区作为中央首脑机关所在地,使其成为全国人民向往的中心。

第二,首都应该成为我国政治、经济、文化的中心,特别是要成为我国强大的工业基地和科学技术的中心。

第三,在改建和扩建首都时,应当从历史形成的城市基础出发,既要保留和发展合乎人民需要的风格和特点,又要打破旧格局的限制和束缚,改造和拆除那些妨碍城市发展和不适于人民需要的部分,使首都成为适应集体主义生活方式的社会主义城市。

第四,对于古代遗留下来的建筑物,采取一概否定的态度显然是不对的;一概保留束缚发展的观点和做法也是极其错误的。目前主要倾向是后者。

第五,改造道路系统时,应尽可能从现状出发,但也不应过多地为现状所限制。

第六，北京缺乏必要的水源，气候干燥，又多风沙，要有步骤地改变这种自然条件，为工业发展创造有利条件。

1958年，《北京城市建设总体规划初步方案》（修改版）正式拟成，整体规划强调将北京市建设成为大工业城市，"分散集团式"的城市布局形式以及环路放射路交错的道路体系正式确立。

该方案在工业发展上提出了"控制市区、发展远郊"的方针，密云、延庆、平谷、石景山等地将发展为大型冶金工业基地；怀柔、房山、长辛店、衙门口和南口等地将建立大型机械、电机制造工业；门头沟一带的煤矿要充分开发；大灰厂、周口店、昌平等地建立规模较大的建筑材料工业基地；主要的化学工业安排在市区东南部；通州、大兴等地将布置规模较大的轻工业。一些对居民无害、运输量和规模都不大的工厂可以布置在居住区内。郊区将根据本地资源情况就地设厂，建立起农村工业网。首都北京"政治、经济、文化中心，尤其是强大的工业基地和科学技术中心"的定位得以淋漓尽致地体现。

在这样的历史背景下，1954年，北京华北无线电联合器材厂（"718"联合厂）作为振兴国家军事工业的基础工程，且属于对居民无害、运输量和规模都不大的电子元器件厂在酒仙桥一带开始轰轰烈烈地建设起来，在中国电子工业史上开启第一篇章，这一先头作用永远载入中国电子工业发展的史册。1964年，四机部撤销"718"联合厂建制，成立部直属"751"厂、"706"厂、"707"厂、"718"厂、"797"厂及"798"厂，其中，"751"厂始终作为整个电子城区域提供热点综合能源和后勤服务的动力总成，服务于这个庞大的电子工业集群，并于20世纪80年代作为调峰气源厂为北京城区供气。

工业的城市
产业生态

"电子工业发源地"的地理位置

The Geographical Location Of The Birthplace
Of The Electronic Industry

"718"联合厂作为电子工业的发源地，具有深厚的工业遗产和文化创意背景。"798艺术区"和"751D·PARK"相邻，位于北京中关村电子城高新技术产业园区北京正东创意产业园内（北京市朝阳区酒仙桥路4号），"798艺术区"占地60万平方米。"751D·PARK"占地22万平方米。它们北起酒仙桥北路，南至万红路，东侧毗邻电子城科技园区。其地理位置对于其转型成为文化艺术产业园区起到了一定的助推作用。

毗邻中央美院，艺术外溢形成艺术集聚区。中央美院位于北京市朝阳区花家地南街，与"798艺术区"相距不远。根据百度地图的出行方案，从"798艺术区"到中央美院的距离大约是4.1公里，打车或驾车仅需约17分钟。但其实早在中央美院搬迁到花家地之前，临时旧校址与"798"厂仅一墙之隔，"798"厂成为艺术家和教师们的艺术创作工作室，进而发展为之后的艺术区。

历史文化地标与人文创意地标的遥相呼应。从"798艺术区"到天安门的直线距离大约是16.4公里，如果驾车或打车，大约需要31分钟。"798艺术区"和"751D·PARK"成为游客来北京游览的必经之地，与天安门遥相呼应。

各国文化交流的枢纽地带。北京的主要使馆区位于三里屯和亮马桥附近，朝阳区的中心地带，"798艺术区"在朝阳区的东部边缘，因此，使馆区与"798艺术区"相对距离颇近，因此很多使馆会选择在"751D·PAKR"和"798艺术区"办文化相关活动，甚至将文化交流中心直接设立在"751D·PAKR"和"798艺术区"园区内。

国际交流的通道。顺义国际机场（即北京首都国际机场）位于北京市东北部的顺义区，而"798艺术区"在朝阳区的东部，紧靠顺义区边缘。国际活动大量的外宾从机场到"751D·PAKR"和"798艺术区"都很方便，也是园区举办国际活动的便利之处。

总的来说，"718"联合厂（包括"798艺术区"和"751D·PARK"）位于北京市朝阳区的东部，与市中心的天安门、国贸CBD和使馆区距离适中，而与中央美院相对较近。距离顺义国际机场，距离为出行舒适距离。这样优质的地理位置造就了"751D·PAKR"和"798艺术区"文化创意集聚区成长的"地利"。

工业的城市
产业生态

"718"联合厂结构

"718" JOINT FACTORY STRUCTURE

  1958年"718"厂的各区厂改称为分厂，一〇区厂为一分厂，二〇区厂为二分厂，三〇区厂为三分厂，四〇区厂为四分厂，五〇区厂为五分厂。同年上级主管部门决定把第十一研究所划归联合厂管辖，由联合厂厂长秦北辰兼任所长，并将通信兵部所属压电晶体厂迁并入联合厂为七分厂，它主要生产压电晶体元器件。

  一分厂主要生产电表及电声产品，国庆十周年庆典用到的音响设备和传声器等产品均由一分厂生产；二分厂生产电阻、电位器、电容器和硒整流器等，所研发的精密聚苯乙烯薄膜电容器成功取代了德国的云母电容器，性能更加优良，并大大减缓了云母的供应压力；三分厂则是生产陶瓷零件、瓷介电容器、云母电容器和磁性瓷、磁钢铸造等，该厂谷文荣先生发明的挤制－滚切工艺，使生产电阻瓷棒的效率大幅提高；四分厂主要负责为其他元器件生产区厂提供所需的工模夹具和设备维修，在"倪志福钻头"的影响下，本厂工人盖文陞发明了更为高效的"盖文生钻头"，轰动了全厂乃至全行业；五分厂为动力分厂，承担全院区的动力生产和供应；六分厂原是"718"厂的中心实验室，具有四个产品研究室（电容、电阻、陶瓷、磁性材料）和两个物理化学分析及情报研究室等，后从联合厂划出为部署第十一研究所；七分厂研制和生产了人造石英晶体，取代了我国资源极稀少的天然水晶，为压电晶体生产开辟了新的材料源。

  国营华北无线电器材联合厂从1957年开工生产到1964年，为祖国社会主义建设作出了巨大贡献，但大而全面的联合厂管理体制也随着时代的发展暴露出了不少问题：多层管理不利于领导深入基层，难于经济核算和各种责任制落实等，这些问题都影响到了工厂的未来发展。因此，"718"厂于1964年4月1日正式撤销了联合厂建制，原"718"厂拆分为"797"厂（一分厂）、"718"厂（二分厂）、"798"厂（三分厂）、"706"厂（四分厂）、"751"厂（五分厂）和"707"厂（六分厂）以及两个服务性机构（"802"库及公用事业管理处）独立经营。

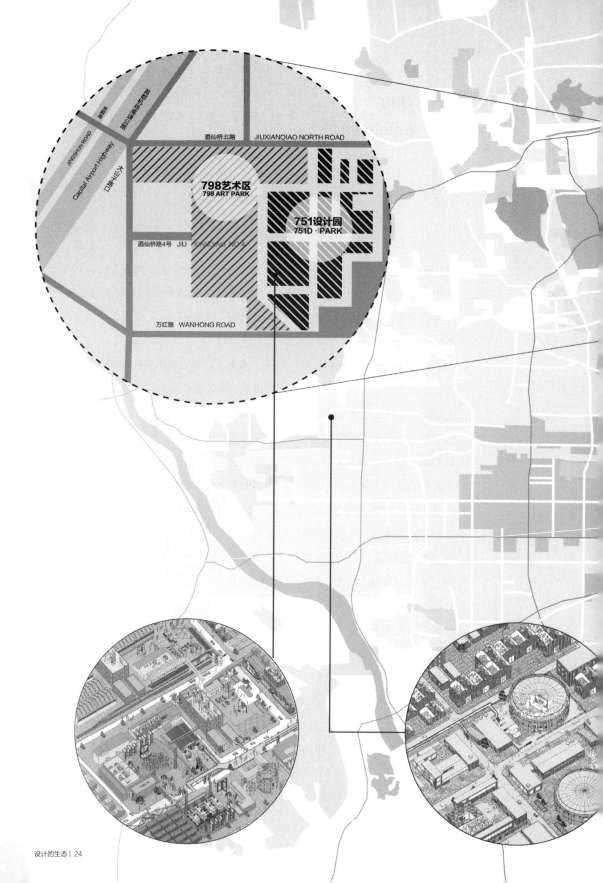

20世纪50年代初
华北无线电器材联合厂

1953 年
"718"联合厂

11 研究所

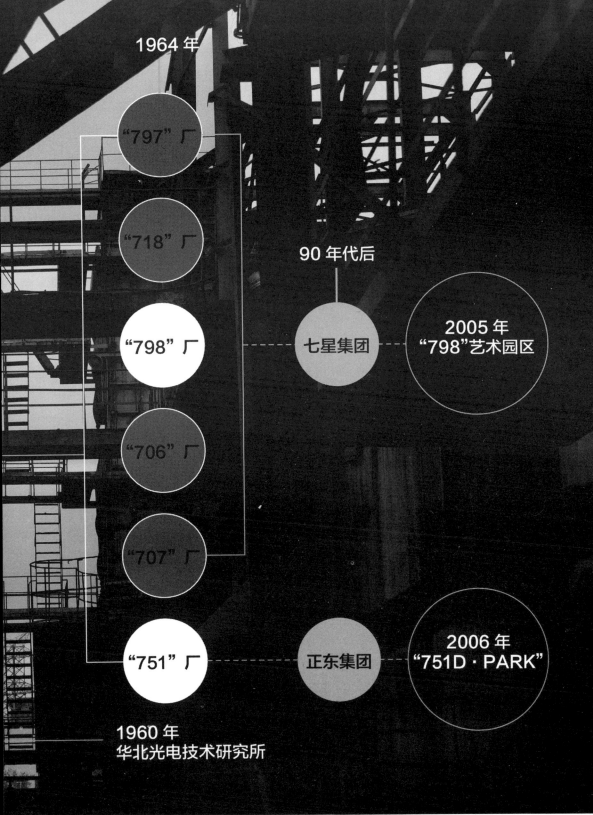

第三章 现代化工业建筑群

MODERN INDUSTRIAL BUILDING COMPLEX

工业的城市
产业生态

在中华人民共和国成立初期，受到苏联的强大影响，这不仅仅体现在政治和经济领域，更深刻地渗透到了建筑设计和城市规划之中。当时，全国各地涌现出一大批"折中主义"风格的大型公共建筑。这些建筑往往追求体量上的庞大和外观上的繁复装饰，比如复古的立面和精致的装饰柱式，但在实际功能上却显得缺乏经济性和实用性。

然而，在这股"折中主义"风潮中，有一个独特的案例，它以其独特的视角和务实的精神，成为了中国建筑史上的一股清流。那就是国营"718"联合厂，也就是现今我们所熟知的"798艺术区"和"751D·PARK"所在地。

国营"718"联合厂的建设就备受党中央和各级领导的重视。各级负责人以实事求是的态度，坚持务实不务虚的原则，与民主德国专家共同规划、设计、建造了这个厂区。他们没有被当时的"折中主义"风潮所左右，而是从实际出发，考虑到了厂区的实用性和经济性。

走进今天的"798艺术区"和"751D·PARK"，我们可以看到那些错落有致的建筑布局，它们不仅体现了规划者的匠心独运，更为艺术家们提供了多样化的创作空间。厂房内部的设计也充满了人性化考虑，比如恒定光源的采光系统，让艺术家们可以在不同的光线条件下进行创作，满足了他们多样化的需求。

更值得一提的是，"798艺术区"和"751D·PARK"的建筑风格以包豪斯式为主，这种简洁而富有现代感的建筑风格，不仅适应了艺术区消费升级的需求，更使得这片厂区成为了一个时代的标志。包豪斯式的建筑注重功能性和实用性，强调材料和结构的真实性，这与当时盛行的"折中主义"风格形成了鲜明的对比。

回望过去，我们不得不感叹于那些建设者的远见和勇气。他们没有被当时的潮流所左右，而是从实际出发，以务实的态度建造了一个经典的现代化厂区。如今，这个厂区已经蜕变为一个不朽的经典建筑作品，在中国建筑史上留下了浓墨重彩的一笔。

包豪斯早期"现代主义"建筑设计风格与"斯大林时期"建筑设计风格对比

	包豪斯早期的"现代主义"建筑设计	"斯大林时期"的苏联建筑设计
思想和意识形态	民主的	受政治家及行会意志影响的
	社会主义萌芽阶段的思考	苏联社会主义强盛期的思想体现
	象征平等、面向大众的	象征权威、面向权贵阶层
	知识分子精英的实验性、探索性	政治因素影响的，主题性很强的
	注重经济实用，功能至上，人性化设计，同时也为客户考虑经济预算	注重整体形象，按照计划经济要求设计，同时也考虑经济性与实用性
	反对固定风格的	强调统一风格的
形式和设计方法	现代材料：钢筋混凝土、玻璃、钢材等	现代材料：石材、钢筋混凝土、玻璃、钢材等
	强调各专业设计师、艺术家、手工工匠、艺术家、企业家应该紧密合作，以现实需求为主的人性化布局规划	受政治化的影响，考虑仪式感庄重性的布局规划
	强调立面简化，多用大面积玻璃幕墙采光	强调立面装饰，强调室内空间高大，减小开窗面积
	反对繁琐的装饰，以黑白灰为基本色调	结合古典主义装饰，强调石材整体立面的震撼感

资料来源：718museum

工业的城市
产业生态

现代主义设计理念
Modernist Design Concepts

现代主义设计是从建筑设计发展起来的。20世纪20年代前后，欧洲一批先进的设计家、建筑家形成一个强力集团，推动所谓的新建筑运动。这场运动的内容非常庞杂，其中包括：精神上的、思想上的改革，即设计的民主主义倾向和社会主义倾向；技术上的进步，特别是新的材料——钢筋混凝土、平板玻璃、钢材的运用；新的形式，反对任何装饰的简单几何形状，推崇功能主义，从而把几千年以来的设计为权贵服务的立场和原则打破了，也把几千年以来建筑完全依附于木材、石料、砖瓦的传统打破了。

其中，最具代表性的领导者是瓦尔特·格罗皮乌斯（1883—1969年），他出生于德国柏林，是德国现代建筑师和建筑教育家，现代主义建筑学派的倡导人和奠基人之一，公立包豪斯学校的创办人。格罗皮乌斯积极提倡建筑设计与工艺的统一、艺术与技术的结合，讲究功能、技术和经济效益，他的建筑设计讲究充分的采光和通风，主张按空间的用途、性质、相互关系来合理组织和布局，按人的生理要求、人体尺度来确定空间的最小极限等。格罗皮乌斯利用机械化大量生产建筑构件和预制装配的建筑方法。他还提出一整套关于房屋设计标准化和预制装配的理论和办法。格罗皮乌斯发起组织现代建筑协会，传播现代主义建筑理论，对现代建筑理论的发展起到一定作用。第二次世界大战后，他的建筑理论和实践为各国建筑界所推崇。

格罗皮乌斯设计——法古斯工厂

现代主义建筑的设计特征

The Design Characteristics Of Modernist Architecture

"718"厂设强调建筑功能的实用性和经济性

现代主义建筑的最大特点,也是较其之前设计风格的最大突破,就是摒弃以往古典主义追求建筑物华而不实、纷繁冗余、成本高昂的装饰和结构形式,而是更加强调建筑的实用性功能,如采光、布局等,把建筑本身的使用功能和人们的需求放在第一位,强调人性化设计,并且将这种设计理念贯穿于设计和建造的全过程中。此外,还考虑经济问题。密斯·凡德罗说:"必须满足我们时代的现实主义和功能主义的需要。"又说:"我们的实用性房屋值得被称为建筑,只要它们能以完善的功能真正反映所处的时代。"勒·柯布西耶则号召建筑师要从轮船、汽车和飞机的设计中得到启示:"一切都建立在合理地分析问题和解决问题的基础上。"

对新科技、新材料的应用

现代主义建筑主张积极采用新材料、新结构,在建筑设计中发挥新材料、新结构的特性。格罗皮乌斯在1910年即建议用工业化方法建筑住宅。密斯·凡德罗认为:"建造方法的工业化是当前建筑师和营造者的关键课题。"他一生孜孜不倦地探求钢和玻璃这两种材料的建筑特性。勒·柯布西耶则努力发挥钢筋混凝土材料的性能。他们在使用这些新的建筑材料方面做出了示范。

主张发展新的建筑美学,创造建筑新风格

"二战"后资源的匮乏,人们更注重生活的实效,更钟情于简洁带来的美感,在工程建设方面也十分注重成本控制,即用最小的成本获得最大产出。此时,现代主义迎合了人们的审美观的变化,以其简洁而不单调、极具现代感的风格风靡于世界,甚至被称为国际主义风格。现代主义建筑的代表人物提倡新的建筑美学原则,其中包括:表现手法和建造手段的统一;建筑形体和内部功能的配合;建筑形象的逻辑性;灵活均衡的非对称构图;简捷的处理手法和纯净的体形;在建筑艺术中汲取视觉艺术的新成果。

工业的城市
产业生态

现代主义建筑初期代表作品
Representative Works Of Early Modernist Architecture

1926年格罗皮乌斯设计的包豪斯学校（School Building）的建成是德绍包豪斯建筑开始的一个标志，也是现代建筑史上一个重要的里程碑。通过悬挂在承重结构外面的玻璃幕墙，格罗皮乌斯不仅仅展示了这个立方体建筑的转角，还让人们清楚看到了建筑各层的边缘，创造了一种轻盈的形象，它现在的用途是作为安哈尔特应用技术大学的办公室、教室，以及德绍包豪斯基金会的展厅、商店、咖啡厅。

包豪斯设计理念中的功能性要求在平面布局中得到充分体现。功能区集中而全面，集教堂、礼堂、车间等实用功能为一体，楼内房间面向走廊展开，走廊则面向阳光用玻璃幕墙环绕，得到最佳采光。把大量光线引进室内，是现代主义建筑学派主张现代功能观点的一个主要方面，充分体现了格罗皮乌斯在《包豪斯建筑》中的观点："建筑的平面组织需完全根据功能等现实要求，朝向取决于对阳光的需要以及建筑间交通的便捷，不同建筑体又有一定独立性空间灵活以适应功能变化。功能的多样性、清晰性和统一性是十分重要的。"

现代主义排斥装饰，认为"装饰就是罪恶""少即是多"。包豪斯学校几乎没有额外装饰，而是保留材料本身特点，尽量体现建筑结构和建筑材料本身质感的优美和力度，让人感受20世纪建筑直线条的明朗和新材料的庄重。校舍的外表皮处理独具特色，不用墙体而用大片悬挑的玻璃幕墙和转角窗，显得轻巧透明、大方得体。

包豪斯校舍

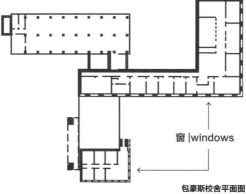

窗 |windows

包豪斯校舍平面图

"798 艺术区"和"751D·PARK"的前身是"718"联合厂的一部分。"718"联合厂是国家"一五"期间援建的 156 个重点项目之一，款项来自民主德国对苏联的战争赔款，设计者也来自民主德国。由于在这个阵营中电子工业的领先地位，民主德国被赋予了建设联合厂的重任。当时，民主德国副总理厄斯纳亲自挂帅，利用民主德国的技术、专家和设备生产线，完成了这项工程。

因为民主德国不存在同等规模的工厂，所以厄斯纳组织了民主德国 44 个院所与工厂的权威专家成立一个"718"联合厂工程后援小组，最后集全民主德国的电子工业力量，包括技术、专家、设备生产线完成了这项盛大工程。"718"联合厂的首任厂长李瑞在回忆文章里说："我看过德国 20 多个厂，其中没有单独一厂具有如此规模的。据我所知，在苏联和社会主义其他阵营的国家中，此类规模的工厂也实属罕见。"

联合厂由于受民主德国援助，德绍一家建筑机构负责联合厂庞大的建筑设计，它和当年的包豪斯学校在同一个城市，两者在建筑精神层面上是共通的，所以其建筑风格采用当时典型的德国包豪斯建筑设计风格，是实用和简洁完美结合的典范。从建筑质量上看，联合厂在当时建筑质量较高。抗震强度设计在 8 级以上（当时中苏的标准只有 6 级至 7 级）；为了保证坚固性，使用了 500 号建筑砖；厂房窗户向北（当时一般建筑物的窗户都朝南），并采用锯齿形或圆齿型窗户设计，这种设计充分利用天光和反射光，保持了光线的均匀和稳定，形成良好的室内光环境，对当代文化活动和建筑空间的需求有着很好的适应性。这些德式工业广场、包豪斯厂房为"798"和"751"提供了当代文化活动的物理平台。

图为厂房窗户设计，窗户向北（当时一般建筑物的窗户都朝南），并采用锯齿形或圆齿形设计，这种设计充分利用天光和反射光，保持了光线的均匀和稳定，形成良好的室内光环境。

"718"厂老照片　图片来源：718museum

工业的城市
产业生态

第四章 城市文化的新机遇

NEW OPPORTUNITIES FOR URBAN CULTURE

  自 20 世纪中叶到 20 世纪末，我国用几十年时间走完了西方数百年的工业化历程，从"几无工业"到依靠苏联援建艰难起步，到以农业为基础、工业为主导的中国式工业化道路，再到打破西方经济封锁，引领工业对外开放完成了工业大国的蜕变。发展总是危机和机遇并存。在完成工业化进程后，我国也不得不面对粗放工业化带来的一系列城市问题和矛盾，工业化不断发展导致的农村剩余劳动力大量涌入城市，造成城市承载问题；受到国际竞争压力盲目发展生产，粗放式增长，造成大量工厂停产设备闲置；区域经济发展不协调，市场分割严重，体制僵化，民企发展缓慢等一系列问题，究其根源就是产业结构不合理带来的产能过剩和产能不均，产业结构落后需要信息化改革，文化体制不能适应产业结构发展时，需要文化体制的全面改革。

  首先，产业结构的不合理，不仅影响了城市经济的发展，还对城市文化体制建设产生了深远的影响。在产业结构单一的背景下，城市文化往往缺乏多样性和创新性，难以满足人们日益增长的精神文化需求。因此，解决产业结构不合理问题，推进城市文化体制建设，已经成为我国 20 世纪末城市发展的当务之急。我国出台了一些政策加快产业结构调整的步伐，推动传统产业转型升级，同时大力发展高新技术产业和现代服务业。这样不仅可以提高资源利用效率，减少环境污染，还可以增强我国在国际竞争中的优势地位。

  其次，我们需要加强城市文化体制建设，推动文化产业的发展。这包括完善文化市场体系，加强文化人才培养，推动文化创新等方面。通过加强文化体制建设，我们可以促进文化产业的繁荣发展，提高城市的文化软实力和吸引力。

  最后，由于体制僵化、市场分割严重等问题，民营企业在文化产业发展中面临着诸多困难，这也限制了文化产业的发展和城市文化软实力的提升，所以工业的信息化建设也至关重要。

通过工业信息化技术，企业可以实现生产过程的精益化、智能化，提高企业的创新能力和市场竞争力。同时，工业信息化有助于培育高素质的技术管理人才，推动传统产业向高端制造业、智能化制造业转型，实现发展的可持续性和长远性。工业信息化还有助于推动可持续发展和环境保护。通过优化生产流程和提高资源利用效率，可以减少能源消耗和废弃物排放，降低对环境的负面影响。20世纪末工业信息化的重要性不言而喻，主要体现在提高生产效率和质量、促进产业升级、信息资源丰富和工艺创新、管理创新和体制创新、应对国际竞争压力以及可持续发展和环境保护等方面。这些方面的提升和改进，有助于企业在激烈的市场竞争中保持领先地位，实现可持续发展。

20世纪末，在面对产业结构不合理等问题，我国提出了工业信息化革命、区域经济一体化和文化体制改革等战略性政策，引导城市良性健康发展，也为文化产业的发展提供了新的时代契机。

工业的城市
产业生态

中国工业信息化改革

The Informationization Reform Of Chinese Industry

1997 年我国国内生产总值达到 74772 亿元，按不变价格计算，是 1978 年的 5.92 倍。1979—1997 年，国内生产总值年均增长 9.8%，大大快于改革开放前 26 年年均 6.1% 的速度。1997 年，在经济实现 8.8% 的快速增长的同时，全年商品零售价格比上年仅上涨 0.8%，国民经济呈现"高增长、低通胀"的良好态势，标志着我国成功地摆脱历史上多次出现的大起大落和通货膨胀的困扰，开始走上持续、快速、健康发展的轨道。当时我国主要工农业产品产量位居世界前列：谷物、棉花、油菜籽、肉类、煤炭、化学纤维、纱、布、服装、水泥、电视机、数字程控交换机、钢等产量均居世界首位，发电量、农用化肥产量居第二位；粮食储备远超历史最高水平；1997 年年末外汇储备量已达 1399 亿美元，居世界第二位，而 1978 年我国外汇储备仅为 1.67 亿美元。

在肯定成绩的同时，应当充分认识到，经济生活和社会生活中还存在许多不可忽视的矛盾和问题，表现在产业结构不合理，地区经济发展不协调，科学技术比较落后，企业的整体素质和竞争能力不高。

20 世纪末，我国国有企业经济效益下滑、处境困难，原因是多方面的，而重复建设、重复引进、盲目发展、粗放增长，造成生产能力过剩，大量设备闲置浪费，是其重要原因之一。通过对 900 多种主要工业产品的调查结果表明，有一半左右的产品生产能力利用率在 60% 以下，有些产品的生产能力利用率只有 10% 左右。例如，1995 年我国自行车的生产能力已达到 8199 万辆，而当年国内需求不足 2000 万辆。又如彩电生产能力 1995 年已达 4467 万台，而当年市场需求仅 1500 万台左右，产品生产能力过剩，许多企业处于停产或半停产状态，大量厂房、设备和其他资源闲置无用。

全国第十个五年规划明确指出，继续完成工业化是我国现代化进程中艰巨的历史性任务。大力推进国民经济和社会信息化，是覆盖现代化建设全局的战略举措。发达国家是在实现工业化的基础上进入信息化发展阶段的。新的历史机遇，使我们可以把工业化与信息化结合起来，以信息化带动工业化，发挥后发优势，实现生产力跨越式发展。我们讲抓住机遇，很重要的就是要抓住信息化这个机遇，发展以电子信息技术为代表的高新技术产业，同时用高新技术和先进适用技术改造传统产业，努力提高工业的整体素质和国际竞争力，使信息化与工业化融为一体，互相促进，共同发展。要加强信息基础设施建设，大力提高信息技术水平。要在全社会广泛应用信息技术，提高计算机和网络的普及应用程度。政府行政管理、社会公共服务、企业生产经营都要运用数字化、网络化技术，努力提高国民经济和社会信息化水平。

工业的城市
产业生态

三大经济圈的形成与区域经济一体化

The Formation Of The Three Major Economic Circles And
Regional Economic Integration

我国经济发展到20世纪80年代，三大经济圈区域开始萌芽。1982年，党中央先后决定将长三角、珠三角、闽南三角洲地区和环渤海开辟为沿海经济开放区，但由于市场机制尚不成熟等原因，尚停留在理论层面。至90年代，党的十四大提出把上海建成国际经济、金融、贸易中心，同时把环渤海地区的开发开放写入工作报告，逐渐明确"长三角经济圈"与"环渤海经济区"的概念。2003年，进一步出现了以珠三角、大珠三角和泛珠三角等三个层次的多种区域合作方式，"珠三角经济圈"逐渐形成。至2006年，三大经济圈区域一体化取得实质性进展，区域合作在基础设施、环境保护、能源开发及整个经济领域全方位展开。区域经济一体化的发展趋向不可逆转，且不断加快，不同区域的发展具有不同的特点和进程。早在计划经济时期，为了打破行政分割，一体化的思想就已提出，并最先在上海实施。随着省市经济发展不断壮大，以及在全球化和信息化浪潮推动的全球激烈竞争中整合市场和资源更有利于形成整体区域竞争力，使得一体化的趋势不可逆转。虽然区域经济一体化具有很多共性，但不同的区域，在一体化的目标、进程和实施战略上仍然各具特色。在一体化目标的商定上，以区域整体利益最大化为原则；在一体化进程和实施战略上，应以成本最小化、成本合理分摊、利益合理共享为原则；在具体策略上可以因地制宜、有所不同。

三大经济圈中，环渤海经济圈即无首位度高的经济中心、圈内各城市之间也无紧密经济联系，而是散落为"京津冀北城市群""辽中南城市群"和"济（南）青（岛）城市带"三个独立部分构成的大面积、多面向的区域，其中"京津冀北城市群"的密集度较高，经济规模较大，初步形成以首都北京为核心的城市经济圈。

需要注意到，环渤海经济圈与长三角、珠三角经济圈相比，具有特殊的区域性不足。①国有经济比重偏高，政府干预大，2003年北京国有及国有控股企业高达53.85%；②市场分隔严重，体制僵化，民企经济发展缓慢；③各自为政，竞争大于合作，制约着生产要素的流动，各省市行政壁垒严重，各地各自为政，行政区域与经济区划不协调，竞争大于合作，各地都在建立自己的制造业基地（如京津冀经济圈、辽东半岛经济圈、山东半岛制造业基地、黄（河）三角制造业基地等），信息不能共享，技术、人才等生产要素流动不畅。

改革开放后，国家经济由计划经济转为市场经济，经过20多年的经济发展和城市化进程，中国经济有了飞跃发展。在这过程中，中国的经济集聚区，长三角、珠三角、环渤海三大经济圈，通过中心城市辐射带动若干腹地城市所形成的环形经济辐射地带，为中国经济的迅速发展做出了巨大贡献。但是在这三大经济圈中，环渤海经济圈由于区域性不足导致无法形成完整经济聚落。因此，以首都为辐射带构建经济发展城市圈，成为渤海经济圈发展的新方向。

工业的城市
产业生态

文化体制改革新机遇
New Opportunities For Cultural System Reform

改革开放以来，中国社会发生了翻天覆地的变化。在政治、经济、科技教育等领域，体制改革取得了重大突破，为国家的繁荣稳定奠定了坚实基础。然而，文化体制在很长一段时间内仍受到旧体制的束缚，未能完全适应新时代经济体制改革的形势。

在改革开放初期，文化单位大多沿袭了计划经济时代的运营模式，形成了事业与产业"双轨"运营的局面。这种模式下，政府和市场的边界模糊不清，政府既作为管理者又作为经营者，文化单位缺乏自主权和市场竞争力。这种旧体制不仅导致文化单位运行效率低下，无法满足人民群众日益增长的文化需求，还使得我国文化产业在国际竞争中处于劣势地位。

随着改革开放的深入和市场经济的发展，科技进步和技术应用对文化生产消费产生了深刻影响。数字化、网络化、智能化等新技术不断涌现，为文化产业的发展提供了新机遇。然而，由于文化体制滞后于时代发展，文化单位难以跟上这些新技术的发展步伐，无法充分利用新技术推动文化产业的创新和发展。

文化是国家和民族的生命力、创造力、凝聚力的重要源泉，是其赖以生存和发展的内在根基。为了推动文化产业的繁荣和发展，国家出台了一系列政策开始文化体制改革。党的十六大是一个重要的转折点，文化事业单位被明确划分为"公益性"和"产业性"两类，首次提出了"文化产业"的概念。这一划分明确了文化事业和文化产业的定位和发展方向，为实现事业与产业相互促进、相互支撑提供了制度保障。

在随后的几年里，文化体制改革不断深化。党的十七大提出了"文化软实力"的发展战略，强调了文化在国家发展中的重要作用。党的十八大进一步将文化建设纳入"五位一体"的中国特色社会主义事业的总体战略布局中，提出了"文化强国"的战略目标。这些政策举措的出台，为文化产业的发展提供了更加明确的战略指导和政策支持。

为了保障文化产业的健康发展，国家还出台了一系列政策措施。例如，"十二五"规划将文化产业定位为国民经济支柱性产业，提出了加快文化产业发展的具体目标和措施。《文化产业振兴规划》的出台更是为文化产业的发展提供了具体的行动指南和政策支持。这些政策措施的实施，为文化产业的发展提供了有力的制度保障和市场环境。

在我国转型发展和文化体制改革的大环境下，文化创意产业经历了从产生、发展到繁荣的演进历程。文化创意产业以创意为核心，以文化为内容，以科技为支撑，具有高附加值、强融合性、广覆盖性等特点。随着文化体制改革的不断深化和市场环境的不断改善，文化创意产业逐渐成为推动经济转型升级的重要力量。

为了推动文化创意产业的持续发展，我们需要继续深化体制改革，确立文化领域市场机制发展思路与制度保障体系。同时，我们还需要大力发展文化相关产业，支持其新兴业态发展，为文化创意产业提供更多的创新空间和发展机遇。只有这样，我们才能构建起一个充满活力、富有创新精神的文化创意产业体系，为国家的繁荣稳定和人民的幸福生活做出更大的贡献。

第五章 创新转型助力城市功能升级

INNOVATION TRANSFORMATION BOOSTS URBAN FUNCTION UPGRADING

城市格局的变化与城市的功能定位密不可分,是一个复杂的变化过程,其演变脉络直接影响着城市经济、政治的发展方向;同时,城市规划的制定也从经济、政治的发展中总结经验得以进化。

改革开放至 21 世纪初,北京陆续发布了 3 个版本的城市规划方案:

(1)《北京城市建设总体规划方案》;

(2)《北京城市总体规划(1991 年—2010 年)》;

(3)《北京城市总体规划(2004 年—2020 年)》。

本章,我们将围绕这三版规划方案,探讨北京市的规划变迁,并进一步剖析"718"厂响应政府号召进行企业改革,以及"798"和"751"诞生的背景。

去工业化浪潮,政治与文化中心的确立

经过近 30 年的城市建设,随着国内政治形势的变化,以及对经济、城市发展模式的理解不断深入,政府逐渐意识到,以工业为中心的城市布局选择,导致北京的工业尤其是重化工业的发展规模过于庞大,各方面的能源消耗过多,运输、生态环境等都出现严重的问题。工业的过度发展,干扰了首都政治、文化中心功能的正常发挥。在"先生产,后生活"的口号下,实际执行中出现了"只生产,不生活"的畸形状态,城市发展忽略了除工业外的其他构成要素,导致城市基础设施不足,城市处于沉闷的工业氛围中,经济的发展却没有带来人民生活水平的有效提高。

在这样的背景下,1983 年 7 月,中共中央书记处作出了关于首都建设方针的重要指示,将北京的城市性质纠正并确定为"政治中心和文化中心",首次明确提出要控制北京的工业建设规模,结合首都特点,有计划地发展首都工业,工业建设的规模要严加控制,工业发展主要应当依靠技术进步。要制定面向全国的工业技术改造,用 20 世纪七八十年代成熟的现代化技术,逐步地改造和装备北京的工业,国务院各工交部门在制定行业改造规划时,要把北京作为重

点，给予大力支持和帮助。今后北京不要再发展重工业，特别是不能再发展那些耗能多、用水多、运输量大、占地大、污染扰民的工业，而应首重发展高精尖的、技术密集型的工业。尤其要迅速发展食品加工工业、电子工业和适合首都特点的其他轻工业，并提出要加强城市绿化建设，对历史文化、历史建筑予以保护。

这些指示，使得当时各方面对北京的城市性质、规模、布局、旧城改建等一些方针性问题的不同认识有了统一的思想基础。

同时，中共中央、国务院批复了由中共北京市委、北京市人民政府拟定的《北京城市建设总体规划方案》，该方案明确指出：

第一，将北京的性质确定为政治中心和文化中心，对经济中心未有提及，经济发展应适应和服从北京市的性质，调整结构，根据资源情况重点发展能耗低、用水省、占地少、运输量少和不污染扰民的工业，对现有重工业进行技术改造，并改变工业过分集中于市区的状况。

第二，对"分散集团式"的城市格局进一步强化，按照"旧城逐步改建、近郊调整配套、远郊积极发展"的方针，控制首都规模的同时，大力发展远郊卫星城，调整市区布局结构，形成以旧城为核心的中心地区和相对独立的10个边缘集团，其间以约2千米宽的绿色空间地带隔离。

第三，强调北京历史名城的定位，保留、继承和发扬古都风貌，扩大对文物古迹和革命文物的保护范围，不但要保护古建筑本身，还要保护古建筑的环境，保留北京的特色，并且要注重与园林水系相结合，注重新旧建筑相协调。

在此基础上，又格外强调把旧城改建和郊区新建相结合，逐步把旧城区的居民和单位疏散到近郊区，展宽市区马路，增加绿地，改善市政，安排首都中心区必不可少的办公楼和各项大型公用设施。

第四，明确"居住"的重要性，以居住区作为组织居民生活的基本单位，以便更好地安排各项设施，方便群众生活。

1993年10月，国务院批复了《北京城市总体规划（1991年—2010年）》修订版，进一步强调了北京市"政治中心和文化中心"的定位，发展文化教育和科技事业，强调北京是国家级历史文化名城，历史传统风貌要有效保护和发扬；经济发展上，建立以高新技术为先导，第三产业发达，产业结构合理、高效益、高素质的适合首都特点的经济，集中力量发展微电子、计算机、通信、新材料、生物工程等高新技术产业。工业要按照技术密集程度高、产品附加值高和能耗少、水耗少、排污少、运量少、占地少的原则进行调整，广泛利用高新技术改造传统产业，加快技术结构和产品结构的调整改造，形成适合首都特点的工业结构。重点发展电子、汽车工业，积极发展机械、轻工、食品、印刷等行业。冶金、化工和建材工业要严格控制发展规模，积极治理污染，在控制总能耗、物耗、水耗和污染物排放标准、排放总量的前提下求发展，逐步改变工业过分集中在市区的状况。

电子工业摇篮化身当代艺术摇篮艺术

20世纪80年代，以电子信息技术为核心的新技术革命在全世界风起云涌，改革开放中的中国也不例外。到了90年代，在广东，出现了东莞电子城；在北京，兴起了中关村电子一条街。而位于酒仙桥的"718"等电子工业厂，作为计划经济的老领地，对市场变幻缺乏应有的反应，已失去了创新的活力。"718"厂分厂一度停产，出现了闲置厂房。此时，颇具现代艺术氛围的工业厂房吸引了中央美术学院的教师们。1996年，中央美术学院雕塑系为中国人民解放战争纪念雕塑园创作雕塑作品，隋建国教授租用了"798"老厂房做雕塑车间。这一举动后来被认为是"798艺术区"发展的伊始，为这个破旧的厂区注入了艺术的元素。自此开始，当代艺术思想家和实践家纷纷来到"798"厂区，使得这里成为了当代艺术的摇篮。这不是阴差阳错的工业与艺术的结合，而是艺术自发地成为工业遗存的转型促进之力。这种自发的市场化的艺术更新形式贯穿于"798"厂转型成"798艺术区"的全生命周期中。张路峰研究团队将"798艺术区"的转型更新机制概括为"自下而上"的机制。这个理论从"798艺术区"和"751D·PARK"的发展机制对比来看是可以的，但是过于单一，不够立体。而把"798艺术区"和"751D·PARK"当作立体的创新生态系统来看，他们的更新方式是多维的、立体的。

"798艺术区"是由个体到环境、由内至外的"针灸式"更新;"751D·PARK"是由环境到个体、由框架到内核的"渐进式"更新。具体的生态构成和更新方式在第十七章会展开说明。

以第三产业为重心,"两轴两带多中心"的新面貌

进入21世纪,随着社会经济的不断发展与变化,北京的城市经济发展进入新的重要阶段,出现了很多新情况、新问题。申奥的成功给基本现代化的实现和城市建设变革提出了更高的要求,在奥运会的带动下,北京步入快速发展的机遇期。为了更好地统筹规划大量新项目、新工程,适应科学发展观对北京提出的新要求,调整和创新北京的建设、管理思路,2002年北京开始编制新一轮总体规划,2005年1月12日,国务院正式通过《北京城市总体规划(2004年—2020年)》,其主要原则和基本要点如下:

第一,进一步明确北京城市性质为"中华人民共和国的首都,是全国的政治中心、文化中心,是世界著名古都和现代国际城市",城市定位为"国家首都、国际城市、历史名城以及宜居城市"。

第二,强调城市职能为"中央党政军领导机关所在地""邦交国家使馆所在地、国际组织驻华机构主要所在地,国家最高层次对外交往活动的主要发生地""国家主要文化、新闻、出版、影视等机构所在地,国家大型文化和体育活动举办地,国家级高等院校及科研院所聚集地""国家经济决策、管理,国家市场准入和监管机构,国家级国有企业总部,国家主要金融、保险机构和相关社会团体等机构所在地,高新技术创新、研发与生产基地""国际著名旅游地、古都文化旅游,国际旅游门户与服务基地""重要的洲际航空门户和国际航空枢纽,国家铁路、公路枢纽"。

第三,调整产业布局,第一产业发展现代都市型农业;第二产业走新型工业化道路,加快形成以高新技术产业和现代制造业为主体,以优化改造后的传统优势产业为基础,以都市型工业为重要补充的新型工业结构;第三产业重点发展现代服务业与文化产业。

坚持以经济建设为中心，走科技含量高、资源消耗低、环境污染少、人力资源优势得到充分发挥的新型工业化道路，大力发展循环经济。注重依靠科技进步和提高劳动者素质，显著提高经济增长的质量和效益。

坚持首都经济发展方向，强化首都经济职能。依托科技、人才、信息优势，增强高新技术的先导作用，积极发展现代服务业、高新技术产业、现代制造业，不断提高首都经济的综合竞争力，促进首都经济持续快速健康发展。加快产业结构优化升级，不断扩大第三产业规模，加快服务业发展，全力提升质量和水平。深化农业结构调整，积极发展现代农业，促进农业科技进步。

到 2020 年，人均地区生产总值（GDP）突破 10 000 美元；第三产业比重超过 70%，第二产业占比保持在 29% 左右，第一产业占比降到 1% 以下。

第四，控制人口规模，尤其是流动人口，严控市区人口数量。

第五，区域协调发展，加强北京与京津冀地区，特别是与京津城镇发展走廊及北京周边城市的协调，构筑面向区域综合发展的城市空间结构；市域战略转移，逐步改变目前单中心的空间格局，加强外围新城建设，中心城与新城相协调，构筑分工明确的多层次空间结构；旧城有机疏散，加强历史文化名城保护，逐步疏解旧城的部分职能，构筑与世界文化名城相适应的空间结构；村镇重新整合，加快农村地区城镇化步伐，整合村镇，推进撤乡并镇、迁村进镇，提高城乡人居环境质量，构筑城乡协调发展的空间结构。

该规划强调了新技术对第二产业的带动作用，进一步加快转型以第三产业为重心的城市经济体系，对北京整体的空间结构做出新的"两轴两带多中心"的布局构想。

城市能源产业升级，煤电退出舞台

《北京城市总体规划（1991 年—2010 年）》规划的第 64 条指出，根据预测，北京的能源总需要量（折合标准煤）将从 1990 年的 3100 多万吨，增加到 2000 年的近 4000 万吨、2010 年的约 5000 万吨。北京能源建设的基本方针是：争取大量调入天然气，增加电力供应，提高清洁能源在能源结构中的占比，减少市

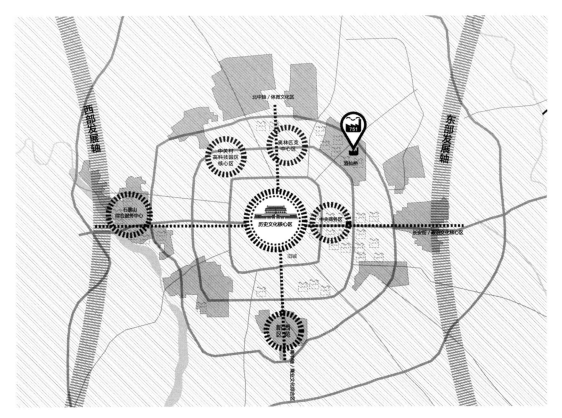

北京规划"两轴两带多中心"

区的煤炭消费量，以确保首都市区良好的生态环境。考虑煤在全市能源结构中的主导地位短期内难以改变，所以应努力争取从神府地区调入较多的低硫、低灰分的优质煤。同时，严格限制高耗能工业的发展，大力开展节能工作，努力把北京建设成节能型城市。第65条指出，尽早实施从陕甘宁气田大量调入天然气的规划，改变北京长期以来气源严重不足的状况。

按照北京市政府政策性产业结构调整的要求，随着陕京天然气工程的建成和投用，2003年，七星集团公司煤气厂退出生产运行，大量煤气工业的标志物、厂房和机械设备得到了完整妥善的保存，两座高68米、直径67米的螺旋式大型煤气储罐和一座座重油裂解高炉默然耸立，纵横交错的管道延伸于各类大型生产设备之间，与高大宽敞的厂房、宏伟壮观的锅炉群、铁路专用线、输煤带、大型吊机等形成一道独特的风景线，记录着时代的风风雨雨与印记，企业的历史资源到处蕴含着浓厚的工业文化气息。

在这样的方针指导下，北京逐渐由中华人民共和国成立初期的"社会主义工业城市"向"政治与文化中心"过渡，逐渐进行去工业革命，建立宜居城市，初步确立了以高新技术为先导、第三产业发达的首都经济模型。

有了政府的支持和引导，"751"厂积极响应号召，于2000年正式组建北京正东电子动力集团有限公司，坚持与国家及北京市的能源、环保政策随动，利用清洁能源和高效能源改善电子城地区的环境污染和满足电子城区域快速发展的动力需求，与首钢、焦化厂并列为北京人工煤气三大气源生产企业，满足了北京市1/3企业生产和民用的需求。

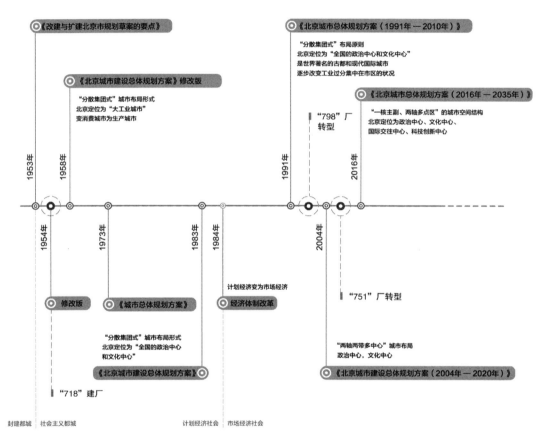

中华人民共和国成立后北京城市规划发展历程

在面临中国经济变革、北京城市功能转变等要求下,"798""751"厂该如何发展?

"751"厂老照片

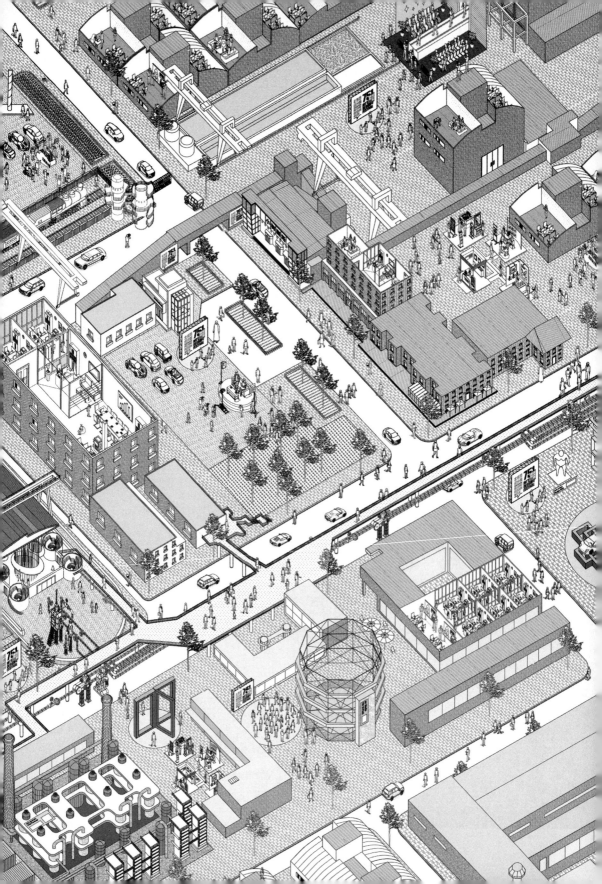

第二部分　PART II
城市中的艺术生机

在北京的东北部,一片由包豪斯建筑风格的老厂房构成的"798艺术区",静静地诉说着从工业时代到艺术时代的转变史诗。这里,每一块砖、每一堵墙,都像是历史的见证者,它们目睹了这片区域从沉寂的工业废墟蜕变为"当代艺术"的摇篮,再到如今的城市"艺术生态"聚合区。

70载的风雨变迁,"798艺术区"完成了从工业到艺术的华丽转身,这是一场跨越时代的奔赴,也是一次艺术与工业的完美结合。这里曾是轰鸣的机器声和繁忙的工人身影交织的工厂,如今却成了艺术家们挥洒才华的舞台,每一处角落都充满了创意与灵感。在这片充满历史厚重感的土地上,时间的痕迹被巧妙地保留下来。老旧的工业设备、裸露的钢筋结构、斑驳的墙面,都在静静地诉说着过往的辉煌与沧桑。而这些历史的元素,并没有因为时间的流逝而消退,反而在艺术家的巧手下焕发出新的生机。

随着时间的推移,"798艺术区"逐渐发展成为一个多元化的艺术生态聚合区。这里不仅仅是艺术家创作和展示作品的场所,更是文化交流、思想碰撞的平台。各种艺术展览、讲座、研讨会等活动层出不穷,吸引了大量的艺术家、学者和游客前来参观交流。在这片充满创造力的土地上,艺术与科技的结合也日益紧密。数字化技术的应用,使得艺术创作更加丰富多彩,也为观众带来了全新的感官体验。虚拟现实、增强现实等技术的引入,更是让人们能够沉浸在艺术的海洋中,感受艺术的无限魅力。与此同时,"798艺术区"也成为设计创新的摇篮。这里汇聚了众多设计师和创意工作者,他们以独到的视角和创新的思维,将艺术与实用相结合,创造出了许多令人叹为观止的设计作品。这些作品不仅具有极高的艺术价值,也为人们的日常生活增添了无限的趣味和便利。

可以说,"798艺术区"的设计创新生态1.0版本——人文艺术聚合的生态,已经初具规模。这里不仅是艺术的圣地,也是创新的沃土。在这个多元、开放、包容的环境中,每一个人都能找到属于自己的艺术之路,共同创造更加美好的未来。

第六章 从"当代艺术"到城市"艺术生态"
FROM "CONTEMPORARY ART" TO URBAN "ART ECOLOGY"

"718"厂建制撤销,成立了6家分厂并整合重组为北京七星华电科技集团有限责任公司。彼时,北京大山子地区规划改造,七星集团部分产业迁出,闲置了部分厂房。这些厂房有序的规划、便利的交通、风格独特的包豪斯建筑等多方面优势,吸引了众多艺术家和艺术机构,他们的到来改变了这里的命运。这里当时聚集的大量当代艺术家让西方知道了中国当代艺术的观念、形态及其现状。将这里称为"当代艺术的摇篮"不足为过。当然"798"发展不是一蹴而就的,也经历了特定时期的历史阵痛,最后成长为北京艺术集聚区,乃至中国艺术区典范,中国当代艺术"摇篮"和"梦工厂";近年来对文化产业的多元化商业探索,都让这个曾经的"锈区"以"艺术秀区"的姿态持续散发光彩。国内外学者对于"798艺术区"的发展阶段的概括时间切分基本在1995—2019年,而对"798艺术区"近些年的发展变化未予以概括。如孔建华认为"798"的发展经历了三个时期,分别为培育孵化期(1995—2003年)、争议发展期(2004—2006年)、规范引导期(2007年至今)。崇蓉蓉等认为"798"发展经历了4个时期,即初始阶段(1995—2001年)、起步阶段(2002—2005年)、发展阶段(2006—2008年)、转型阶段(2008年至今)。韩宗保研究认为"798"经历了5个时期,即初创期(1995—2001年),此时为后工业社会的区域功能转换;发展期(2002—2006年),经历拆迁危机及艺术家再造;成熟期(2006—2008年),政府与国企共同治理的阶段;瓶颈期(2009—2013年)受经济危机的冲击,艺术品市场受到冲击,"798"也逐渐没落;转轨期(2014年至今),开始进行战略调整,明确发展战略。但韩宗保并未对近年"798艺术区"转轨期的战略措施具体实施情况进行详细说明。

"798 艺术区"

城市中的艺术生机 | "工业"与"艺术"双向奔赴
"Industry" And "Art" Are Running In Both Directions

本章将"798"发展以生态学的生命周期发展阶段归纳为导入阶段（Initiation）、成长阶段（Growth）、成熟阶段（Maturity）、衰退阶段（Decline）及再生阶段（Regeneration）：

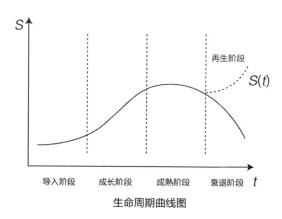

生命周期曲线图

把生物学的生命周期应用于产品生命周期理论是美国哈佛商学院教授雷蒙德·维农（Raymond Vernon）1966年在《产品周期中的国际投资与国际贸易》一文中提出来的，维农认为一种产品与有生命的物体一样具有诞生、发展、衰亡的生命过程。后来，各产业研究学者又将其扩展增加再生阶段形成更全面的生命周期理论。

导入阶段（1995—2001年）

"798"的艺术化起源与中央美术学院密不可分。1995年中央美术学院迁出王府井校区直到2001年才正式迁入新校址望京花家地。1996年，中央美术学院雕塑系应中国人民解放战争纪念雕塑园的需求，创作雕塑作品，时任雕塑系系主任的艺术家隋建国辗转发现"798"闲置老厂房的高举架和采光充足的自然天窗正好为雕塑提供了优质的创作环境，十分适合作为翻模车间，由此开启了将工厂出租给艺术家的首次尝试。其后隋建国于2000年将工作室搬入窑炉车间，也成为"798"厂区内的第一间艺术家工作室。这一举动被认为是"798艺术区"发展的开端，为这个曾经废弃的工业区注入了艺术的活力。随后，著名媒体人洪晃将其杂志社迁入此地，进一步提升了"798"的知名度。洪晃提到，"'798'原来特别好的就是有一个neighborhood（社区）的感觉，因为

"不息"展览现场　展望作品

你可以在那里边遛弯儿，遛弯儿你会碰见熟人，去咖啡店可以赊账。这里和胡同有异曲同工之处，我小时候长大的胡同就是一个 neighborhood。"就是这种天生的艺术魅力构成的与众不同的创作条件以及交通便利和租金低廉等多重优势，"798"的名字在艺术圈内逐渐传开，更多的艺术家进入"798"。然而，在 2002 年之前，"798 艺术区"的兴起主要源自于艺术家们自发的聚集，呈现出一种"自然演化"的状态。艺术家们对"798"园区宽敞且充满历史感的空间表现出强烈的认同，而且七星集团作为管理方迫切需要将厂房出租以维持现金流，这导致了艺术家们纷纷汇聚于此。由于当时业态单一，且艺术家的数量有限，他们之间的交流也十分便利。因此，入驻者与七星集团之间基本上只是租赁关系，而非深层次的合作伙伴关系，尚未形成艺术产业的聚合效应。因此，对于"798 艺术区"未来的发展方向仍然充满了不确定性。

成长阶段（2002—2005 年）

这个阶段对于"798 艺术区"的发展和"中国当代艺术"的发展来说是至关重要的，"798"发生了一系列有影响力的艺术事件，促成了"798"的再造和"798 艺术区——中国当代艺术梦工厂"的形成。

2002 年 2 月，美籍艺术收藏家罗伯特·伯纳欧（Robert Bernell）以及旅居日本的艺术家黄锐共同推动了"798 艺术区"的重要发展。伯纳欧先生租用了工厂内的回民食堂，建立了八艺时区，这标志着"798"工厂区域内首次设立对外开放的艺术机构。接着，黄锐与日本艺术家田佃幸人合作，在"798"引进了来自东京的画廊，并共同创立了 BTAP 北京东京艺术工程。随后的 10 月，他们举办了"798"的首个展览，题为"北京浮世绘"。此次展览引发了广泛的社会关注，被视为颠覆了中国原有艺术区域纯粹艺术家聚集的现状，彰显了"798"当代艺术产业化发展的巨大潜力。至 2002 年年底，艺术家徐勇完成了对时态空间的改造，使工厂区内锯齿状建筑焕发出迷人的魅力。这一系列事件持续吸引了国内外学术界的关注，引发了对于"798 艺术区"未来发展方向的深入研讨和探讨。

2002 年前后，更多的艺术家，如刘索拉、苍鑫、白宜洛、陈羚羊、赵半狄、李松松、肖鲁、唐宋、陈文波、孙原、彭禹等也相继搬入"798"，形成了"798 艺术区"的早期集聚形态。

大窑间　　照片来源：朱岩

城市中的艺术生机

"拆迁危机"与自觉"再造798"
"Demolition Crisis" And Conscious "Reconstruction 798"

"798"的闲置厂房租赁本就是七星集团在差异性战略引导下的阶段性权宜之计，最终"798"在集团的规划下要整体拆迁，建设中关村电子城。业主方响应北京城市发展对"798"的产业转型并没有错误，但他们忽略了这些工业遗产的价值和艺术家们对于"798"投入的感情和当代艺术思潮萌发的力量。于是，两方站在不同的发出发点对未来发展的产生了分歧。

此时，艺术家将"798"再造为北京城市的名片和"中国当代艺术"对世界的展示窗口。2003年，北京"798艺术区"被美国《时代周刊》评为"全球最有文化标志性"的城市中心之一，北京市也被《新闻周刊》评为年度12大世界城市之一。2004年艺术家自发举办了第一届"798艺术节"（被改名为"大山子艺术节"），持续扩大"798"的国际影响力。

"798艺术区"内的艺术代表李象群以及学者代表朱嘉广、衣锡群、方李莉、陈东升等，身份为北京市人大代表或政协委员，向北京市政府递交了有关保护和开发"798艺术区"的提案，从建筑、历史、文化、经济以及奥运会举办5个方面分析了"798"存在的价值，百位艺术家在议案上签名，号召"保护一个工厂的建筑遗址，保护一个正在发展的新文化产业区"。与此同时，"798艺术区"也吸引了各国政要和国际知名建筑师的关注。这些政要和建筑师不断前来访问并举办展览，引起了北京市和朝阳区政府的高度重视。各方积极对"798艺术区"进行调研和评估，最终于2005年将"798艺术区"内的包豪斯建筑列为"优秀近现代建筑"。2005年年末，大山子艺术区正式更名为"798艺术区"。并被授牌为北京市首批文化创意产业聚集区，2006年朝阳区政府联合七星集团成立园区管理单位。同年首届"北京798创意文化节"举办。

这一次以艺术家为核心、社会各界力量共同参与的保护传统工业遗产的行动画上了句号，为"798艺术区"在后工业时代找到了宝贵的再发展机遇。在这个历程中，原有的工业遗产与当代艺术相互融合，成为园区向全球展示的独特资源。同时，"798艺术区"也率先探索并开创了将工业遗产转变为文化资源的转型之路,催生了国内一大批类似艺术园区的诞生。"751"的转型也是在这个时期受到"798"的影响展开的。

成熟阶段(2006—2008年)

自2005年正式挂牌更名为"798艺术区"后,"798"进入一个井喷式发展时期,随着"798"艺术管理办公室的成立,也推动了艺术区由"野生无序自发"发展进入了"快速规范"发展的阶段。

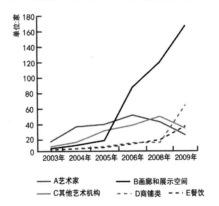

2003—2009年北京"798艺术区"各构成成分变动示意图(无2007年数据)

从学者刘明亮在《北京798艺术区:市场语境下的田野考察与追踪》中对"798"入驻对象的收集情况来看,2006年也是一个转折点:2006年之前,艺术家群体是艺术区的主体,在初期推动了艺术区的发展,在2006年之后,画廊和商业机构的比例开始大幅增加。园区开展了一系列的基础设施建设,配套设施的完善也引入了更多元化的艺术机构,园区内逐渐形成了艺术生态系统。这种多元业态的发展一方面得益于园区管理的多元化战略,另一方面也是由于随着"798"在艺术圈以及国际上的知名度越来越高,园区内部需要增加可容纳更多艺术消费者和游人的消费场景。同时,中国当代艺术在此时期得到世界

2007 年纽约苏富比春拍和香港苏富比春拍的比较

拍卖场名称	拍卖时间	拍品量（件）	总成交额（RMB）	总成交率（%）
2007 年纽约苏富比春拍"亚洲当代艺术专场"	2007.3.21	310	209 632 850	76
2007 年香港苏富比春拍"中国现当代艺术专场"	2007.4.7	186	212 327 690	89.8

2007 年香港苏富比春拍"中国现当代艺术专场（一），现代部分"成交前五名

序号	作者	拍卖名	估价（HKD）	成交价（RMB）
1	徐悲鸿	放下你的鞭子	30 000 000 ~ 40 000 000	71 280 000
2	朱德群	意志坚强	7 000 000 ~ 15 000000	8 078 400
3	朱德群	结构二六人	6 000 000 ~ 8 000 000	6 969 600
4	赵无极	22-02-1967	3 000 000 ~ 5 000 000	4 752 600
5	朱沅芷	自由之路	1 200 000 ~ 1 800 000	3 920 400

范围的关注，当代艺术市场火爆，自然在园区内部形成了当代艺术交易产业链，这是一个良性发展的生态系统的演化。据数据统计，2007 年普通亚洲专场拍卖会成交额都在 2 亿元人民币以上，徐悲鸿的单幅画作可以拍卖到 7000 万元人民币以上。这个时期的中国当代艺术市场迅速壮大，从宏观来看，得益于国家经济实力的提升和全球经济的繁荣。从微观来看，这与国内艺术区的兴起、完善的交易产业链的兴起有很大关系。"798 艺术区"是当时最早进驻外资画廊的艺术区，如 2006 年红门画廊、意大利常青画廊率先入驻"798 艺术区"；2007 年 11 月尤伦斯当代艺术中心落户园区；2008 年，来自纽约的画廊界的巨头佩斯画廊在"798"开设分店——佩斯北京。这些拥有高度学术水平和运营能力的艺术机构的入驻，极大地提升了园区的艺术水准和品牌影响力，使"798 艺术区"成为拥有国际背景的美术馆级别的艺术机构战略布局之地。

2008 年的北京奥运会给北京带来了大量的游客，"爬长城、赏故宫、逛'798'"成了当时去北京旅游的经典行程，"798 艺术区"此时成为北京人文艺

术的城市名片。在旅游业的带动下"798艺术区"平稳度过了2008金融危机。随着"798艺术区"的知名度和当代艺术的持续走高,园区租金从2002年的0.65元/平方米上下,提高到4~5元/平方米。这其中更多是"二房东"借"798"的影响力,炒高了园区的租金。

衰退阶段(2009—2013年)

2008年经济危机后,中国艺术市场也进入了"寒冬"。"798艺术区"也难以幸免,画廊的交易量明显下降,而那些缺乏强大资本支持的画廊减少了展览数量以节省运营成本,甚至不得不关闭。一些来自日本、韩国和东南亚地区的画廊开始撤离"798艺术区",而另一些则开始在周边寻找租金较低的空间以维持运营。据韩宗保的研究,从2009—2010年,"798艺术区"的画廊数量从168家减少至159家。在随后的几年中,一些画廊不断迁出或关闭,但与此同时也有一些新画廊进驻,这使得798艺术区的画廊总体数量相对稳定。同时期,政府开展一系列的奥运保障工程,如"奥运环境工程"为"798艺术区"基础设施、文化经济环境提供资金支持,使得园区内艺术业态衰退,但旅游业态增长。据悉,尤伦斯艺术中心只有170平方米的艺术商店2011年全年营业额达到1700万元人民币。可见园区访客量的增加带来了巨大的消费能力。虽然游客数量激增,但整体从营收方面却因艺术氛围衰退导致画廊成交总额下降,"798艺术区"进入了衰退期。最主要的原因就是园区物业生态被"二房东"牵制,导致租金不可控、上涨严重,标准不统一,业态招商没有整体管理和规划,非良性商业化程度严重,大量艺术家撤离、艺术机构经营困难、商业机构遍布园区,破坏了园区内的艺术产业氛围和艺术产业链。

"798艺术区"2009—2013年业态情况　　　　　　　　　　　　单位:家

年份	艺术家工作室	画廊(美术馆)	其他文化机构	餐饮	商铺	合计
2009	25	168	70	38	64	365
2010	22	159	100	48	72	401
2011	22	175	121	51	89	458
2012	20	171	123	54	125	493
2013	19	172	197	59	129	576

再生阶段（2014年至今）

"二房东"市场乱象导致的过度商业化让"798艺术区"的发展进入瓶颈，但此时的"798艺术区"已经意识到自身发展的问题，并在积极地调整园区战略规划。其中，七星集团作为"798艺术区"的物业方，提出了园区高质量发展的"一二四一"战略，即构筑一个中国当代艺术与文化发展的高地，发挥对外文化传播与交流、对内文化示范与引领的两个作用，完成守牢意识形态堡垒、做优文化产业生态、提升园区品质、树立百年文化品牌四个核心任务，实现世界一流艺术园区的战略目标。

2014年，"798艺术区"的管理层，即七星集团开始主动战略调整，并于2016年，制定"十三五"期间的发展规划，确立以文化创意为核心产业，把"798艺术区"建设成世界文化艺术中心的五大定位——国际文化使馆区、国际一流艺术机构聚集区、艺术品交易区、国际文化旅游区、798文化创意自贸区，并制定了"文化+科技""品牌+产业"的双融合发展思路，聚焦"文化园区、数字文化、文化消费、文化投资"四大领域，在全新技术条件支持下不断拓展"艺术+"外延，建设智慧园区，打造C端文创消费场景，借助数字化手段构建"以艺术为核心的文化产业生态"，推动国内外优秀艺术家运用新技术创作艺术作品、打造数实融合的全新体验场景，创造文化新消费、塑造文旅新业态。

"798艺术区"与专业咨询团队联合，对园区业态、产业、空间进行了重新规划，把核心区域留给文化艺术与国际交流机构，以文创消费区满足群众游玩需求。目前，园区整体的文化艺术类业态占比高达78.65%，来自19个国家和地区的35家国际文化艺术类机构在此扎根。

此外，园区正在进行"艺术回流"计划，邀请更多优质的艺术家、艺术作品进入园区，更多优质艺术机构进驻园区，为"798艺术区"的高质量发展源源不断注入新的力量。

"798艺术区"的发展是一场跨越七十多年的工业与艺术的双向奔赴，正以更丰富新颖的形态延续。

城市中的艺术生机

"798艺术区"发展历程示意图

Schematic Diagram Of The Development Process Of "798 Art District"

"798艺术区"被列为首批文化创意文化产业

正式更名为"798艺术区"被授牌为北京市首批文化创意产业聚集区

2007 北京

《"718"联合厂地区保护与开发协议》

"再造798"

"798艺术区"早期集聚形态形成

"798"闲置老厂房环境被发现适合进行艺术创作

1995年　1996年　2000年　2002年　2003年　2004年　2005年　2006年　2007年

收藏夹罗伯特·伯纳欧以及艺术家黄锐共同促成了"798艺术区"的重要发展
BTAP东京艺术工程

"798"第一间艺术工作室成立

"798艺术区"
首届"北京798

导入阶段(1995—2001年)　　成长阶段(2002—2005年)　　成熟阶段(2006

首届北京大山子艺术节

"798艺术区"帮助北京首次入选《新闻周刊》年度世界城市之一

"798艺术区"在此找到了宝贵的再发展

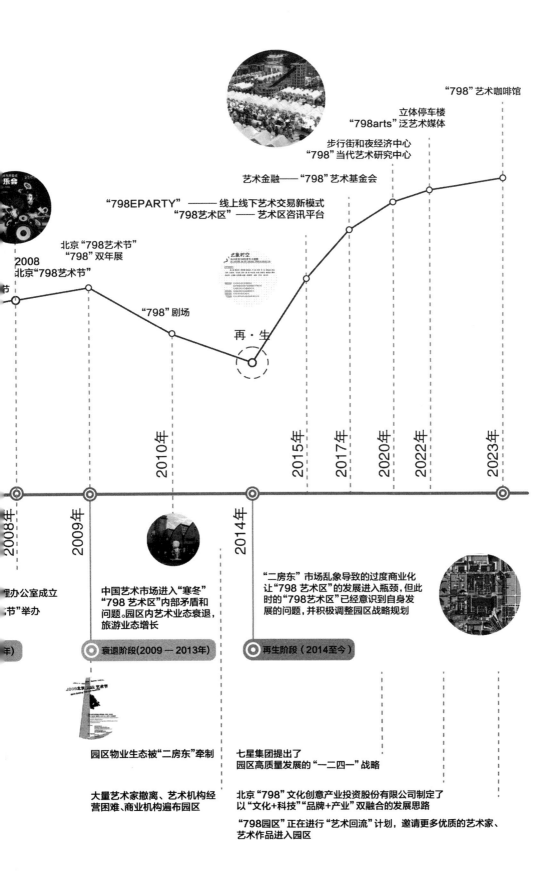

城市中的艺术生机

第七章 文化与艺术的经济性
THE ECONOMY OF CULTURE AND ART

如果说2013年前"798艺术区"的机制是由艺术家自发的"自下而上"的更新行为，或者说是单纯的艺术市场行为让其成为艺术集聚区的鼻祖。那2013年之后，"798艺术区"则可以概括为"上下共促"的运行机制。"798艺术区"不似"751D·PARK"是完全由园区自上而下进行管理，园区内部的交易和商业化"751D·PARK"运营方会做相关的活动促进，但并没有搭建商业平台和大规模的商业活动进行引导和促进。而"798艺术区"则以"学养商"的方式，通过一系列的交易平台搭建、学术交流活动促进艺术产业商业化。同时，"798艺术区"内形成了一种市场竞争机制，即价高者得的物业租赁机制，导致无形间物业租赁变成市场行为，随着整个园区品牌知名度的提高，空间的物业租赁价格也由市场控制，而不完全受园区管理方控制，这与"751D·PARK"是完全不同的。就此"798艺术区"内的文化和艺术机构与利益相关者形成了一条稳固的商业化链条，"798艺术区"管理方通过北京"798"文化创意产业投资股份有限公司自2013年开始就采取各种对于艺术产业商业化的推进方式，如线上O2O艺术交易平台"798EPARTY"、艺术推介平台"画廊周"搭建专业藏家的艺术消费全生命链条，艺术媒体平台"798艺术汇"对大众进行艺术宣传，"798CUBE艺术中心"和"当代艺术研究中心""国际艺术家驻留计划"以当代艺术角度促进多产业融合，丰富艺术作品储备，推进艺术商业化和可持续。

在整个商业化链条中，艺术创作者身处"798"的艺术氛围中，便于参与国内外交流以及最重要的作品交易环节，而不再是独立的艺术家。艺术消费者、资深藏家可以获得最有潜力的艺术作品、更加深入地了解当代艺术和艺术家，由于"798艺术区"的学术平台背书，其艺术作品和艺术家的信誉也会有所提高且更有保障，这样也变相保障了专业藏家的收藏利益。

"798艺术区"艺术商业化生态可谓是链条完整、目的明确，但也还有可提升的空间，如商业化链条缺乏线上板块，且线上对于货值较高的艺术品的

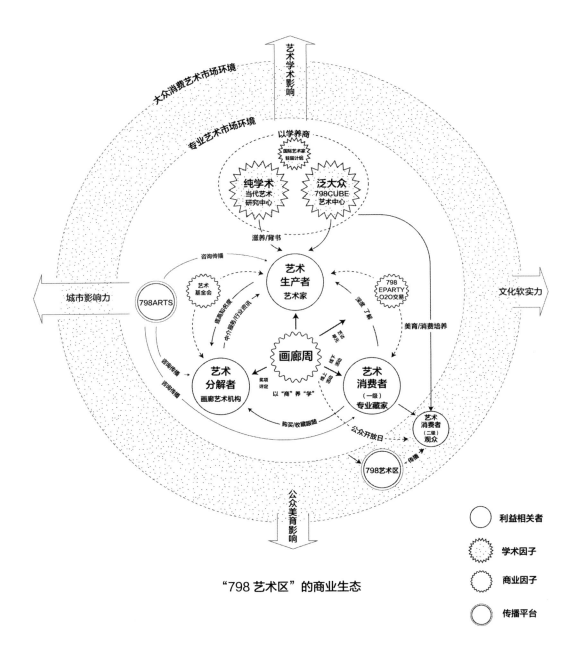

"798艺术区"的商业生态

线上展示不足，大额的艺术品很难在线上交易。而货值较低的艺术品和文创产品可以完成线上交易。"798"曾推出"798EPARTY"线上平台推动艺术家与买家之间的交易，但这打破了园区作为第三方的身份，触碰了园区内艺术分解者的利益，即画廊艺术机构的中介服务利益，所以效果并不好。"798艺术区"可以作为中介，但要保护好园区内的利益相关者，发挥促进作用，而不是抢利益相关者的"蛋糕"，其应该搭建一个中介机构与艺术消费者之间的线上平台，并通过园区的品牌宣传和学术活动为其宣传背书，形成合力营销。此外，目前艺术区的消费偏低端，消费两极化严重，最主要的原因之一是艺术与商业品牌的链接不足。

多元化的艺术线下经济模式
Diversified Offline Art Economic Model

艺术的线下经济——画廊周

画廊周是"798艺术区"于2017年推出的艺术推广平台,致力于以先锋、专业的态度建立国际化的当代艺术对话和推广平台。每年画廊周围绕北京地区的画廊和非营利机构的最新展览展开为期九天的艺术活动,包括:展览开幕、媒体导览、贵宾导览、学术讲座、行为表演、艺术家工作室探访、私人收藏探访、派对、年度晚宴等,打造属于北京的"城市艺术事件",建立国际化的当代艺术对话平台。同时,观众可以充分体验并和每一间拥有不同气质的展览空间直接交流,更深刻地了解当代艺术的发展以及其成长的土壤。

画廊周对行业内是艺术交易的市场化推手,对行业外是公众艺术教育的普及。每个行业都有促进该行业商业化的展览会,如第二次工业革命后,推进工业产品市场化的第一次工业博览会——"水晶宫国际工业博览会",以博览会的方式在集中时间内促进商品流通。艺术界在商业化方面都是以艺术家"单打独斗"或者以艺术经纪人和画廊的辅助方式进行的,缺乏大规模的集中式的商业化对接方式。在世界范围内,画廊周作为一个城市的本土艺术形态,已经成为趋势。如在柏林、芝加哥、巴塞罗那、布鲁塞尔、都柏林、维也纳、华沙和首尔,画廊周基于本土艺术资源,激发了一个城市的艺术活力,与国际艺术市场进行对话。画廊周的优

"798艺术区"画廊周历年举办情况

年份	参展画廊(家)	非营利机构(家)	参观人数(人)	线上观看人数(人)	国际贵宾(重要藏家、美术馆长、名流政要等)人数(人)
2017	14	4			
2018	18	4	10万		155
2019	20	7	12万	100万	1800
2020	20	2	6万	170万	
2021	21	7	19.9万		1307
2022	14	/	12万	700万	
2023	19	6	40万		

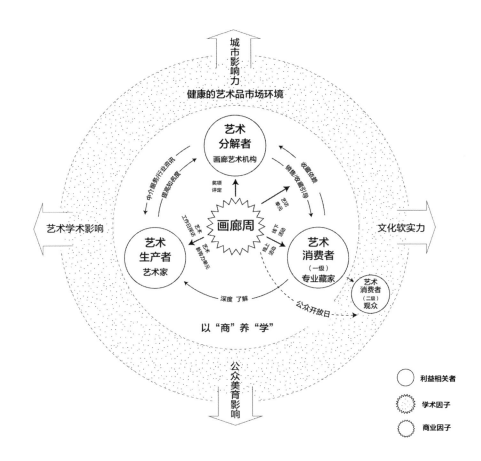

势在于，引领观众在一个时间段里更集中地关注本土乃至国际最新的艺术创作，进而加速艺术品的交易进程。同时，画廊周对公众的艺术教育普及、园区影响力以及城市的艺术影响力都有正向推动作用。据统计，2020—2022 年，画廊周观众分别是 6 万人、19.9 万人、12 万人，在 2023 年观众人数甚至达到 40 万人次。画廊周其活动分为主单元、特约单元、重要项目、公众日项目等板块。画廊周板块的调整和更新跨度从 2017—2023 年，从线上到线下，从专业画廊到艺术机构，从专业藏家到普通观众，从走访到奖项，从展览到论坛，园区管理方多维度激发画廊和艺术品交易机构的活力，进而促进艺术品交易。明确的交易数据没有官方渠道获取，但画廊方都表示在画廊周交易情况都很理想。从画廊即艺术机构参加人数及参加费用的上涨可以侧面反映该机制确实对艺术品交易和画廊的品牌影响力起到了促进作用。

"798艺术区"画廊周板块划分（一）

主板块	子版块	详述	引入时间
主单元	最佳展览奖	"最佳展览奖"是画廊周北京为"主单元"参展画廊特别设计并颁发的奖项。"最佳展览奖"的评审团通过走访讨论后进行投票，决定该年度的获奖者	2017年
特约单元	艺访单元	"艺访单元"致力于为国内外特色画廊提供展览推广机会，以向新的观众群体展现它们的艺术视野，并带来源于各自背景的新活力和可能性。"艺访单元"旨在通过展览和交流项目，在画廊和机构之间建立跨文化的对话——其中包括学术论坛、贵宾专属艺术之旅和定制化艺术互访。每一个参加该单元的画廊和机构，将在特定的展览空间内呈现一位代理艺术家的作品，从而在互访过程中大力提升这位艺术家的知名度，得到潜在藏家、学者、批评家和美术馆的广泛关注，同时拓展其观众群体	2019年
	新势力单元	"新势力单元"邀请华语世界优秀青年策展人在"798艺术中心"700余平方米的展厅策划、展示正在成长中的华语地区年轻艺术家创作面貌的、为期一个月的大型主题群展	2020年
	公共单元	"公共单元"在户外展出大型的雕塑和装置，借此将"公共"的概念传达给公众。通过挑选、展示能够和在地直接产生对话的"作品"，旨在强调作品和其所处环境的关系会影响公众观看和理解的方式——赋予当代艺术除收藏价值和商业价值以外的重要意义	2021年

"798艺术区"画廊周板块划分（二）

主板块	子版块	活动名称	详述	引入时间
重要项目	贵宾日项目	主题论坛	结合当代艺术语境，与包含苏黎世艺术周、Frieze 等合作伙伴合力邀请行业精英展开讨论，话题涉及企业收藏、当代艺术市场发展、艺术形式与媒介的相关讨论、对危机的回应等。画廊周北京 2020 还创造性地引入"行为论坛"以丰富主题论坛的形式	2017 年
		尊享贵宾导览	根据主单元和特约单元展览内容，画廊周北京推出精心设计的导览路线，并设立专场招待活动。导览活动由画廊机构负责人、策展人、艺术家或其他业内资深从业人员引导，为贵宾提供深度专业的艺术体验，创造更近距离的交流机会	2017 年
		艺术家工作日探访+收藏探访	画廊周北京带领受邀藏家探访本地艺术家工作室以了解艺术家创作的过程。同时，画廊周北京亦组织本地藏家的收藏探访，为藏家群体创造互访交流的机会	2017 年
		在线展厅	画廊周北京发布官方 App，其核心功能"在线展厅"在活动期间 24 小时开放，提供作品信息、清晰且多角度大图和愿望清单功能。在线展厅也持续开放，增加作品预订等功能。下一年活动期全新上线的官方网站中包含适配网页端和手机端的在线展厅页面	2020 年
		社交活动	根据到访贵宾的多样需求，画廊周北京组织多种社交活动。2019 年，开幕派对与非营利机构泰康空间合作举办，余兴派对与木木美术馆、Frieze 合作举办。2020 年，开幕派对则特邀新势力单元艺术家带来开幕表演。 此外，画廊周北京邀请到国内外重要藏家、画廊机构负责人、知名国际策展人及艺术家等 300 位重量级嘉宾出席年度晚宴	2019 年
	公众日项目	线下活动	公众日期间，画廊周北京联合文化合作机构、媒体等推出围绕当代艺术的前沿话题、实践与表现形式等针对公众开展体验活动。公众日线下活动包括与《安邸 AD》、腾讯艺术、《北京青年》周刊等媒体共同发起的大众艺术之旅和导览项目；与歌德学院（中国）合作的大型沉浸式文献剧；与 abc 艺术书展以及多位艺术家合作的工作坊；与《InStyle 优家画报》《罗博报告》、雅昌艺术网等媒体合作的沙龙论坛等	2018 年
		线上活动	公众日线上开展的项目包括直播艺术家工作室探访、以直播为创作媒介的艺术家项目等	2018 年

艺术金融

首先,产业园区建立艺术基金等金融机构,可以为艺术家提供更为稳定和持续的资金支持,有助于推动艺术作品的创作、生产和展示。其次,艺术基金的建立可以吸引更多的投资者参与艺术市场,促进艺术品的交易和流通,提升艺术市场的活跃度和流动性。最后,艺术基金还可以通过资助艺术活动、展览和项目,推动艺术行业的多元发展,促进文化创意产业的繁荣和壮大。为促进园区内乃至整个艺术行业发展,"798艺术区"专门在艺术金融板块作出了以下尝试。

(1)"798艺术区"致力于为艺术品金融提供专业服务,通过整合园区内的艺术专业能力与金融机构,促进了金融与艺术产业的有效融合。在园区发展现状中,资金匮乏问题日益凸显,因此与金融的紧密结合已成为不可或缺的战略选择。其目标在于扩大现金流,推动产业主体的壮大,进而促进文化创意产业规模化发展。

(2)"798艺术区"着眼于促进艺术产业的长期发展,积极成立了"798艺术基金"。该基金以市场化运作方式,专注于投资近现代及当代艺术领域,旨在推动中国优秀艺术品走向国际舞台,同时吸引国外优秀艺术品引进,在通过多元化方式,进一步提升园区和中国当代艺术在国际上的影响力,引领中国当代艺术未来的发展方向。

基金紧密围绕北京市委、市政府关于大力推进文化创意产业发展的战略思想,旨在促进北京文化创意产业和艺术产业的良性发展,增强"798艺术区"综合实力和国际影响力。

1. 募集

基金通过自身优势,发挥桥梁作用,为社会、企业、个人与中国当代艺术与文化创意产业之间搭建一个捐赠平台。凡致力于当代艺术与文化创意产业发展,热心于"798艺术区"及中国当代艺术事业的机构、企业和社会各界人士,均可通过基金对有关"798艺术区"及中国当代艺术的项目进行资助。基金可以与多方合作共同推动"798艺术区"和中国当代艺术的发展和繁荣。

2. 资助

基金对有利于"798艺术区"建设和中国当代艺术发展的相关文化艺术项目进行资助。

展览《Beijing voice》图片来源：佩斯北京

城市中的艺术生机

艺术线上经济平台的创新探索

Innovative Exploration Of Online Art Economy Platforms

798EPARTY——O2O 艺术品交易新模式平台初探

798EPARTY 是"798 艺术区"管理方于 2015 年推出的 O2O 艺术品交易新模式平台，采取"线下展示、线上销售"的新模式，让藏家既能"眼见为实"，又能便捷购买。通过举办线下个展和群展，798EPARTY 向国内外知名画廊主推介有潜力的年轻艺术家，同时通过线上平台推广先锋艺术思想、推广青年艺术家作品、进行艺术品交易，促进文化艺术消费潮流，使原创艺术品走进千家万户。

798 文化公司整合画廊与艺术机构的优质资源，召集国内外优秀青年艺术家，组建专业的评审团队，为藏家精心挑选出一批高水准、可信赖的艺术作品。同时，798 文化公司还会在微信平台上传播先锋、前沿、活跃的艺术思想，分享独特、动人、用心的艺术表达，让藏家能够把美带在身边。

798EPARTY 平台每年举办线上线下推广展览 4 次，签约艺术家近 500 位。

798EPARTY 从 Store、Show、Project 三个维度打造品牌。Store 是指艺术衍生品与创意设计产品线上线下交易平台，与国内外知名设计师与艺术家合作，打造"798 艺术区"IP，开发文创产品。Show 是指继续扶持青年艺术家，定期为青年艺术家举办展览，提高其业界的认知度和影响力。Project 则是高频率地引进小体量、高品质的浸入式展览，吸引粉丝参观打卡，收取门票。

798EPARTY 这一品牌推广方案主要是与大众类艺术类的大流量平台合作，提高粉丝数量；加强自媒体公众号运营能力，增强粉丝黏性，打造品牌知名度；拓展线下体验的形式（如快闪店），消除艺术品与大众的距离感。此外，还推出"艺相"VLOG 方式为年轻艺术家拍摄短片，记录其艺术理想、理念、作品在各大平台宣传投放。

该平台于 2022 年年底暂停运营，部分功能与其他运营板块合并，但"798 艺术区"在线上线下交易推广方面不断尝试和探索，推陈出新。

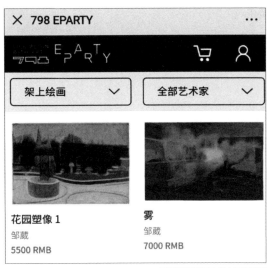

798EPARTY 线上平台展示

《家门前》曹开心
19cm×14cm
水彩、蜡笔
2020

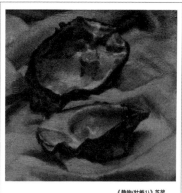

《静物(牡蛎1)》苏莹
14.5cm×15cm
木板油画
2020

《自我怀疑》黎荣岐
29cm×42cm
水彩,彩铅,丙烯
2020

谢少军　布面油画

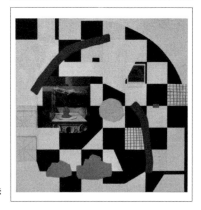

798EPARTY 部分作品展示

城市中的
艺术生机

当代艺术展示与研究平台
Contemporary Art Exhibition And Research Platform

798CUBE 艺术中心——构建艺术与多元文化对话的平台

798CUBE 艺术中心坐落于北京"798 艺术区"的核心区域，是园区所属的七星集团的重点项目。该建筑由国际知名建筑师朱培设计，2015 年开始施工至 2022 年建设完成，从设计到落成再到投入使用，前后经历了 7 年的时间。798CUBE 是目前国内少有的完全按国际艺术机构专业标准设计和建造的艺术平台，Into the Unknown 是其品牌理念，798CUBE 持续致力于新兴科技与前卫艺术的融合发展，致力于打造一个面向大众、链接国际优质艺术资源与公众的平台。

在全球化、数字化的影响下，798CUBE 关注艺术、科技、电影、音乐等领域新兴媒介的变迁与转换，通过工作坊、行为、表演、音乐、讲座、视觉艺术、新媒介、文献的展示等创意项目为载体，提出工业历史、当代行为的演变和跨学科研究的新观点。其丰富的运营方式让新兴科技与前卫艺术更多维地面向大众。

798CUBE PLUS 是由 798CUBE 团队构建的一个艺术与多元文化进行对话的平台，通过艺术活动、公共教育及艺术 IP 孵化和艺术衍生四个方向的努力，旨在打造面向大众并链接国际优质艺术资源与公众的平台。旨在探索和呈现数字时代视觉艺术展示与跨界合作的多元形态，专注探索和扩展艺术的多元合作，携手艺术家与各领域杰出品牌，呈现与品牌精神契合的文化推广、艺术展览项目等特别活动。798CUBE PLUS 与近千位国内外艺术家建立友好合作，其中包括国际知名艺术家、国内顶尖艺术家、国内青年艺术家等。798CUBE PLUS 将品牌形象塑造的需求与艺术链接起来，借助艺术资源提升品牌定位，解读品牌精神，传递品牌文化底蕴与内涵，赋能品牌建设。结合视觉创新和多样化的数字化媒体技术及内容，为艺术及商业空间打造优质的体验内容。

798CUBE 美术馆 摄影师：朱润资，金伟琦

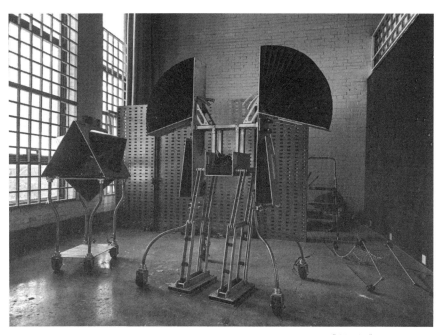

《声体剧场》，孟松林，2022

798CUBE 传感器计划

"CUBE 传感器计划"由 798CUBE 发起,于 2023 年 2 月启动,携手中央美术学院、科技企业、艺术实践者共同呈现。"传感器"让物体拥有了感官,感知外界信息并进行转化,使之以可利用的信号形式存在。旨在为中国艺术与科技领域的发展提供传输、处理、存储、显示、记录和控制的核心基础,通过创作孵化、展览展示、国际大奖、驻地实验、跨界研讨等板块设置,助力艺术与科技领域青年艺术人才的跨界出圈,发挥"CUBE 传感器"接力、纽带、循环的感知传输特性,在青年艺术家与著名艺术家之间建立起一种维度的连接通道。同时,以此为契机,与全球顶尖艺术家对话,率先建构引领艺术与科技生态的探索与创新平台,持续输入输出优质的艺术作品与艺术资讯。以工作坊的方式,将通过理论授课、案例分享、协同共创相结合的方式,与体验者一起了解元宇宙艺术时代的新创作模式,利用人工智能(AI)作为混合现实艺术(MR)创作的协同工具,了解数字艺术创作者的工作方法以及前沿艺术探索与表达。

"CUBE 传感器计划"作为公教项目的重要组成部分,将首次邀请 3 组杰出青年艺术家,分别对"机器活态""亲密关系""植物智能"展开创作分享,聚焦人类、生物多样性与周围环境之间的灵敏度、精确度及动态范围,并提出问题,将问题作为出发点,提炼理论思维,指导创作实践,并邀请艺术史学者、艺术家、评论家、策展人等展开研讨,问题如下:

如何修复商业育种作物丧失的与动物间的生态联系?
作为自然界的一员,当下我们该如何定义彼此间的联结关系?
动力机械将如何影响人类的生产力与生产环境?

1. 机器活态

机器人作为工业领域高新科技的代表产物,在艺术创作中是如何被创造性应用的?又是如何被艺术家与其他媒介、环境、空间、文本等元素融合构建出全新艺术体验的?其间引起了哪些深刻的讨论?在未来,随着机器人与人类生存环境和社会生活进一步耦合,它们的身份是什么?你会将机器人作为生命体看待吗?

以工作坊形式将通过案例分享、课程讲授、动手创作相结合的方式,让参与者较为立体地了解机器人艺术创作领域的历史发展脉络、创作者工作方法以及前沿艺术探索与表达。

《当呼吸可以言语》，苏永健 & 巴瑞云，2022，交互装置

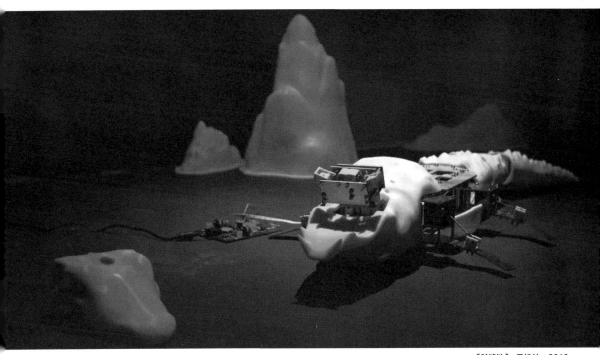

《脏读池》，孟松林，2019

2. 亲密关系

亲密关系是指人与人之间深厚的情感与信任关系，是人类经验的核心。科学地认知亲密关系到我们每个人的生活，此次课程将回顾亲密关系的发展历程，并结合"科技艺术双年展——合成生态"展览，在科技与艺术的语境下重新思考亲密关系的可能性。

新的技术不断塑造新的人际形态，当人际交往面临技术侵蚀时，我们该如何定义"亲密"？我们将在美术馆空间中开辟一片亲密的乌托邦乐园，通过调动学员的感官体验，让他们有机会抛开技术的束缚，重新感受自己的身体、感受距离、感受彼此。

3. 植物智能

植物具有智能，植物具有感知环境的能力，并能作出相应反应。课程以植物智能为线索，从植物智能的认识史、生态艺术和植物智能计划三部分展开讲述，引导大家通过跨学科的研究去理解植物智能以及植物与生态系统的关系。在植物智能概念的基础上，分析不同时期与植物智能相关的代表性的艺术作品，着重分析"植物智能计划"如何以新技术媒介和材料去修复被人类异化的生态关系，也是一种以艺术形式去批判"人类中心主义"的生态关系的创新探索。基于植物智能讲授工作坊现场创作方法和制作方法，将电子模块与植物构成一个音乐装置，当人们触碰植物时电子模块可感知植物做出的智能反应，并将植物的反应转换成音乐。不同种类植物对人们的触碰会做出不同的反应，不同植物在被触碰时会发出不同的声音。大家记录、编辑和储存声音，创造出属于自己的植物交响曲，据此感受植物的智能。基于植物智能，在植物和音乐之间建立一种联系，探索植物和外界的联系，感受艺术与科技的魅力。

以"观众为中心"的观展理念

1. 会员制运营

798CUBE 以"会员制+售票制"的方式运营,在国际博物馆界,会员制颇为流行,已经成为博物馆经营管理的重要组成部分。会员的规模体现着博物馆使命的完成度、社会影响力、公众关注度以及参与度。同时,会员也是博物馆声音和形象的代表,是博物馆培养公众博物馆意识的重要手段之一。"以观众为中心"的观展理念中,会员制成为维系与忠实观众良好互动的关键纽带。会员可享受观展、消费、讲解等方面的福利。

2. 语音导览观展

798CUBE 为所有的展览推出线上语音导览,增加用户观展体验的同时,也让艺术更好地在公众观展时有效传达。不像一些展览需提前领取耳机等设备,仅需用自己的手机通过公众号即可听到语音导览,极大地方便了观众。当然,语音导览也有其局限和不足,如语音导览冷冰冰、亲和力不够等,可以考虑针对不同年龄的观众,提供多样化的定制导览服务,也可提供图文并茂,甚至是 AR 混合现实的导览体验。

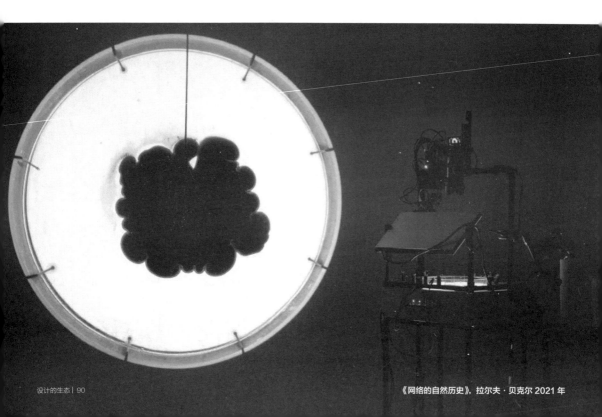

《网络的自然历史》,拉尔夫·贝克尔 2021 年

798CUBE 五年合作计划项目

798CUBE 五年合作计划项目是北京 798 文化创意产业投资股份有限公司与法国巴黎国立毕加索博物馆、法国巴黎阿尔贝托与安妮特·贾科梅蒂基金会开展的文化交流项目。该项目于 2019 年 11 月正式启动,2020 年 6 月在 798CUBE 艺术中心迎来开幕展。

798CUBE 项目开创了一种全新的国际文化交流模式。798 文化公司将与毕加索博物馆和贾科梅蒂基金会共同携手,开展五年展览合作。在为期 5 年的合作中,将由中法团队共同策划,在 798CUBE 艺术中心举办 10 次不同形式的毕加索或贾科梅蒂艺术展,同时开展的还有学术研究、公共教育、艺术品修复、观众拓展和公共文化场馆人才培养等多方面的交流活动。

国立巴黎毕加索美术馆(Musée National Picasso, Paris)是欧洲规模最大的毕加索博物馆。作为法国最重要的国立博物馆之一,法国巴黎国立毕加索博物馆藏作品数量庞大,其中包括毕加索创作的大量油画、雕塑、手绘、陶瓷、版画等,以及毕加索本人收藏的同时代艺术大师之作,还有超过 20 万件艺术家生前遗留的个人物品,包括照片档案、个人信件、作者手稿等。建筑物本身则修建于 1656—1659 年,在 1964 年被巴黎市政府买走,并改为博物馆。法国巴黎毕加索博物馆是 17 世纪由国家监仓保税人皮耶奥百德冯特内(Pierre Aubert de Fontenay)所建造的豪宅府邸,1963 年改建为毕加索博物馆。

阿尔贝托贾科梅蒂,20 世纪最伟大的艺术家之一,被誉为现代主义精神的化身。贾科梅蒂亦是全球艺术市场身价最高的艺术家之一,是近十年多次世界拍卖最高纪录的创造者。巴黎贾科梅蒂基金会的藏品包含大量幅油画、幅青铜雕塑、幅石膏雕塑,以及数千幅素描和版画。是世界上最大的贾科梅蒂收藏,基金会还拥有一个庞大的档案馆,为艺术家的创作提供背景资料:众多笔记本和素描本,发表的文字手稿,与其他艺术家和知识分子的往来书信,以及他的大部分私人图书馆,包括评论、书籍、展览目录和报纸等,其中一些带有他的注释或图画。

展览《合成生态》

保有工业肌理的"盒子空间"设计理念

建筑设计将中国传统四合院中的"围合"理念融入艺术中心不同功能的需要，同时体现了人文空间的舒适感，是技术与建筑艺术的融合统一。艺术中心建筑面积 3600 平方米，包括恒温恒湿的两个主展厅、充满可能性的半开放合院、多功能报告厅以及极具设计感的儿童艺术探索空间、艺术品商店和餐厅。

"就 798CUBE 而言，是在捕捉到"798"的建构文化的基础上，塑造了一种在材料、结构、视觉层面既有迹可循又充满想象的创新空间。"主创设计师朱锫说。

798CUBE 美术馆的构思始于对特定地段环境敏感深入的观察，尽可能保留原有老工业厂房的基础上，再注入新的建筑，从而塑造出新老建筑之间的张力，并与周边工业建筑，如佩斯美术馆、民生美术馆等，彼此缝合，相互补充。

美术馆的设计遵循原有工业遗产的肌理，采用一系列的"盒子"空间，塑造正交几何形体的秩序。一方面，这些盒子空间严格地按照原有老厂房建筑的基础和轮廓；另一方面，也映射"798"地区工业厂房平铺直叙的规划思想与朴素的建造逻辑。

美术馆的设计再次探索了无柱、水平延伸的结构形式和材料的表现力。新建造的两个展厅都采用无柱大跨现浇混凝土结构。其中一个采用巨大的倒拱式曲面横梁，伴随着自然天光从比邻的两个拱之间漫射下来，也和中心院落的形似倒拱的帆布的机械装置相呼应。从结构角度上看，倒拱式曲面横梁由两侧的混凝土结构剪力墙体支撑，展厅内部的白色美术馆墙与倒拱式曲面横梁留有一定宽度的缝隙，可以清晰地表达结构体系和受力关系。另一个采用混凝土密肋式大跨横梁结构体系，密肋横梁薄而高，凸显钢筋混凝土结构和材料特性。

在新建造的两个展厅与老的红砖厂房之间，插入了一个近 14 米高、有着自然天光的垂直立方柱体空间，东侧是中性的白色墙体，北侧和西侧是老的红砖砌筑墙体，南侧是宽大透明的客货两用电梯，它近似美术馆内部空间的中枢，连接着位于不同标高的空间。它又像一个光井，直接插在建筑最深、最暗的部位。

798 当代艺术研究中心

"798 当代艺术研究中心"是一个社会公益的民间学术研究平台,由王春辰教授与 798 文化产业创始人王彦伶共同发起成立,旨在集合全球当代艺术学术研究资源,推动邀请国内外学者开展交流与学术研究,通过建立完善的社会公益体系支持学术研究,用一种开放的新型学术研究方式聚集国内外当代艺术研究资源,推动全球关于当代艺术的研究、对话与交流,是"798 艺术区"转型升级为"最北京,最世界"的文化艺术学术交流对话平台的必要举措之一。

北京 798 文化创意产业投资股份有限公司董事长王彦伶指出,成立"798 当代艺术研究中心"主要有三个原因:

第一,从当下全球化进程出发,做好不同文明的交流与互鉴,对于未来的全球和谐共生具有重要的意义。国家的文化软实力对内是民族凝聚力的内核,对外是文化影响力的动力源。在构建国家文化软实力的层面上,主动对话是非常重要的。

第二,"798"希望以当代艺术理论研究去梳理、去构建,以及清晰地去引领当代艺术的发展及方向。

第三,"798"想从过去的原生态聚集区逐渐走向一个更具文化影响力、文化引领力的艺术区,在高层次上成为东西方文化对话的平台。

"中国当代艺术思想史与方法论"论坛

"798 艺术区"本就是中国当代艺术的发源地,艺术区内对当代艺术不断探索的艺术家和学者一直都在砥砺前行,但缺乏有组织的方式将对当代艺术的探讨形成学术体系整体对外输出。"798 当代艺术中心"的成立正好起到了黏合当代艺术学术观点、促进学术研究的作用,进而学术研究也会影响艺术创作,为中国乃至世界的当代艺术添砖加瓦。"中国当代艺术思想史与方法论"论坛定期举办,为学者们的思想碰撞提供契机。此外还有一系列针砭时弊的讨论会,如"青年艺术与美术史""中国当代艺术的危机与机遇""边缘与聚落"等,艺术家学者们抽丝剥茧地从各个方面论述当代艺术的未来。

"798艺术汇"——艺术媒体平台

"798艺术区"为艺术在专业领域和公众领域传播效率的提升,也为了在中西对话中发出自己声音,分别创建了"798艺术汇"(后更名为798ARTS)和"798艺术区"。

"798艺术汇"作为中国艺术媒体平台,拓展中国当代艺术的新思维,邀请式发行,会聚有效读者群。798官方微信公众号"798art",及时更新行业内资讯及学术严谨的深度展览评论。

"798艺术汇"作为"798艺术区"的对外信息资讯平台,即时更新与发布艺术行业展览及活动咨询,并且将展览活动、停车缴费、餐饮美食、艺术商店、园区地图等功能复合在一起,让每一个到"798艺术区"的人都能玩转"798"。

刘若望《狼来了》

第八章 资源与活动的自组织
SELF ORGANIZATION OF RESOURCES AND ACTIVITIES

园区作为一个特殊的时代产物，其区别于传统办公写字楼的最大优势在于物理空间开放性和文化包容性。

首先，开放的物理空间可以落地更多的活动。活动是园区内利益相关者的链接场，同时也是园区外利益相关者进入园区的链接场。特别是文化创意类园区，园区内的创意产业公司和机构本就可以面向大众消费者，多元的活动更是会促进大众消费、园区内机构知名度和园区整体知名度的提升。"798 艺术区"也是因为一场"再造 798"的当代艺术活动在世界范围出圈，成为中国当代艺术的摇篮。后期园区内可谓全年活动无休止，平均每个月可参加的活动就高达 100 场左右。其中，"798 艺术区"管理公司还推出自主策划举行的五大品牌活动以促进艺术区的发展，即"798 艺术节""北京艺术与科技双年展""北京国际艺术高峰论坛""798 国际儿童艺术节""画廊周"。除"798"自策划活动之外，"尤伦斯当代艺术中心""木木美术馆""悦美术馆""麦凯龙艺术中心"等 20 多家艺术机构，平均每个机构每年组织策划 30～70 场活动。"798 艺术区"全年活动高达近千场。这样丰富的艺术活动造就了"798 艺术区"生生不息的艺术氛围。

此外，园区的文化包容性也极强，这种包容性表现为对各国文化的包容、对艺术形式和风格的包容、对艺术与科学交叉性的包容。园区内入驻多家各国文化交流机构，如"歌德学院""塞尔维亚文化中心""丹麦国家艺术中心""德国包豪斯学院""以色列国家商务文化会馆"等，定期举行各国家艺术家和中国艺术家的交流活动，加强国际文化交流，正符合"798 艺术区"曾给自己的定位——"世界文化使馆区"。据统计，歌德学院每年在中国的活动数超过 20 余场。"丹麦国家艺术中心"更是每年推出不同形式和主题的展览，如 2022 年"秘境生灵——镜头中的野性世界"，2022 年"第四届星空艺术节（The 4th Luminous Festival）——自我技术 Technologies of the Self"，2021 年

"Play Together 中丹国际儿童艺术节"等。各国的文化在"798 艺术区"包容性的空间内落地生根并与中国的文化交流碰撞。

除文化类型的包容之外，园区还引入了科学和先进技术团队赋能艺术，比如数字媒体公司澜景科技落地于园区内的"深澜 AI 空间"是以数字技术和人工智能技术多元化展示现代艺术。在"798CUBE 艺术中心"举办的"北京艺术与科学双年展"也是旨在用"艺术＋科技"的震撼视觉呈现艺术作品，探索艺术的更多可能性。这都是艺术区对于科技和技术的包容和拥抱。

资源和活动的多元性和包容性让"798 艺术区"为艺术创作者提供不断的创作源泉，为交易利益相关者、产业链以及艺术破圈跨界提供融合的机遇。也是这种包容性让艺术机构与各国的文化机构以及科技公司可以融合共生在"艺术区"内，构成了完整的艺术产业链、国际文化产业交流链、艺术与科学融合产业链。这就是园区的魅力，一个有容乃大的文化包容生态体。

下面会对"798 艺术区"内的主要艺术活动、艺术机构、科技公司等进行列举，以说明"798 艺术区"资源和活动的多元性。

城市中的艺术生机

国际艺术交流活化产业结构
International Art Exchange Revitalizes Industrial Structure

798 艺术节

798 艺术节于每年 9 月底在"798 艺术区"举行,邀请专业策展人进行策划,现已成为展示艺术区魅力、凸显艺术区特点、促进国际艺术交流的重要活动,有力地推动了"798 艺术区"成为以艺术展览、展示、交易为特色的文化创意产业基地和世界著名的文化创意产业园区。

作为当代艺术的文化创意产业园区,在产业化和市场化的双重作用下,798 艺术节以其多样性和艺术的前沿性,会聚艺术机构和艺术家,通过举办艺术节主题展、学术论坛和各类展览、展示活动,力求保持艺术创作的活力和 798 当代艺术的先锋形象,使它成为国际文化艺术交流的平台。

2008 年 798 艺术节,通过展览、论坛等集结中外美术界、艺评界、文化界的学术力量,增强"798 艺术区"的艺术品位并巩固学术地位,不断提炼中国当代艺术的精华。同时,通过各种公众活动,提高中外游客和市民参与当代艺术的文化兴趣,让更多的人了解当代艺术特别是中国当代艺术的创作成果,为"798 艺术区"的可持续发展带来人气和影响力,也带来更多国际国内交流机会及文化创意产业的商机。

2011 年 798 艺术节由北京文化发展基金会、北京市朝阳区文化创意产业发展中心、北京"798 艺术区"管理委员会主办,北京 798 文化创意产业投资股份有限公司、798 艺术基金、北京市朝阳区文化馆、零艺术中心承办,主要营造了"798 艺术区"十年发展历程的基调,"798 十年摄影回顾展"占据了创意广场的大展馆,集中展示十年间"798 艺术区"的历史画面和精彩瞬间。该展从社会各界摄影爱好者中广泛征集的一万多幅作品经过初审、复审,最终筛选出 200 多幅经典作品。

2023 年北京 798 艺术节以"传承·未来"为主题,汇集"798 艺术区"内外资源,以多元艺术展览、主题研讨交流、艺术生活体验、公共文化活动为主要形式,奉献一场特色鲜明、丰富包容的艺术盛宴,持续增进文化艺术交流互鉴,推动公共美育高品质发展,助力北京文化消费和全国文化中心建设。

798 艺术节历年情况

年份	主题	活动	参加人数
2007	抽离中心的一代	建筑艺术展、工业设计展、展区论坛、中德艺术展、798厂"走过50年"大型展、尤伦斯当代艺术中心竣工典礼及开幕展、同盟展	8万
2008	艺术不是什么	主题展、Loft户外雕塑展、特别展、同盟展、影像展、音乐会、学术论坛	10多万
2009	再实验：智性与意志的重申	开幕式"中德狂欢——歌德范儿国际大派对"，主题展"再实验：智性与意志的重申——青年艺术家推荐展"，雕塑艺术展"傅新民现代艺术回顾展"，音乐单元"KOSMO@798艺术节"，澳门周、设计单元"Domus书房"展览，以及有798艺术区70余家画廊和机构共同参与的同盟展	—
2010	塑造未来	开幕仪式及户外电子舞曲派对；主题展："塑造未来——作为全民教育的当代艺术"青年艺术家推荐展；798艺术博览会：特别展单元："古巴，先锋艺术展、北京2010""线象·色象——当代中国重彩画精品展"；演出单元：澳门周末派对"激活Gig-Life!"、话剧《库尔斯克号惊魂》、芭蕾舞《春之祭》——向舞蹈大师皮娜·鲍什致敬、现场艺术表演；UCCA艺术影院露天电影放映单元：从戈达尔到塔蒂；同盟展单元：由全园区画廊和机构参与，将独立展览共同组成；青年艺术家推荐展颁奖典礼	35万
2011	多元实验	开幕式及时尚先锋活动演出派对；形式多样的主题系列展；特别展，包括798十年摄影回顾展、室外雕塑展等；同盟展；喜剧单元，798剧场的话剧"捉迷藏"将为大家带来特别的视觉盛宴；创意广场电影放映，将首映先锋时尚艺术和实验性影片；中外文化交流项目；学术研讨活动；798艺术区夜场单元，艺术机构的夜间营业时间延长到晚9点或更晚；艺术节闭幕式及颁奖典礼	75万
2012	艺象·幻彩	主题系列展、音乐演出、电影单元、学术研讨以及夜场活动，学术研讨"中国当代艺术与798未来发展走向"	70万
2013	艺象·融合	主题系列展、同盟系列展、特别系列展、798摄影展、学术论坛、戏剧演出、特色活动等十大项近百小项的艺术活动。其中特别展《先锋岁月：摄影中的798》展现798的历史变迁与记忆；"创意·跨界·中国"2013全国青年主题创意大赛为青年提供原创设计平台，同时起到促进文化产业发展的积极作用；中国文化交流活动——"中外创意碰撞大集结"涂鸦表演者用涂鸦这种街头艺术为798换上新装；备受文艺青年推崇的小柯剧场、玫瑰之名剧场与798剧场都参与到艺术节活动中，不断推出话剧新作或经典之作	80万
2014	艺象·时空	主题系列展、同盟系列展由园区重量级的艺术机构先后推出国际水准的大型展览，从不同角度诠释"艺象·时空"的主题，荟萃园区精品展览，园区近百家艺术机构呈现众多签约艺术家的优秀作品，展示各自不同的艺术风采，让观众大饱眼福；特别展中的《创客嘉年华》；《第二届全国青年创意大奖赛》，以"文化+科技的创想马拉松"为主题，为社会各界创意团体及个人提供一个展示舞台，促进产业发展，推动文化与科技的融合；《北京798艺术节第三届艺术家作品推介展》；《忆影·时空》798艺术空间摄影展；《中欧HIPHOP街头文化活动》，给观众带来最有创意的视觉与听觉的体验；《游乐园——798公共艺术邀请展》；2014北京798艺术节系列活动之《"艺术市场及艺术品经营"讲座》	100万
2015	艺象·带动	主题系列展、同盟系列展、雕塑展、灯光秀、特别展、学术研讨等，首次推出"指间互联"798多彩摄影大赛	100万
2016	艺象·互联	主题展览、同盟展，以及学术论坛、戏剧单元；推介展"深·呼吸""深·呼吸——大地生长""若望·苍生"三大主题板块，传承中国艺术的发展，主题展"深·呼吸"以一种新的视角和艺术形式，展示中国传统文化艺术作品；主题系列展"深·呼吸——大地生长"展示中国大地艺术的代表性艺术家王刚在新疆大地的艺术作品；主题艺术家展"若望·苍生"，邀请从798走向世界艺术舞台的最具代表性的艺术家刘若望，回顾性地展示798对当代艺术和人世苍生的思考	近百万
2017	艺象·筑梦	主题系列展、同盟展、户外雕塑展、中荷艺术交流展	近百万
2018	行进中的历史	开幕展、主题展、平行展、艺术涂鸦、公共艺术、艺术研讨会	—
2019	辉煌70年	展览通过电影片段以及创作电影短片，向观众展现新中国艺术领域的辉煌成就。《798迎国庆暨798系列艺术展》旨在回顾798的发展历程和精彩历史，以《工厂、机器与诗人的话——艺术中的现实光影》《798——跨越时代的包豪斯》《798：艺术区大事记》3个展览展现不同维度的历史文化记忆；20多个精选平行展览，涉及摄影、绘画、雕塑、装置等各个领域；艺术区还将举办公共艺术展示、影像艺术交流、主题讲座、研讨会等	—
2020		"致敬抗疫英雄""扶贫脱贫""保护环境"三大主题展	—
2021	生息	主题展"乾乾不息"、平行展、艺术文创集市、街头涂鸦体验等	40万
2022	艺起向未来	2个主题展、50余个平行展、1个推荐展以及10余项公共活动，"礼赞新时代奋进新征程"主题展、首届北京艺术与科技双年展："合成生态"主题展，从《遇见毕加索：天才的激情与永恒》《文艺复兴：从达·芬奇到阿尼戈尼》等世界级大师展览齐聚798，到《托比亚斯·雷贝格个展》《颂》之回响——追溯穿越时空的精神与美学》等平行展	—
2023	传承·未来	主题展"传承·未来：让AI看懂中国"可借助VR设备进入虚拟世界，沉浸式体验艺术与科技的共创；"艺术生活体验广场"汇聚了多样的艺术互动、潮流经典、咖啡品牌；"三千年前游乐园"文化市集则通过艺术互动装置、文创礼品、餐饮等多重元素，激活艺术夜经济；影像放映、艺术讲座、工作坊等	—

北京艺术与科技双年展

中央美术学院携手"798 艺术区",基于"未·未来"(Future Unknown)全球倡议进行战略合作,并以此为起点,发起北京艺术与科技双年展。2022 年 10 月 28 日,首届北京艺术与科技双年展(BATB)在 798CUBE 正式拉开帷幕。以"合成生态"(Synthetic Ecology)为题,邀请来自全球 50 位著名艺术家、科学家、生态学家,以不同的方式回应我们这个危机与生机并存时代的突出症候。该展旨在用"艺术 + 科技"的震撼视觉呼吁关注、引发思考,从而促进大众绿色、可持续行动的落地,推动国家实现"碳达峰""碳中和",助力建设人与自然和谐共生的中国式现代化进程。其中,25 件艺术作品在中国首次亮相,15 件艺术作品于 2021—2022 年期间最新创作。此外,重磅亮相于 2021 年英国格拉斯哥第 26 届联合国气候大会(COP26)的"气候时钟"(Climate Clock)项目也在双年展中呈现,这是这个最具现实性与反思性的项目首次亮相中国。北京艺术与科技双年展(BATB)由中央美术学院设计学院院长宋协伟教授担任总策划,798CUBE 执行馆长李东妊担任展览总监,陈小文教授与王乃一担任联合策展人。

地球是一个生态系统,我们被裹挟在由自然、社会、精神等所相互交织的"多重生态"(multiple ecologies)之中。该展旨在探讨"共生本体"(symbiontics),同时借由"合成"(synthetic)这一隐喻,探寻重塑自然的可能性,检视后人类的生态想象,进而形塑一种新的本体论层面的平等观。本次主题质疑人类在生态体系中的主宰地位,正视万物能动性的同时,重新审视生态体系中彼此复杂而紧密的关系。"合成生态"由"激变的自然"(Radical Nature)、"缠绕的生命"(Entangled Life)、"交织的演化"(Interwoven Evolution)三部分构成,将思索的视角从人 / 社会推至万物 / 宇宙,在行星视角与行星尺度(planetary scale)中探讨未来演化的可能性。

《花》,派翠西亚·匹斯尼尼,2015 年

《替代》,亚历山德拉·黛西·金斯堡,2019 年

北京国际艺术高峰论坛

北京国际艺术高峰论坛（以下简称"北京艺术峰会"）是由北京七星华电科技集团有限责任公司发起。每年3月底与"画廊周北京"同期在北京"798艺术区"举办。

北京七星华电科技集团有限责任公司总裁、北京798文化创意产业投资股份有限公司董事长、798艺术区创始人王彦伶在发布会现场谈到论坛的创立初衷："近几十年来，中国社会和经济经历了蓬勃发展，中国多次位居全球第一大艺术市场，本地当代艺术界活跃迸发。艺术对于一个区域、城市乃至国家软实力发展都有不可替代的作用。此次论坛的举办地——798艺术区正是这一轮艺术发展中的积极推动力量和亲历者，在支持了中国当代艺术的同时也开启国际交流。"

——北京商报

2019年3月22日首届北京艺术峰会在北京"798艺术区"举办，旨在对影响当下中国以及全世界当代艺术的根本性因素进行交流与探讨。该论坛由开幕式、专题论坛、开放论坛共同构成。在专题论坛中，来自中外的主管文化事务的官员、文化产业的领导者、学者会聚一堂，针对艺术与城市发展议题展开对话。开放论坛将涵盖中国艺术市场、艺术生态、艺术与科技三个主题，并将组织来自中国和国际艺术界的艺术家、策展人、美术馆馆长、收藏家、画廊家等艺术人士进行讨论。

2020年11月21日，主题为"碰撞、交融、生长"的第二届北京国际艺术高峰论坛暨中国近现代艺术名家作品展在"798艺术区"开幕。本届论坛将视野聚焦于当下全球热门话题"艺术与科技"，设置了"1+2"的模式，推出1场开幕式暨主旨论坛，2场专题论坛。开幕式邀请了联合国教科文组织法国全委会前主席让·欧度兹（Jean Audouze）做主旨演讲。专题论坛邀请法国策展人黑阳主持探讨《数字化艺术形式如何影响/改变策展规则》，以及中央美术学院实验艺术学院院长邱志杰领衔对话《艺术与科学》。展览共展出42位近现代艺术名家的87件艺术作品，吴昌硕、齐白石、黄宾虹、徐悲鸿、潘天寿、张大千等名家名作集中亮相。

798 国际儿童艺术节

798 国际儿童艺术节是由 798 儿童艺术中心（798KIDS）倾力打造。798 儿童艺术中心是官方自运营儿童美育艺术机构，是具有国际视野的展览、交流、研究、收藏、娱乐综合体，占地 26 000 平方米，位于"798 艺术区"707 街。

798 儿童艺术中心坚信美育是改变儿童认知与思维方式的途径，是获得心理抒发与幸福感的方式。其愿景是激发儿童的创造力，与其一起构建更有趣的世界。

798 国际儿童艺术节历届情况

年份	论坛主题	具体内容
2014 年	世界大问题	主题为"世界大问题",围绕主题可在环境、文化、社会等方面进行创作,创作形式包括绘画、雕塑、摄影、表演等。本届艺术节的活动形式涵盖儿童作品展览、剧场表演、国际讨论公开课、主题开放日、创意市集、餐饮与艺术和慈善拍卖六个艺术主题活动
2015 年	小朋友·大艺术家	主题一:世界大问题,什么是世界大问题呢?小朋友们可以从社会、环境、健康、文化等版块去创作,发挥想象力;主题二:寻找泉州味,泉州作为多元文化的载体,小朋友们可以通过绘画、手工等方式,展现泉州味,从爱运动、爱旅行、爱美食、爱娱乐四大板块中去实现
2016 年	艺术·环保·成长	英国艺术家 NoaHaim 带来的集体合作纸美学装置,让孩子们体会了一次与艺术家一起创作艺术品的美好过程;塞尔维亚艺术家 JovankaDorovic 和城市设计师 JovankaDorovic 一起带来的大型纸箱建筑,则让孩子们进入了探索结构美学的世界,吸引了多位孩子及家长的参与
2017 年	童享·发现·珍藏	来自澳大利亚、俄罗斯、塞尔维亚等多个国家的艺术家及艺术团体将通过多元化的体验方式,激发儿童创造力,培养孩子创作自信心。每个参与活动的小朋友需要用嘴、手肘、双脚等身体部位去完成掷筛子游戏、对称壁画、车轮画匠等任务;"创作工厂"则将带来沙画、珐琅画、陶艺、植物染等十多个艺术工坊,将孩子们的想象力转化为艺术作品,让想法变为现实
2018 年	艺术起航,放飞梦想	活动共设有六大主题、十余场活动,新媒体互动体验、儿童画展、公益沙龙、慈善义卖、绘本阅读。"梦境森林""中国梦""我的泡泡梦"等艺术互动体验装置,用各种神奇的方法创作出自己的艺术作品;尤伦斯当代艺术中心的"雨蛙老师的自然探索之旅"活动,悦美术馆"2018 悦在童年"活动以"艺术关爱生命,共建一片蓝天"为主题,联合近 20 家公益和艺术机构精选展出儿童优秀作品上千幅
2019 年	未来巨匠	包括"天才引路人"活动、"悦在童年"儿童系列展览等活动。分一个主会场和两个分会场,通过艺术的方式诠释环保、关爱、成长、友善等主题,激发小朋友的想象力与共情能力
2020 年	创造让我发光	活动一:建筑宝藏之奇妙透明屋;活动二:绘本公益沙龙讲座及绘本公益工坊;活动三:《走吧!绘本去旅行》绘本捐赠公益活动
2023 年		《"红旗的一角"少先队员美术作品展》、在悦美术馆展出的《2023"悦在童年"儿童艺术公益展》、UCCA 尤伦斯当代艺术中心推出的《"我的小小地球"——儿童公益环保艺术展》

UCCA 尤伦斯艺术中心 儿童艺术工作坊

国际青年艺术家驻地交流项目

国际青年艺术家驻地交流项目，用"以商养学"的模式开展国际艺术创作与对话，促进中国当代艺术及文化对外传播。"798全球艺术在地共创计划"为青年艺术驻地交流项目之一，向全球艺术家、艺术团体发出创作邀约，计划引入更多优秀国际艺术作品，共创国际艺术目的地，为大众展现精彩纷呈的世界文化艺术图景。青年艺术家在不断的文化交流和成长过程中，也留下了有意义的创作作品，项目规模每年约邀请100位艺术家。

2023年大型艺术壁画《世界文化之树》由798联合来自荷兰的国际艺术团体"玩具主义"共同呈现。《世界文化之树》展现了中外都市地标与艺术形象相联结的场景，世界各国文化相互连接交织，与"798艺术区"的形象十分契合。未来，"798艺术区"将继续加强国际文化交流互鉴，成为中外文化交流的桥梁和纽带，为来自全球艺术表达提供深化互动、对话共创的机遇和空间，为全球艺术家提供更多的展示机会，为观众带来更丰富的艺术体验。

"玩具主义"的作品带来了荷兰的海洋气息与创新精神，与"798艺术区"浓重的工业基因和精彩的当代艺术相得益彰。此前，"798艺术区"在另一处打卡地标——大涂鸦墙也更新了和国际数字艺术团体"宇宙万物"（Universal Everything）合作的巨幅壁画。

在作品《世界文化之树》揭幕仪式上，荷兰驻华大使馆文化与公共外交参赞熊英丽（Ingrid de Beer）向在场来宾表示感谢，并表示，中国是荷兰国际文化合作政策中少数几个重点国家之一，尽管荷兰和中国地理上相隔遥远，但视觉艺术使两国更加亲近，能够相互理解。艺术是一种连接文化的全球语言，"我们相信，通过创造性的合作将会搭建起友谊之桥，开启对话，并培育多样性。"

各国文化交流

1. 奥地利文化交流

《奥地利现代主义绘画先驱克里姆特作品展》由奥地利驻华大使馆文化处与斯巴诺萨设计联袂呈现,通过来自克里姆特基金会授权提供的版画作品和展期内的系列活动,为文化艺术爱好者呈现一场艺术盛宴,向观众展示克里姆特对现当代艺术产生的深远影响和穿透性,以及他如何在传统文化、建筑、心理学、科学、美学等领域跨界融合于创作。

维也纳分离派的开创者古斯塔夫·克里姆特作品堂皇、壮丽的表象之下充满了象征和神秘的意味,是他在人世间的激情与超越凡俗的神性之间建构的艺术世界。在他的作品中柔韧、执着、缠绵若游丝的线条,以及常常出现的龙、凤、荷花都极具东方情调,与传统的中国文化发生潜在的关联。

2. 丹麦文化艺术中心

丹麦文化中心(北京)"798艺术区"旨在推行中丹两国之间的文化交流,是开展包括学术、舞蹈、艺术品、音乐等多方面演示展览活动的聚集地;尤其支持中国与丹麦之间建立长期合作关系的文化机构、艺术家以及相关创意产业的专家项目。场馆基本用于举办展览、研讨会及讲座、电影放映、儿童活动及演出,或来自不同行业和艺术专业的学生及专业人员的活动场所。丹麦文化中心位于北京"798艺术区"内东北区域。场馆是工业时代遗存的一部分,是德国工程师在1956年建造的工厂。现在的空间由建筑师、中央美术学院建筑学院院长吕品晶教授设计。设计尊重了原建筑物的结构,同时将光线、肌理和创新的丹麦绿色科技元素融入空间体量中。这个中心还拥有一个永久的儿童活动区、一个可移动的舞台以及全套的现代化会议设施。

艺术中心活动充分展现丹麦是一个富有创新力的国家。主题包括:物质与社会方面的城市改造,日常用品设计,物质与非物质文化遗产复兴,可持续发展及公共健康问题。交流、对话和互相启发是这些活动的关键词,也是建立长期联系、鼓励合作互助的基础。

3. 塞尔维亚文化中心

塞尔维亚文化中心于2017年落地于"798艺术区"创意广场B03-6区,

毗邻歌德学院，面积为280余平方米，分上下两层。该中心建成后将举办各种塞尔维亚文化的展示交流活动，致力于推进中塞两国文化交流，增进中塞人民间的友谊。塞尔维亚文化中心的落户，不仅对落实双方国家领导人会谈成果、推动中塞两国友谊有着重要的意义，同时对"798艺术区"进一步迈向国际化也有着重要的推动作用。

4. 澳大利亚文化交流

澳大利亚悉尼奥林匹克公园管理局2009年在中国举办"还乡"艺术展，落地于"798艺术区"。这是迄今为止在中国举办的规模最大的澳大利亚华裔艺术家当代艺术展。

5. 法国文化交流

2023年"中法环境月"青少年绘画大赛在北京"798艺术区"ICI LABAS艺栈画廊开幕。小艺术家们通过自己的画笔描绘出他们眼中的"别样生活"，用斑斓的色彩温暖了北京的凛凛初冬。到场的观众朋友们与中国法语联盟、北京法国文化中心专员、参展小画家、特邀艺术家及媒体嘉宾们共同见证了这一难忘的时刻。展出作品中，从幻想的虚拟世界到地球上的山河湖海，从中国的亭台楼阁到法国的埃菲尔铁塔，小艺术家们以不竭的创造力和丰富的想象力为鳍，遨游在色彩的海洋里，用画笔抒发着他们对"别样生活"的憧憬、担忧、关切和热爱。他们的作品迸发着令人惊叹的力量，真实又不失稚气，天真又不失思考意识，大胆的创意挥洒在有限的尺幅上，却带给观者无限玩味和遐想的空间，重新唤醒人们对于环境、生活方式和地球家园的关注和思考。

6. 西班牙文化交流

"遇见毕加索：天才的激情与永恒""遇见达利：梦与想象""遇见大师：凡·艾克、勃鲁盖尔、鲁本斯光影展"三大展览同日亮相798艺术区遇见博物馆。西班牙驻华大使馆文化参赞杰拉多·布加奥（Gerardo Bugallo）说："2024年是中国和西班牙建交50周年，我们在使馆文化处会组织一系列的展览活动，希望本次展览成为明年中西建交50周年的良好开端。"

《TRUE ME》展览 OMA

城市中的艺术生机 | **艺术机构链动园区产业闭环**

Art Institutions Chain The Industrial Closed-Loop Of Industrial Parks

入驻时间
2007 年

企业名
尤伦斯当代艺术中心

企业类型
文化艺术品牌
Cultural and artistic brands

UCCA 尤伦斯当代艺术中心是中国杰出的当代艺术机构。UCCA 秉持"持续让好艺术影响更多人"的理念，每年为超过百万的观众带来丰富的艺术展览、公共项目和研究计划。UCCA 目前拥有三座场馆：UCCA 北京主馆、北戴河渤海海岸的阿那亚社区内 UCCA 沙丘美术馆、上海静安区 UCCA Edge。

UCCA 于 2007 年开馆，前身为由尤伦斯夫妇创建的尤伦斯当代艺术中心。2017 年，在新支持者与理事的帮助之下，UCCA 顺利完成机构重组。作为北京市文化局主管的民办非企业，UCCA 于 2018 年正式获得由北京市文化局认证的美术馆资质，并经北京市民政局与香港特区政府许可，在两地注册成立非营利的艺术基金会。UCCA 还包括其他板块：为儿童提供美术馆艺术教育的 UCCA Kids、涵盖艺术家和展览衍生品销售的 UCCA 商店，以及专注探索艺术与品牌多元跨界合作的 UCCA Lab。UCCA 致力于通过当代艺术，推动中国更深入地参与到全球对话之中。

UCCA 北京主馆

UCCA 北京主馆位于"798 艺术区"核心区域，其所在的厂房由德绍设计学院（"二战"时期的包豪斯设计学院）的民主德国建筑师负责设计。2007 年，建筑整体由让-米歇尔·维勒莫特和马清运全面翻新，并保留了建筑自身工业历史的痕迹，2019 年则由荷兰设计公司 OMA 重新设计，进行建筑空间的全面升级。

UCCA北京主馆现由3座建筑构成，占地约10000平方米，除标志性的大展厅和其他大小不一的多个展厅之外，还有一间报告厅，以及用于举办教育、学术和聚会等活动的公共空间。

自创建至2023年年初，UCCA已为来自世界各地的观众呈现了近180场展览。2007年UCCA开馆展——"85新潮：中国第一次当代艺术运动"由时任尤伦斯基金会主席、中国先锋艺术运动的重要参与者费大为策划，该展览被认为是探索中国前卫艺术发展的首个美术馆展。此后，UCCA还举办了更多具有划时代意义的展览，如"中坚：新世纪中国艺术的八个关键形象"（2009年）、"ON/OFF：中国年轻艺术家的观念与实践"（2013年）、"戴汉志：5000个名字"（2014年）和"例外状态：中国境况与艺术考察2017"等。UCCA还为推动中国艺术发展的许多重要艺术家举办了个展和回顾展，其中包括耿建翌、黄锐、曹斐、徐冰、谢南星、赵半狄、郝量、曾梵志、王音、刘韡、赵刚、徐震、季大纯、王克平、王兴伟、阚萱、张永和、季云飞、顾德新、展望、汪建伟、刘建华、刘小东、喻红、张洹、宋冬、尹秀珍、陈文波、颜磊、严培明、邱志杰和黄永砅等。

众多国际知名艺术家的重要展览亦于UCCA呈现，其中包括萨拉·莫里斯、罗伯特·劳森伯格、约翰·杰勒德、艾默格林与德拉塞特、彼得·韦恩·刘易斯、梁慧圭、刁德谦、寇拉克里·阿让诺度才、威廉·肯特里奇、李明维、黄汉明、帕维尔·阿瑟曼、泰伦·西蒙、谢德庆、提诺·赛格尔、阿彼察邦·韦拉斯哈古、宫岛达男、威利德·贝西蒂、奥拉维尔·埃利亚松、诺特·维塔尔、可海恩德·维里、莫娜·哈透姆、劳伦斯·韦纳、马修·巴尼、伊丽莎白·佩顿、丹尼尔·阿尔轩、托马斯·迪曼德和莫瑞吉奥·卡特兰等。此外，UCCA

还为中国观众带来如毕加索、安迪·沃霍尔和马蒂斯等众多艺术大师于中国的首次大型个展。UCCA通过这些展览及相关项目，积极推动中国艺术与世界交流，令国内外观众有机会一睹世界艺术大师的创作实践，从而了解当代艺术前沿发展与动态。

UCCA始终关注中国新兴艺术力量，为中国艺术家，如张如怡、王拓等人举办了首次机构个展。近些年还通过"新现场"表演讲座系列活动（2019年）、"新倾向"系列展览（2015—2019年）和"由……策划"系列展览（2009—2011年）为众多具有潜力的艺术新声提供展示平台。此外，还举办了众多与摄影、建筑、设计等视觉文化相关的展览。UCCA还与国际领先的艺术机构密切合作，积极推动中国当代艺术参与全球对话，为中国艺术家在北京之外，甚至海外举办了如"本土：变革中的中国艺术家"（法国巴黎路易威登基金会，2016年）和"曹斐：在过满的世界挖一个洞"（香港大馆当代美术馆，2018年）等展览，2022年UCCA团队亦策划了沙特阿拉伯的首个当代艺术双年展"迪里耶当代艺术双年展"。

UCCA沙丘美术馆

2018年10月，UCCA分馆——UCCA沙丘美术馆成立。UCCA沙丘美术馆面朝渤海，位于距北京约300公里的北戴河阿那亚社区。美术馆由OPEN建筑事务所设计，隐于阿那亚社区黄金海岸沙丘之下。自开幕展"后自然"举办之后，UCCA沙丘美术馆还推出了注重与在地环境互文关系的展览项目，聚焦探索艺术、人与自然三者的关系。

UCCA Edge于2021年5月对公众开放。UCCA Edge位于上海静安区盈凯文创广场，建筑空间共计3层，总占地5500平方米，其中包括1700平方米的展厅，环绕式户外露台，以及包括大堂与报告厅在内的公共区域。UCCA Edge致力于为公众带来国内外知名艺术家的展览，其中包括专为上海观众特别呈现的展览，以及UCCA其他馆的巡回展览。UCCA Edge地处新兴活力商圈，很快成为上海崭新的艺术地标，为这座充满文化活力的城市注入新的动力。

UCCA成立以来平均每年展览20余场，出现2次高峰，其中，2009—2011年正是中国当代设计崛起的时期，尤伦斯艺术中心助力当代艺术的发展，通过展览的方式邀请国内外艺术家进行艺术交流，为当代艺术的发展起到了推动作用。自UCCA还开始了全国扩展计划，并与外部展馆合作，以UCCA Offsite的方式举办大量展览。

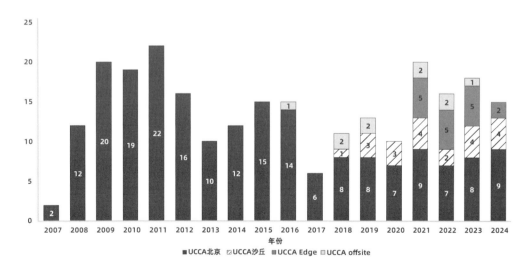

UCCA 成立以来的展览举办情况

遇见博物馆
Meet you Museum

入驻时间
2020 年

企业名
遇见博物馆

企业类型
文化艺术品牌
Cultural and artistic brands

遇见博物馆是北京中创文旅集团旗下全新的文化艺术品牌，致力于与国际各大主流文化机构和世界级博物馆合作，打造流动的艺术博物馆。已开发"遇见浮世""遇见拉斐尔""遇见敦煌""遇见古埃及""遇见夏加尔"等系列展览，并在北京、上海等地设立常设展馆。

作为北京中创文旅文化产业集团旗下全新文化艺术品牌，遇见博物馆以世界级的文化艺术展览，打造高能级文化艺术空间，丰富文化服务场景，提升文化消费活力，提供优质的文化艺术生活。大型真迹展览、光影艺术空间、艺术文化商店、艺术 IP 授权、文化艺术交流等板块构成了遇见博物馆产品生态。活动板块分为公益活动、学术活动、教育活动、艺术跨界、社交空间。

遇见博物馆·北京 798 馆位于"798 艺术区"，与 UCCA 尤伦斯当代艺术中心毗邻，建筑面积 5500 平方米，设有数字艺术展示体验中心、文物艺术品真迹展示中心，以及活动交流中心 3 个功能区。于 2022 年 9 月 30 日正式开馆。

遇见博物馆·上海静安馆位于上海市静安区汶水路 210 号静安新业坊园区内。展馆于 2021 年 12 月正式开馆运营，"遇见印象派·诺曼底曙光：十九世纪欧洲绘画流变""遇见古埃及：黄金木乃伊展"两个开幕大展同步开启。

遇见博物馆·in Space 位于北京银泰中心，于 2021 年 10 月 17 日开馆亮相，并带来"遇见夏加尔：爱与色彩"真迹展开幕大展。

遇见博物馆将传统博物馆文化以现代科技、光影数字艺术等方式进行展览，从观展的全流程体验进行优化设计，并将艺术研学和文化周边嵌入观展体验中，极大地丰富了观展体验，也扩展了观展消费边界。

遇见博物馆历年展览

遇见浮世·博览江户
黄金木乃伊
2021年12月—2022年4月 上海

遇见埃及
浮世绘真迹展
2021年3—5月 北京

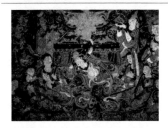

遇见敦煌
沉浸光影艺术展
2022年12月—2023年6月 成都
2022年12月—2023年6月 南京
2022年10月—2023年2月 上海
2021年7—10月 北京

遇见浮世·入梦江户
浮世绘真迹展
2022年5—8月 成都

遇见凯斯哈林
后波普时代潮流艺术展
2022年3—6月 北京
2022年8—10月 上海

遇见达利
梦与想象
2022年10月—2023年5月 北京

遇见梵高
沉浸光影艺术展

2023 年 4—7 月 上海

遇见高迪
天才建筑师的艺术世界

2023 年 3—7 月 上海

流动的盛宴
从马蒂斯、米罗、毕加索到巴斯奎特

2023 年 1—6 月 北京 in Space

永恒的风景
19 世纪以来西方油画真迹展

2022 年 12 月—2023 年 3 月 杭州

2022 年 9—12 月 南京

遇见穆夏
流动的线条

2022 年 12 月—2023 年 3 月 上海

莫奈、梵高与现代主义大师
意大利国家现当代美术馆真迹展

2023 年 4—7 月 杭州

入驻时间
2014 年

企业名
木木美术馆

企业类型
非营利美术馆
Non-profit art museum

木木美术馆是一间独立的非营利美术馆,由收藏家林瀚和雷宛萤夫妇于 2014 年创立。木木美术馆 798 馆,由一座旧时的军用工厂建筑改建而成。新近揭幕的木木艺术社区,位于北京文化历史底蕴深厚的东城区。两个美术馆将全年呈现展览、表演、音乐、教育、现场活动和讲座等多样化项目,将当代艺术的能量与活力注入城市中心并使之发散、拓展。

木木美术馆的馆藏致力于超越并延展传统、狭隘的艺术定义,拥抱多元的文化立场。从卡德尔·阿提亚、傅丹的作品,到北齐的佛教造像,从奥拉夫·伊利亚松、杨福东的当代艺术作品,到"耶罗尼米斯·博斯的追随者"的绘画,都在美术馆馆藏的范围之内。

由于其在公共文化服务方面的贡献,木木美术馆于 2015 年获得官方授予的"中国民办非营利艺术机构"资质。木木美术馆致力于呈现中国和国际艺术家的新近创作以及具有重要历史价值的作品,其中许多艺术家从未有过或鲜有在中国艺术机构的展览经历。木木美术馆至今已举办了诸如大卫·霍克尼、陆扬、理查德·塔特尔、尼古拉斯·帕蒂、梁绍基、克里斯托弗·伊沃雷和保罗·麦卡锡等艺术家在北京的第一次机构性个展,同时与包括英国泰特现代美术馆在内的诸多国际艺术机构合作,为当地观众带来独特的展览内容和观看体验。

木木美术馆至今一直保持着活力和实验性,其展览和收藏理念的核心在于艺术应是自由的、炼金术般的和无时间的。

木木美术馆历年展览

曼·雷：白昼纽约，午夜巴黎
策展人：王宗孚、玛丽昂·梅耶

2021年10月1日—2022年1月2日

意大利文艺复兴纸上绘画：一次与中国的对话
策展人：王宗孚（木木美术馆）、莎拉·沃尔斯（Sarah Vowles）（大英博物馆）

2021年9月3日—2022年2月20日

该展览由木木美术馆和大英博物馆联合举办

坂本龙一：观音听时
策展人：难波祐子、王宗孚、张有待

2021年3月—2021年8月8日

乔治·莫兰迪：桌子上的风景
展览项目总策划：雷宛萤

策展人：王宗孚

2020年12月6日—2021年6月14日

理查德·塔特尔：回赠
策展人：王宗孚

2019年3月16日—6月16日

神游：门阀、和尚、方士与狮子——3—9世纪中国陶瓷艺术特展
2020年9月26日—2021年1月3日

梁绍基：恍

2018年9月15日—2018年11月11日

艺术还在：一场闭馆期间的展览

策展人：王宗孚

2020年2月13日

保罗·麦卡锡：无辜

2018年3月17日—2018年6月17日

安迪·沃霍尔：接触

2016年8月6日—2017年1月15日

因卡·修尼巴尔CBE：极端混杂

2020年8月25日—2020年9月22日

大卫·霍克尼：大水花

2019年8月30日—2020年1月5日

入驻时间
2011 年

企业名
悦美术馆

企业类型
文化艺术品牌
Cultural and artistic brands

悦·美术馆位于"798艺术区"核心位置，总面积2600平方米，是"798艺术区"内最大的艺术空间之一，也是地理位置最佳、配套及设施最全的艺术空间之一。悦·美术馆旨在建立国际化艺术交流平台，以高端学术定位，致力于当代艺术在中国本土的普及和推广工作；倡导"艺术与时尚""艺术与生活"新理念，为国内外艺术家、艺术机构、时尚界、设计界等广泛建立互动平台。悦·美术馆保留了"798"老厂房的原貌，又通过巧妙的设计改造，展现了极具现代感简约、大气、洁净、通灵的空间感觉。

悦·美术馆曾获2011年第19届APIDA亚太区室内设计金奖及世界建筑佳作等奖项。悦·美术馆不只是对老厂房的简单再利用，它还带有某种强烈的文化属性，试图将前卫、时尚与这个老旧的厂房联系在一起，相互映衬。这并不意味着旧建筑功能的终结与新建筑功能的建立之间产生矛盾，设计尊重现实和历史的同时，为其带来新的活力。旧的建筑改造不但没有阻碍时尚与前卫步伐，反而给新的建筑带来更多的可读性与历史的温存。

悦·美术馆作为艺术机构，悦·美术馆把为社会及大众服务作为其责任和义务，强调美术馆的公共性及社会性功能，将儿童公益慈善艺术展览活动作为美术馆的常规化活动举办。悦·美术馆不仅坚持高标准的学术展览、活动，同时将美学教育的推广普及作为一个完整的艺术机构发展的方向和重要职责。

美术馆重点展览

壹至……版 吴永平版画艺术展
2015 年 1 月 21 日—2015 年 2 月 15 日

"年轻的心——燃烧的爱"谢克艺术展
2015 年 6 月 6 日—6 月 12 日

艺境·同行——2018 中澳当代艺术展
2018 年 1 月 20 日

大化西行——谭浩楠黑白木刻展
2017 年 11 月 22 日

天演
"天演——虚现实"展览是"2020 北京 798 艺术节"系列展之一,由悦·美术馆主办,希望通过科学、文化、艺术等多领域的跨界合作探讨人类共同关心的自然和生命的主题。
2020 年 11 月 7 日

此时、此物、此景——实验艺术研展
2022 年 2 月 26 日—3 月 6 日

钝刀刺肉
艺术家：盛天泓、王鹏杰、于艾君、赵银鸥

2019年10月24日—11月14日

昼短夜长
艺术家：郭亚冠、张世俊、周艺蕾

2019年7月27日

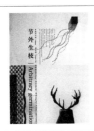
节外生枝
刘家俊、杨琪磊、莫芷、裴莹、尹在贰（韩）

2019年6月29日

记忆之维：具象边界的游戏
艺术家：毕维维、伊力凡

2020年7月25日

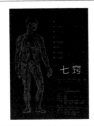
"七窍"——中央美院实验艺术学院研究生八人展
艺术家：成思远、冯志佳、刘嘉颖、齐乐、寿盛楠、童言明、杨琪磊、郑嘉燕

2019年9月28日

嵌入末端——当代青年艺术家邀请展
艺术家：陈春旺、范笑然、柯兰焰、林舒心、李苑琛、林彦君、兰正焱、史家誌、汪亚霏、张誉心

2023年7月4日

Hirender

入驻时间
2023 年

企业名
澜景科技

企业类型
数字媒体科技公司
Digital Media Technology Company

北京澜景科技有限公司（Hirender）致力于图像视频处理、音视频编解码、3D 可视化、信号控制、实时渲染等方面的核心软件技术研发，依托经验丰富的研发团队、精准高效的产品能力和细致周到的服务体系，向全球用户提供专业的软件产品及系统解决方案。其主要业务板块介绍如下。

澜景科技

Hirender 致力于打造下一代"全媒体总控"的核心竞争力，播控、拼接、融合、中控，实现多媒体工程的全流程管理与控制。

Hecoos 全域制作，以 XR/VP 方式展演全域的仿真、预演与控制虚拟制作 XR/AR 项目的完整工作流。

澜景艺学为展演行业的教育知识平台，打造从基础到高等教育的综合科技与艺术人才培养体系，为素质教育与职业教育注入活力，为展演行业持续输送高端人才。

澜精灵作为展演行业的全流程业务协同与信息化管理 Saas 模式，从 OA、CRM、库存管理到知识中心，全方位助力展演企业管理的数字化升级。

深澜 AI 空间是人工智能为主题的文化交流空间，汇聚艺术创作与前沿科技的碰撞与交流。作为国际视野的数字化艺术创作与展示平台，旨在用人工智能来链接文化产业和赋能文化产品，实现科技与文化的深度融合。

其境基于虚实结合的技术手段，赋能线上会议、演出、展览等活动，提升商务社交的沉浸式体验。

澜景科技重点项目

《浮世の梦》

《浮世の梦》艺术展览在 2300 平方米的空间内带来了长达 1 小时的沉浸光影幻境，游客置身于浮世梦境，体验世间百态。

Hirender 全媒体总控系统采集来自雷达与 kinect 的传感数据，并通过 spout 接口接收互动程序的画面将其输出，"入梦"展厅内的一幅幅画作借助 Hirender 跳出"平面"，进入冬日图景后游客伸手便可触雪寻梅，沉浸 + 交互的体验让浮世绘卷展开无限可能

《玄界·数列秘境》元宇宙艺术展

在这场秦皇岛首个元宇宙艺术大展上，8 台 Hirender 服务器搭载 31 台投影机，打破了时间、空间和展馆风格的限制，在艺术馆里打造超震撼的视听幻境体验，沉浸式展现斐波那契数列的数学奇迹。"万物皆可为数"，数列无限延伸在虚拟的展览空间中，一切似乎是无限螺旋的律动

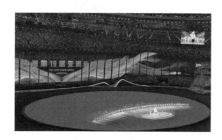

杭州第 19 届亚运会开幕式

杭州亚运会开幕式超越冬奥会开幕式应用了全球最大规模的 LED 屏幕，面积相当于 9 个并排在一起的 IMAX 巨幕，向世界展现不一样的中国。"两主两备"共 4 台 Hirender 媒体服务器搭载长 90 米、宽 70 米，总面积达 5000 平方米的地面屏幕，分辨率高达 22 784×17 664；"一主一备"共两台 Hirender 媒体服务器搭载两块网幕，其中一块网幕的分辨率为 4416×360，另一块网幕位于火炬身后，分辨率为 384×450；它们与负责控制的主备两台 Hirender 媒体服务器共同承担着控制对应设备与输出高分辨率、高帧率画面的重要任务，合力展现开幕式之夜的精彩时刻

第十九届文博会观澜古墟分会场

深圳第十九届文博会于 2023 年 6 月 7 日—6 月 11 日举办，共设置了 64 个分会场，而观澜古墟便是人流最多的分会场之一。这里不仅有非物质文化遗产和传统技艺造就的多样文化活动，精彩的光影秀同样吸引了大批游客慕名而来。在主广场上，9 台 Hirender 服务器搭载 27 台投影机，打造《遇见·观澜》光影秀，在客家风格的古楼上秀出古墟百年沧桑但振奋的变化，展现数字和人文的交相辉映

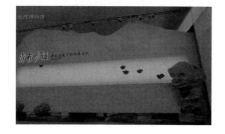

《情有梦通——齐白石笔下的四季生机》

三台 Hirender 服务器共搭载 17 台投影机，以自动化、精准化的方式管理和控制《五出五归》《万竹山居》《礼遇白石》《荷盖倾绿》等数字化沉浸式体验中媒体内容的播出流程，高分辨率投影画轴行迹、乡居理想、草虫野趣与翠盖红裳，在"涵泳喙嚅之态"中一品"红花墨叶"派革新画法下的四季生机

《知音花月夜》

《知音花月夜》是湖北首家以知音文化为元素的互动沉浸式夜游场景,跟随故事线索,观众便能欣赏四季盛景。夜游景区现场整体由六台 Hirender 媒体服务器负责,承载讲述主线故事线索的光影,让游人尽享甘雨滋春、春陌信捎、星月花野等夜游场景。1 台 hecoos 媒体服务器负责球幕画影婆娑、倚栏问月的美好呈现,诸多光景灵动切换,如诗如画,声气相投,承载觅得空谷足音的祝愿

首钢—高炉"SoReal 科幻乐园"

hecoosServer 媒体服务器在本次项目中采用了双显卡一体机模式,共搭载 6 台 1920×1200 分辨率投影机,传递一份独特的科幻美学。澜景工程师将场景建模导入 hecoos 全域制作系统中,最终完成了弧形三折倒角空间的内容投射。Hirender & hecoos 通过 LTC 时间码完成了视频内容同步、清晰且流畅的播放,重塑了工业遗产的建筑空间

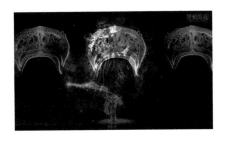

《乐动敦煌》

敦煌文化的灿烂,正是世界各族文化精粹的融合,也是中华文明几千年源远流长不断融会贯通的典范。集 735 窟精髓于一体,开创性的第 736 窟终于现身:14 台 Hirender 服务器搭载 48 台投影机投映四大观演区,LED 大屏展现绚丽光影,打破人和舞台之间的界限,展现天上人间的悲欣交集。观众跟随主角由浅入深地探索空间,走入敦煌盛景画卷,零距离享受强烈的视听震撼与光影变幻下的艺术体验

《江海奇幻游——长江文明与海上丝绸之路》

将《坤舆万国图》《海错图册》等长江内容为主的历代名人画作进行了多媒体的展项创作。互动画面需同视频素材联动,但若将视频素材植入程序,会大大降低视频画质、效果大打折扣。因此,在项目设计时,澜景结合成本情况与项目实际推介 spout 本机运行互动程序方案,协助指导互动程序开发人员进行开发测试,最终达到了互动程序和视频交互的一体化控制,更好地向广大观众展示地处江尾海头的张家港在长江文明与海上丝绸之路中的锚点作用

九曲黄河阵

共有九大主题空间,邀请观众前来转九曲、祛灾疾、祈年福、得吉利。除九个空间外,还有外场舞台的 1 块 LED 屏亦由 Hirender 进行控制。该项目声光电联动需求大,10 台 Hirender 媒体服务器为此配合完成了现场多区域的联动,实现现场素材、灯光、音频的同步控制,配合完成了沉浸式效果的营造与呈现

入驻时间
2014 年

企业名
歌德学院

企业类型
独立外国文化机构
Independent foreign cultural institutions

歌德学院自 1988 年开始致力于从事中德两国间文化交流。

歌德学院在北京有两处办公驻地，即"798 艺术区"和数码大厦。学院开办广受认可的语言课程以及多彩的文化活动与文化合作促进两国之间的沟通和理解，举办邂逅见面的活动，搭建个人之间以及机构之间的合作平台，意在促进中德两国文化界的交流。

歌德学院位于"798 艺术区"的空间是一处跨领域的文化场所，该空间内定期举办电影、舞蹈、音乐、戏剧、展览、文学、翻译等领域的各种形式丰富、内容多样的文化活动，并为德国以及当代国际文化的诸多领域提供平台。同时，歌德学院还促进了可持续发展、移民以及人口变迁等全球当前议题方面的交流。空间内的"知识吧"是一个交流信息、与人会面的空间，提供有关德国艺术与文化的传统出版物以及各种数字媒体资料。面向全国的文学翻译资助项目旨在推动德语文学的中文译介。

在图书馆合作项目框架下，与中国和德国的图书馆、信息机构开展友好合作，以促进专业的对话与交流。

位于数码大厦的语言部提供各种德语课程和德语水平考试，在全国范围内面向教授德语的教师组织各类工作坊和培训项目，并致力于科学研究、促进语言政策方面的倡议与合作。

在"学校：塑造未来的伙伴"（PASCH）倡议项目框架积极支持德语在全国中小学的推广。

歌德学院（中国）驻留艺术家

中德美术馆线上活动

表演艺术观念展

歌德学院（中国）驻留项目

歌德学院希望通过驻留项目为艺术创作者提供一个"转换视角的空间"。在全球化的时代，对于文化工作者而言，若能在一些特别的地方工作，若能不考虑经济因素得到一段自由的时间，若能建立或加深一些可持续的工作联系，会对其创作极富启发性。

每年，歌德学院（中国）都以不同的驻留项目为德国艺术家和文化工作者提供机会来到中国，进行一段时间的生活和工作。驻留项目的核心内容并非一次性展示。项目是否成功、意义何在，取决于艺术家间的交流与合作是否可以长期、持续地进行下去。

中德美术馆对话

中德美术馆对话旨在围绕当代艺术、设计和跨文化联合策展等重点话题，打造一个探讨实际合作问题的交流平台。

该项目面向有意合作开发项目的青年及成熟策展人和博物馆负责人。因疫情影响，共有12家德国博物馆和12家中国博物馆参加的第一次对话于2021年5月26—28日在线上举行。中德两国的博物馆工作有着不同的框架条件，也有各自的传统沿革和历史背景。在一场不对预期成果作任何限制的对谈中，参与机构将相互了解各自的工作实践，并就社会和美学问题展开讨论。该项目强调放眼未来，希望在实质性交流的基础上，为专业会议、人员交流、共同办展等各类合作项目打下基础。

漫画项目——2048

该项目选出不同城市角落的照片，随机发送给华语区和德语区的漫画艺术家，同时提出问题：照片上的地方30年之后会是何种风貌？艺术家对未来的构想由此诞生，基于此情此景进行漫画创作。

德国最美书中国巡展

德国最美书中国巡展

2024年歌德学院为伙伴机构,例如公共图书馆、艺术设计类高校、独立艺术书领域的机构以及中国的艺术书展提供"2022/2023年度德国最美书"的获奖作品。位于法兰克福的德国图书艺术基金会每年会甄选书籍艺术方面的杰出作品并颁奖。歌德学院准备了过去两年共50部的获奖作品,供合作伙伴向公众展出。

TYPO 六

TYPO 六

2019年是北京和柏林结为友好城市25周年。两个城市的著名城墙各自已成为历史,然而今天仍存在着可见与不可见的"墙"。值此北京与柏林缔结友好城市关系25周年之际,TYPO 六借助图像探讨"墙"这个词,追寻有关艺术作品原创性的想象。原初的想法来自闲章——中国传统书法与水墨画上的娴雅印章——收藏者与行家在画作上盖上印章,印章中刻有评论,进而改变画作的面貌。评论亦成为作品原创性的组成部分。画作后来的观赏者也共同进行创作,如韩裔德国哲学家韩炳哲在《山寨:中国的解构》书中所言。

常态艺术活动

常态艺术活动

歌德学院常年举办各种中德艺术交流活动,平均每年上百场,如"未来十五年备忘录""自己,就是应对气候变化的解方""畅快骑行——用可持续的方式漫游城市""化石阳光、沉积之身""延斯·伊沃·恩格尔斯《追寻透明:追溯德国当代的腐败》""AI 时代,人的自由走向何处?""周五影院《丽塔传奇》""自己,就是应对气候变化的解方"等。

第九章 艺术与生活的社区化
COMMUNITY ORIENTED ART AND LIFE

在 2009—2013 年期间"798 艺术区"文化艺术类空间（画廊、艺术机构、工作室等）、创意设计类空间（影视、动漫、咨询等）和生活配套类空间（餐饮、服饰店等）基本占比为 1∶1∶1，过多的旅游服务业态等商业化空间导致艺术产业环境受损，进而引起艺术家出走，艺术品牌流失等问题。到了 2018 年逐渐调整为文化艺术类空间占比接近 60%，文化艺术与设计类合并占比约 77%。2019—2022 年由于新冠疫情导致园区发展趋于停滞。2023 年园区业态重新活化，整体业态分布文化艺术创意设计类占主导，生活配套类为辅，基本形成了艺术产业业态的良性分布，摆脱了衰退期时（2009—2013 年）商业化严重、艺术品牌流失带来的产业颓势。

"798 艺术区"业态分布

年份	文化艺术类（画廊、艺术中心、工作室）	创意设计类（影视传媒、动漫设计、咨询等）	旅游服务类（餐饮、精品店等）	总计（家）
2009	193	70	102	365
2010	181	100	120	401
2011	197	121	120	438
2012	191	123	179	493
2013	191	197	188	576
2014	172	117	96	385
2015	241	127	105	473
2016	243	128	113	484
2017	267	115	113	495
2018	285	113	117	515
2023	207	86	280	573

同时，在对现有的生活配套业态进行考察后，笔者发现目前现有的生活配套类业态与其他区域的商业业态有 3 个重要差别：生活配套业态更加艺术化，生活配套业态形成完整的社区化概念反哺艺术生态，生活配套业态也是艺术生态商业链条中的一个环节，进而形成园区内产业内循环。

城市中的
艺术生机 | **生活配套业态艺术化**
Artistic Lifestyle Supporting Formats

"798艺术区"内的餐饮咖啡等商业配套均有很强的艺术特色，有些是艺术家或艺术机构开设的，有些经营者虽不是艺术家但都具有艺术情怀。如"798艺术区"自营的咖啡馆"798COFFEE"，首店推出一辆造型酷炫的咖啡车CART店和迷你可爱带露台的窗口POCKET店。"798COFFEE"根据艺术区历史和特色推出了风味独特的工业风特调"1952·工业灰""2023·电子粉"等，以及依据建筑风格设计的"包豪斯""红砖厂"两款特色甜点。

再如"仰YANG"艺术餐厅，是一个充满非洲意象的艺术空间。"仰"的概念诞生于2022年11月，彼时北京仍笼罩在新冠疫情的阴霾下，"仰"希望以一种昂扬的姿态出现，传递一种向上生长的积极态度。"仰"提供精品咖啡，西式创意融合菜，以及免费向公众开放的精彩书籍；将连续举办形式丰富的非洲艺术展，将各类艺术品作为文化对话的媒介。"仰"只是将自己定义一个空间，更具象的定义交由每一位感受者去完成。仰YANG×京东图书领阅空间举办"HELLO SUMMER"线下主题互动，以艺术展示区与绘本互动区两个区域呈现，艺术展示区展现法国文学骑士勋章获得者纳塔莉·贝罗文和法国著名艺术家米夏埃尔·卡尤图共同创作的《遇见自然》，将生机勃勃的自然景象和五彩缤纷的人文景观糅合在一起。在"798艺术区"吃饭喝咖啡这个生活常备品变成了生活艺术必需品。

"798艺术区"用公众号资讯平台将餐饮类特色店铺以及套餐以联合折扣的方式在平台进行推广，形成大众消费促进。

除了餐饮方面，在娱乐方面也有很强的艺术特色，各种音乐剧、Live音乐现场、超级音乐派对、舞蹈工作坊等，平均每个周末都有20场左右的主题娱乐活动，"798艺术区"不只是一个艺术园区，更是可以让艺术玩起来的新型成熟商业综合体。

"798 艺术区"生活配套业态分布（餐饮/购物）

类型	餐饮		购物	
名称	小万食堂	犇儿堡	宗家旺超市	798 打工艺术家
	万小馆	复煮 Coffee	Apple 授权经销商	乐遇空间儿童摄影
	臭小小	潇水	798 外贸出口瓷器店	巢品优选
	万禾湘	Blu. 澜	OFYCASA 欧菲国际家具	端木良锦
	怂西西	黑与蓝	DJI 大疆	卡加名品奢侈品回收总店
	越小官	听厨西餐	7ELEVEN	创意市集
	这儿没有酒	山雀和牛	3D・JP	Solotus 珠宝定制工作室
	夸父炸串	小星记	CHOCOLATE	树合首饰
	仰 YANG 西餐	椰香泰餐厅	文韵便利店	天禅古珠 798 私人会所
	肆喜米粉	吾食一刻	吉祥唐卡	波斯地毯
	有肉食	小蜜蜂	Noa Noa	木然花・木作
	TURBO 西餐	Plus Coffee	五十六朵花艺术空间	简小姐花园
	NOANOA CAFÉ	Lukin Coffee 瑞幸咖啡	DUL TON	Geosheen
	花间西餐	杜夫朗格・甜品・蛋糕	铁匠营铁艺馆	玖章吉丝巾店
	那家小馆	TIANROAST 咖啡体验馆	花间 Taste	毛友友宠物摄影
	牛品匠	饮藏	B 区小卖部	富士影像体验店
	关西烧肉	MANNER COFFEE	朗丝家饰	1 toy
	扑扑刨冰店	拾年餐厅	京康烟酒超市	爱瑞鲜花
	798COFFEE	路口	纯波斯	芳妮豆丁影像儿童
	NO-cal coffee	铃木商店	绿影室	MAY x TANG 美糖
	yaku coffee	融合菜	安润耳机体验馆	沐凡尘黄花梨工坊
	duff lange	Care 壳儿・爱的博物馆餐厅	Eternal Hammer 永锤不朽	三版工坊
	吃厂云南菜	酷迪咖啡	占占兴私属定制空间	万象丹青艺术
	京 A Taproom 精酿餐吧	宇治抹茶	旮旯	莱蕌黑胶唱片
	Bigeats 三明治	上坐抹茶	有茶艺术与创意设计店	山之尾
	沈记菜馆	仰 YANG 西餐	茧迹原创社服设计	一丁轮回银饰
	星粤・广东顺德菜	吃厂 FEEDFACTORT	悠悠农场	佳作书局
	POKEDONUTS	spoiled 剧透	古巴雪茄 798 专卖店	SLOOPW 寺路设计师买手店
	waiheke cakery	中国兰州牛肉拉面	诚信电脑手机回收	法国贝碧欧空间
	东八时区餐厅	夲宫 PAVOMEA	沐凡业	UCC Lab
	M 小买日式食堂	大叔的厨房	小毛花卉	Think Hair Salon
	老北京私房菜	千仓之味茶道店	EZ CAMPING 露营体验馆	画染・只做头发
	TAINOAST COFFEE	GREART LUCK	Lomo 岚东婚礼	蓝艺术工作室
	孟林厨房	牛品匠乐山翘脚牛肉	懒人便利商店	今生缘瓷艺
	何湘遇	Bwlived Cafe	猫墩儿日杂店	RELX 悦刻专卖店
	墨爷麻辣烫	机遇空间	源物・手作传习社	安心的猫撸猫疗愈馆
	云水茶堂	Salud 欧洲冻酸奶	MX 珠宝	牛奋皮具店
	美味食刻	BOSS LOUNG 茶馆	CheckBox 礼品店	童年小卖部
	吸溜溜丛林小馆	沈记菜馆	Guory Shop 艺术商店	其实юpin
	食皮面馆	王爷眼咖啡	北京车顺驰汽车用品销售中心	糖球购 LOLL LIGO
	AT café	泡的面馆	万红烟酒超市	IDEAL GAS
	voyage coffee	椅酷咖啡	三草影像	小鬼当佳摄影
	C+coffee	菠萝蜜多	威马仕	欢乐国玩具
	宽饭	牛茶・燕窝饮品	TAOA SECCO 门窗	88 rising
	EXC 异见	BOLAERY 甜品	像素书店	佳布尔地毯
	树上咖啡	Peet's Coffee	慢时光手作	从柏说起
	沪上阿姨果茶	EAIHEKE 激流岛蛋糕店	罐子书书馆	舒赛迷你良品
	Cafei	料阁子	二务循环商店	SPring Cameras
	MRHART 木作展览 CAFE	之豚大叔手制拉面	徽 AAXDFF 美发	AITASHOP 北京自行车销售
	SOLOIST SPECIALTY COFFEE	香扒・港式茶餐厅	京扇子	ucan 礼品店
	夸父炸串	梦林厨房	颖饰界	
	苏二常来	Tims 天好咖啡	Sat 皮革创意工场	
	味从山海	798 COFFEE	798 三上手工	
	URBANPACES 饮吧	SOE 咖啡店	小猫头鹰・露营商店	
	TURBO RESTAURANT & BAR	茶所	ZAMANI COLLECTION	
	云水姑娘云南餐厅	墨爷糖水	文质工坊	
			ODEVINE 红酒品鉴	
			爷们雪茄	

城市中的艺术生机

综合社区化概念反哺艺术生态
Artistic The Concept Of Integrated Community Nurturing Art Ecology

艺术，作为人类情感与智慧的结晶，其根源深深扎根于我们丰富多彩的日常生活中。每一个创意的萌芽，都源于对生活的细致观察和深刻体验。对于艺术创作者和创意工作者而言，他们的灵感与创造力往往在生活的松弛状态中绽放，但又如流星划过夜空，稍纵即逝。因此，他们的工作空间与生活空间往往紧密相连，相互渗透。

"798艺术区"便是这样一个典型的例子。它最初吸引艺术家们的，不仅仅是其独特的文化氛围和历史底蕴，更重要的是，这里的老旧厂房可以巧妙地改造成LOFT结构的工作室。在当时，LOFT概念还是一种前卫、时尚的生活方式，它完美契合了艺术家们对于生活与艺术创作不分离的追求。在LOFT空间中，艺术家们可以在下层进行创作，而在上层则能享受宁静的休息时光。这种独特的空间布局，不仅为艺术家们提供了便利的工作和生活环境，更在无形中激发了他们的创作灵感。

除独特的空间布局外，"798艺术区"的生活配套业态也十分丰富，形成了具有社区化属性的园区空间。在这里，艺术家们可以享受到衣、食、住、行等全方位的便利服务。

在衣着方面，园区内汇聚了各大设计师的工厂店和买手店，为艺术家们提供了丰富的时尚选择。这些店铺不仅展示了设计师们的独特创意和精湛技艺，更为艺术家们提供了与时尚接轨的机会。

在饮食方面，园区内的餐厅涵盖了中西餐各路菜系，满足了艺术家们不同的口味需求。无论是品尝地道的中国美食，还是享受异国风味的佳肴，都能在这里实现。

在居住方面，除LOFT工作室外，园区周围还分布着青年公寓和特色酒店，为艺术家们提供了多样化的住宿选择。这些住宿设施不仅舒适便捷，更融入了艺术元素，让艺术家们在生活中也能感受到浓厚的艺术氛围。

在出行方面，"798艺术区"的交通网络日益完善。园区内新增设的立体停车楼，极大地方便了自驾人群。同时，园区附近距离地铁站仅2公里之遥，为艺术家们提供了便捷的公共交通选择。未来，随着更临近园区的地铁站点开通，艺术家们的出行将更加方便快捷。

目前，"798艺术区"已经形成了具有社区化属性的园区空间。在这里，艺术家们可以享受到全方位的生活配套服务，更加专注于艺术创作和灵感探索。这种独特的园区空间，不仅让艺术家们更加专注于艺术创作和灵感探索，也为他们提供了便利和舒适的生活环境。

"798艺术区"生活配套业态分布（服装/娱乐/居住）

类型	独立设计师服装店	娱乐	居住空间
名称	白噪音 tiger vintage stire T.E.A.M CHIC LOOK 粗茶布衣 MIRANDA ZHOUZHOU SpringCameras SLooPW F.A.B WZM COLLECTION 集 ARTICLES Eternal Hammer Here icut D12 美集馆 SELECT 妖窝里 vintage Sales 868 服装店 古着＆古银 周周服装市场 Grunge Vintage Papabubble 沽酱 SauceZhan 曲庄设计师店 798 诗意生活 A Small Room 12037vintage KIDS IDOL STUDISO 丸子麻 studio PENCE EVENING	apace man 陶艺馆 老虎铜像 798 红宝石广场 798 创意广场 echoo 回声轰趴·团建·聚会 屿庐 电子广场 啊哈娱乐 铜人雕像 月全食 复兴广场 798 livehouse 同心广场 艺酷空间 798 艺术区包豪斯广场 兔 独孤 Solitude TIMEBO 毛泽东选集雕塑 言宜 "798 艺术区"七星广场	七星公寓 秋果酒店 燃 CLUB 公寓

城市中的艺术生机

园区内产业内循环的环节

The Links Of Industry Circulation Within The Park

在当今日益复杂和精细化的产业经济体系中，产业园区的构建和运营成为了推动地方经济发展、促进产业升级的重要力量。而一个成功的产业园区，其内部的产业链是否能够实现内循环，往往决定了园区的运行效率和经济效益。当产业链在园区内形成闭合的循环体系时，物质、信息和能量的流通将更加高效，交易成本显著降低，从而极大地提升园区的整体竞争力。

以"798艺术区"为例，这一独特的产业园区不仅在艺术领域独树一帜，更在产业链内循环方面展现了非凡的成效。传统的产业园区，如科技产业园、金融产业园等，往往专注于某一特定领域的产业发展，其产业链也大多围绕该领域展开。然而，"798艺术区"却打破了这一常规，不仅在艺术品的创作、展示和消费上形成了完整的产业链，更将大众消费如服饰等纳入其中，实现了产业链的多元化和复合化。

在"798艺术区"内，艺术品消费自然是产业链的核心。这里会聚了众多艺术家、艺术机构和画廊，他们共同构成了艺术品创作、展示和交易的主要力量。与此同时，随着艺术区的知名度和影响力的不断提升，越来越多的消费者开始将这里作为欣赏和购买艺术品的重要场所。这不仅为艺术家和艺术机构带来了可观的收益，也为整个艺术区注入了源源不断的活力。

然而，"798艺术区"并没有止步于此。它敏锐地捕捉到了大众消费市场的潜力，将服饰等大众消费品也纳入了产业链的范畴。越来越多的设计师品牌买手店、设计师品牌自营店在"798艺术区"落地，这些店铺不仅为园区内的居民和工作人员提供了丰富的购物选择，也为前来参观游玩的人们带来了独特的消费体验。这种将艺术品消费与大众消费相结合的产业链模式，不仅拓宽了园区的收入来源，也进一步提升了园区的品牌价值和市场影响力。

在"798艺术区"内，产业链的内循环得以实现主要得益于以下几个方面：

首先，园区内的艺术家、设计师和商家之间存在着紧密的合作关系。他们通过共同参加展览、举办活动等方式加强交流与合作，形成了良好的产业生态。这种合作关系不仅促进了产业链的顺畅运行，也为园区内的企业带来了更多的商业机会。

其次，园区内的消费者群体具有高度的黏性和忠诚度。在"798艺术区"工作和生活的人们对这里的文化氛围和艺术气息有着深厚的感情，他们愿意为园区内的产品和服务埋单。同时，前来参观游玩的人们也对这里产生了浓厚的兴趣，成为了潜在的消费者。这种具有高度黏性和忠诚度的消费者群体为园区的持续发展提供了有力保障。

最后，园区管理部门在推动产业链内循环方面也发挥了重要作用。他们通过制定优惠政策、提供公共服务等方式支持园区内的企业发展壮大，同时也积极引进外部资源促进园区的产业升级和转型。这种政府与市场相结合的发展模式为"798艺术区"的成功提供了有力支撑。

综上所述，"798艺术区"通过构建多元化的产业链和推动产业链内循环的方式实现了园区的可持续发展。这种成功的经验对于其他产业园区来说具有重要的借鉴意义。在未来的发展中，各产业园区应该根据自身特点和优势积极探索适合自己的发展模式，推动产业链的完善和升级。

城市中的
艺术生机

第十章 "798" 的艺术生态

THE ART ECOLOGY OF 798

艺术生态系统结构

通过对组织生态学相关研究和以"798艺术区"作为案例进行跟踪研究后，将艺术生态系统分为三大要素：艺术生态主体、艺术生态相关服务、艺术生态环境。主体间通过服务和相互作用在系统环境中进行艺术产物交流、艺术信息交流和艺术能量交流，进而形成竞争、合作共生、捕食、寄生、偏利、偏害、中性等相互作用。此外，整个系统又通过与外界的物质交流、信息交流、能量交流形成1个开放型的艺术生态系统。整个系统根据与生态主体的链接强度划分为3个环境层次，即核心层（专业艺术市场环境）、紧密层（大众消费艺术市场环境）和松散层（外围环境）。下面以3个环境层次说明各主体是如何在环境中完成相互作用的。

1. 核心层（专业艺术市场环境层）

核心层包括艺术产业价值链上下游组织间的竞合作用。园区内的艺术生产者，即艺术家创作艺术作品；艺术分解者即画廊和艺术机构等，提供中介服务、收藏资讯服务，将艺术家的作品进行收藏、购买或者展览，一部分艺术家也会通过画廊收集市场反馈，进而了解市场喜好以及行业动态；一级艺术消费者，即专业藏家通过画廊对艺术品进行购买收藏，画廊也反向藏家的收藏行为提供价值引导，这样即完成了一个简单的艺术价值链闭环。但在这个基础闭环中，缺少很多环节和必要的促进因素来促使这3者之间的正向作用，如单独靠单一画廊做学术和行业资讯，缺乏规模效应和影响力等。此外，由于画廊间缺乏沟通交流，会产生同质化竞争，进而易出现恶性竞争形成负向作用。由此，"798艺术区"管理机构设计了多种机制、活动、机构去促进园区内艺术主体间的正向作用，以及园区的整体影响力，主要由以下2个主线完成。

以学养商。"798艺术区"通过设置了纯艺术机构——"当代艺术研究中心"和"国际艺术家驻留计划"将国际间最前沿的艺术研究引入园区，给艺术创作

设计创新生态1.0版 ——"798艺术区"生态图

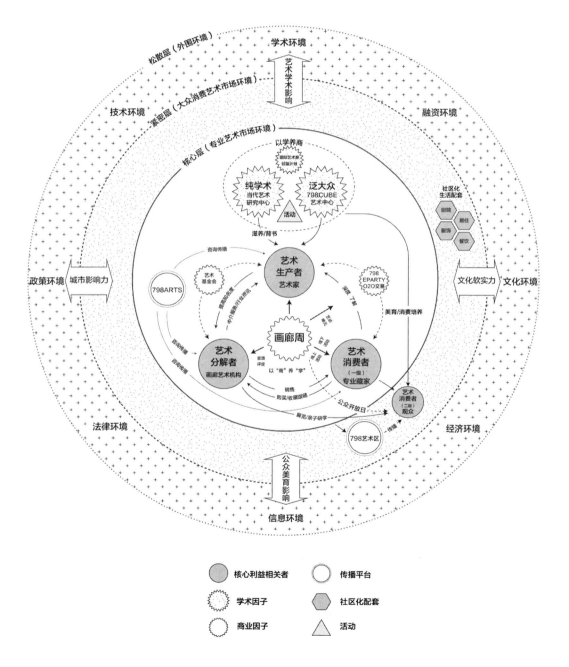

者和艺术机构提供学术养分，同时通过在"798CUBE 艺术中心"举办艺术工作坊的方式培养大众的艺术学养，以学术带动艺术创作的可持续性。同时，学术权威又为园区内的画廊和艺术机构更专业的商业交易背书。

　　以商养学。市场化程度、艺术品良性交易流通才是艺术市场活力和艺术思潮可持续发展的根本。"798 艺术区"采取了多种方式在交易平台、交易媒体宣传、交易活动等方面促进交易流通，同时学术与商业并举，形成以商养学的艺术商业生态价值链，其中最具代表性和影响力的机制是"画廊周"，"画廊周"作为一个国际化的当代艺术对话平台，以展览开幕、奖项评定、媒体导览、贵宾导览、学术讲座、行为表演、艺术家工作室探访、私人收藏探访、派对、年度晚宴等方式为艺术创作者、艺术分解者、艺术消费者创造深度交流和自然交易的平台，其中画廊和艺术机构的评奖机制让画廊和艺术机构间形成良性竞合关系，艺术工作室探访、私人收藏探访等拉近收藏消费者与艺术，让其更加深入了解现代艺术和艺术家的发展脉络和现状，有效促进后续艺术交易的达成。除"画廊周"外，艺术基金会将融资环境与艺术家和艺术机构对接，助力艺术产业金融化、资本化也是行业商业化的新尝试。"798EPARTY"作为线上交易平台尝试建立艺术家与藏家直接对接的O2O线上平台，是艺术交易由线下拓展为线上线下一体化的尝试，虽然因与生态内艺术分解者的功能相同形成竞争关系而最终停止运营，但线上交易路径是艺术品交易必由之路，只是对于园区运营主体在艺术生态系统中的角色需要定位好。角色定位只能是加强或者补充艺术生态主体的功能，或者呈现中性作用，而不能与之产生强烈的竞争关系，否则对整个系统将呈现负向作用。"798ARTS"和"798 艺术区"资讯平台的搭建弥补了线上运营的缺失，通过艺术媒体传播园区的艺术资讯，对园区内艺术主体的相互作用起正向影响。

2. 紧密层（大众消费艺术市场环境）

紧密层主要是以大众化、社区化为主的价值链。"798艺术区"内有大量为艺术创作者和大众消费者配置的生活化配套，如餐厅、咖啡馆、服饰店、剧院、演艺空间、居住空间等，可以满足创作和消费主体的日常工作和生活需求，进而让这里成为可以驻扎和逗留的创作社区。艺术本就来源于生活，艺术创作需要能够留得住人的空间。这样的社区化创作空间让艺术家在这里生活成为可能。同时这些生活配套也为大众消费者在园区内的消费有的放矢，毕竟，高端艺术品的消费是有门槛的，而文创和日常衣食住行的消费门槛较低，日常消费也是渗透艺术观念最直接最有效的方式。

3. 松散层（外围环境）

松散层包括经济环境、文化环境、法律环境、融资环境、信息环境、政策环境、技术环境、学术环境等。这些影响艺术生态系统前两层良性发展，同时前两层的也会作用于外围环境，如通过核心层导出的艺术产物、信息、能量会形成艺术影响力和创意影响力，进而提升整个城市的影响力，促进创意经济的政策环境、经济环境等的优化，"798艺术区"最初的挂牌原因也是缘于此。由核心层艺术家在"798"闲置厂房中进行艺术创作形成了初步的艺术聚集现象，进而影响松散层（政策环境、文化环境等）——社会各界关注到工业遗存作为创意产业集聚区转型的尝试路径和文化影响力，于是政府才挂牌"798艺术区"，并且将其作为创意产业园区的发展示范区，在全国范围内推广创意产业园和落实相关产业政策。核心层和紧密层通过文化软实力、公众美誉和艺术学术影响力与松散层产生相互作用关系。其中，技术环境在艺术生态系统中本不应该存在，但是现代艺术在跨界应用了许多科技手段，如数字媒体技术、虚拟现实、混合现实技术、人工智能技术等，所以技术环境的变化对艺术生态系统的作用正在日益增强。

艺术生态系统内产业生态链的衍生路径

艺术生态内需要完整的合作体系，形成高效的上下游产业生态链，才能从艺术创意中获得经济效益，进而增加商业良性循环，促进产业的创作活力。艺术产业的主导盈利模式就是艺术品直接变现和衍生品开发变现。目前，"798艺术区"内的艺术生态产业价值链并不完善也没有成规模效应，但创作者或者分解者通过生态系统之外的上下游产业补充，基本已形成多种艺术产业变现衍生路径。

1. 艺术创作资本 → 艺术实体产品 → 直接销售

这种模式是最简单的也是采用最少的产业链，由艺术家创作的艺术实体作品，通过参加展览、线上销售等方式自行销售。这个模式艺术家需要投入大量的精力在销售和营销方面，知名度较低的艺术家通过此种方式实现的销售情况并不乐观，知名度较高的艺术家大多与专业机构签约合作也较少采用此种方式。

2. 艺术创作资本 → 艺术实体产品 → 渠道（画廊/艺术机构）销售

这种模式是最传统的艺术品产业链，艺术家创作的画作、雕塑等艺术作品以实体的方式被画廊等艺术机构代理销售或者直接购买，再进行二次销售。艺术机构成为艺术作品的销售渠道，也承担交易链中的营销作用，负责通过媒体宣传、拍卖、展览等方式将艺术家的知名度和作品的溢价提高，再进行艺术品销售。这个销售链条较短，一般比艺术家个人自行销售增值空间更大。目前这个产业链在"798艺术区"内已经搭建完整，艺术区内20多家艺术机构基本覆盖了当代艺术的销售和宣传渠道，虽然园区内艺术家数量不足，园区内产生的创作资本很少，基本都是从园区外引入的艺术家和作品，但也形成了完整的产业链闭环。

设计创新生态 1.0 版——"798 艺术区"产业链衍生路径

3. 艺术创作资本 → 艺术虚拟产品 → 渠道销售（出版机构/虚拟交易平台）

直接生产虚拟作品的艺术形式如传统的戏剧、音乐、电影等在"798 艺术区"内较少，随着区块链技术的发展，虚拟加密艺术品开始成为艺术领域的新探索方向，直接通过人工智能、数字技术等生成的虚拟艺术品大量产生。Rivvoo 润沃作为北京"798 艺术区"第一家专业数字艺术藏品平台，获得中国软件行业协会区块链分会以及数字经济发展协会的全行业专家资源、技术合作资源、安全监管资源的强势支持，集合华语艺术界顶级现当代艺术家及艺术评论家群体资源，与多家知名拍卖公司合作举办线上线下拍卖活动。该产业链原本在"798 艺术区"内搭建完成，但自 2023 年后，虚拟艺术品热度降低，Rivvoo 润沃退租，该产业链消失，但虚拟艺术品是未来艺术品商业化的趋势，园区内仍需该类虚拟艺术交易平台的引入。

4. 艺术创作资本 → 艺术虚拟产品 → 直接销售

直接创作虚拟艺术品自行销售的艺术家较少，基本以商业定制、展览展会、IP 定制为主，但在"798 艺术区"内尚未形成规模。

5. 艺术创作资本 → 艺术实体产品 → 艺术虚拟产品 → 渠道销售

直接创作虚拟艺术品需要一定的技术门槛，一般都是青年艺术家做尝试，艺术作品数量和艺术创作水平仍处于初级阶段。所以有相关机构（如 NFT 中国）签约艺术家，将艺术家创作的实体作品通过数字技术转化为虚拟产品，其数量和质量均远超于直接创作虚拟艺术品。该产业链方式相对成熟，"798 艺术区"内艺术家和艺术机构基本都有参与相关的作品转换。这也是将作品价值横向增加的新方式。

6. 艺术创作资本 → 艺术实体产品 → 艺术虚拟产品 → 直接销售

少量艺术家在尝试将自己的实体作品，画作、雕塑等自行生成虚拟产品，再上传至线上交易平台进行销售，该方式可以作为作品价值二次增值的尝试。

7. 艺术创作资本 → 艺术虚拟产品 → 艺术实体商品 → 渠道销售

该产业链方式一般由青年艺术家参与较多，通过数字技术直接创作虚拟艺术品，如 IP、漫画、潮玩形象等，通过角色设定、故事设定赋予作品更多创意价值，受到广泛关注后，再进行实体周边产品的销售。2023 年百度文心一格与"798 艺术区"联合举办"传承·未来——让那个 AI 更懂中国"主题展，国内艺术家通过 AI 绘画将一系列中国传统文化元素与现代艺术结合，进行虚拟艺术品创作。本次主题展还联合斯凯奇中国，首次将艺术家 AIGC 作品应用到企业自研的柔性制造技术产品中，推出了限量版 T 恤、帽衫等可实际落地销售的产品，完成了一次完整的从虚拟艺术产品到实体产品再到渠道销售的产业链。百度文心一格借此与"798 艺术区"达成深度合作，将携手推动艺术家与 AI 绘画的共创，探索 AI、版权艺术与产业需求结合之道。

8. 艺术创作资本 → 艺术虚拟产品 → 艺术实体商品 → 直接销售

艺术家将虚拟艺术品制作为实体商品进行销售的情况也有发生，比如类似同道大叔这样的 IP 通过艺术家以一系列星座吐槽漫画形式走红网络，形成大 V、IP 的方式积累 6000 万核心粉丝，曾经获得 2019 年年度十大最具商业价值动漫 IP。该 IP 走红之后再行制作的实体衍生品年销售额过亿元，IP 授权费超 3 亿元。但 IP 知名度做大之后最终依然离不开与渠道销售合作，进行二次转型和增值。

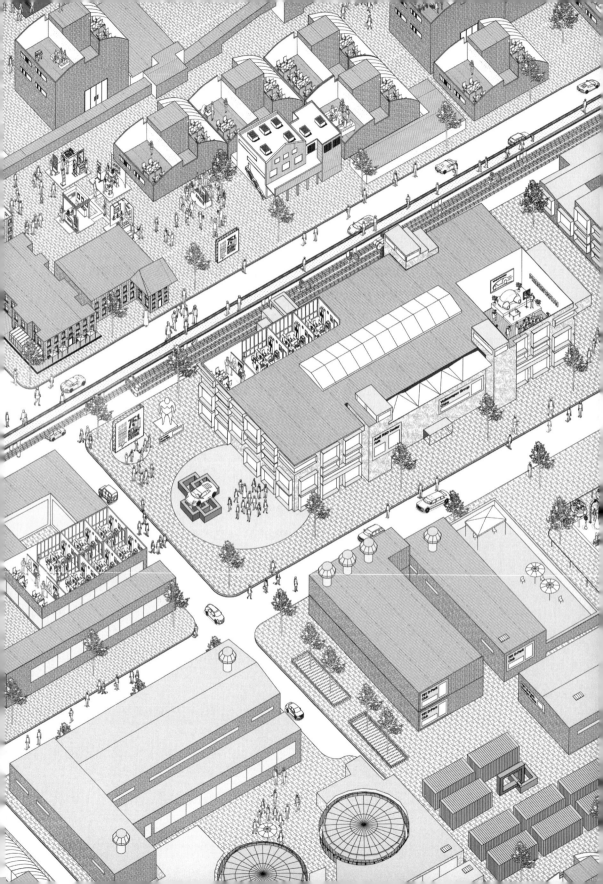

第三部分　PART Ⅲ
人文聚合的设计新经济

"751D·PARK"已经成为当今中国汇聚设计者生态的典型园区之一。这里要呈现的是园区在建设过程中表现出来的重要特质和值得关注的组织机理。

首先，园区的经营者将老工业基地的厂区建筑群出色地保护起来，并巧妙地进行"视觉似的"利用。将现代设计的经典之作与中国当代设计的文化需求对接起来，如同一次锻打，历史的印记在这里被折叠，由此创造出一个极具人文引力的园地。其次，园区转型乘时代发展之势，化身人文园地。设计好似一个时代的宠儿，在中国这块土地上方兴未艾。文化的积淀和文化的生态对于这位新生儿尤为重要。设计，在本质上是现代工业文明的产物。文明是设计的向度，而获得文明的养护，则需要一个文化与文明高度交融的社会氛围和人文环境。在这里，我们将呈现园区的组织维度，以说明其成长的内部机理和外部环境。最后，我们还将描述一个设计园区的存活，是需要专业化的活动来支撑的。多层面的、立体式的专业活动，让设计文化的旗帜在这里飘扬。这里的经营者非常清晰地知道设计的社会价值和运行规律，在充分定义和了解中发挥了园区的社会功效与价值，将园区建设成一年拥有500场以上国际、国内一流时尚设计活动的基地。

设计的城市人文生态和社会活动生态，成为中国设计园区最具自身特色的发展机制。"751D·PARK"——昔日的工业遗迹，今日已焕然新生，展现出一个策略明晰、规划周密、框架完整、目标明确的创新生态2.0版本。此生态以设计创新产业链为主轴，科技创新产业链为辅助，二者交织，形成了独特的双产业链核心结构。其他多元创新产业亦在此汇聚，或竞相争艳，或携手共进，构成了一个错综复杂而又和谐共生的创新网络。在这片热土上，每一次思维的碰撞、每一次技术的革新，都在共同谱写着新时代的创新乐章，展现出一个充满活力与创造力的共生生态。这不仅是设计与科技的融合，更是历史与未来的交汇，是工业遗产与现代创新的完美诠释。

第十一章 转型与定位

TRANSFORMATION AND POSITION

改革开放以来，我国主要强调重工业的基础性地位，工业农业迅猛发展，取得长足的进步，我国第一产业、第二产业在国际上已处于领先水平。随着我国经济的进一步发展，产业结构调整的压力逐渐变大，中国与发达国家相比，第三产业相对落后。目前中国第三产业在国民经济中的占比为55%，与之相比，美国第三产业在国民经济中的占比为80%。迫于中国产业结构调整的压力，中国固有的产业模式已难以为继，无数国家的发展经验表明，当前中国发展都市现代服务业，特别是文化创意产业很有必要。

在大时代变迁下，"751"厂成功转型为文化创意产业园，展现了不破不立的转型智慧。曾作为北京重要煤气供应源，该厂在能源结构调整及城市功能转型背景下，于2003年停止煤气生产，转向清洁能源。其转型路径经历了深思熟虑，最终选择成为城市老工业文化的记忆载体与人文资源聚集地，而非新能源或科技产业，以契合北京未来定位。

与邻近的"798"厂艺术氛围不同，"751"厂以其独特的粗犷工业风貌和丰富的历史遗存，如裂解炉、储气罐等，成为工业文明的见证。该厂明确以"时尚设计"为核心定位，区别于"798"的艺术中心，强调在供给侧改革中设计的重要性，致力于从"中国制造"迈向"中国创造"。

在此转型过程中，积极响应北京市"十一五"规划，将文化创意产业视为未来发展重点，依托自身工业资源优势，成功转型为文化创意产业园区，这一过程不仅是企业自我革新的典范，也是中国产业升级的生动写照。

"751D·PARK" 时尚设计广场

人文聚合的
设计新经济 | **"751D·PARK"的新战略**
"751D·PARK" New Strategy

发展新战略

2007年3月18日,"751D·PARK"北京时尚设计广场正式成立。如今,正东集团形成了能源产业与文化创意产业两大产业共同发展的格局,成为北京市创意产业集聚区之一。"751D·PARK"共分为火车头温馨体验区、设计广场A座、动力广场、老炉区广场、1号罐(79罐)、7000立方米储气罐、设计师大楼等主要展示区域。"751D·PARK"以时尚设计为主题,展示、发布、交易为核心、产业配套、生活服务功能于一体的创意产业集聚地和时尚互动体验区为定位;以时尚设计为引擎,不断推动原创设计及国际交流,打造设计产业交易平台,引领时尚潮流;按照国际化、高端化、时尚化、产业化的发展目标提供全面完善的服务与配套设施。

2021年11月,"751D·PARK"北京时尚设计广场被文化和旅游部评为国家旅游科技示范园区试点园区,成为全国7家入选园区之一。

北京751园区是国内首个以工业设备设施再利用的生态文创园区。园区承载着近现代共和国及北京工业发展的历史记忆,是传承发展历史文化、促进城市有机更新的重要载体和宝贵资源。

近年来,北京751园区积极推动文化与科技的融合发展,打造北京"全球数字文化标杆园区",着重聚焦"时尚设计"与"消费体验"两大高端业态,持续强化"科技赋能""场景牵引""产城融合的城市功能"三个关键环节,积极推进文化产业人才链、创新链、服务链与消费链的融合发展,实现了由老工厂向高端时尚创意产业园区的蜕变升级。园区现已聚集设计师工作室及相关公司(机构)150余家,文化科技类企业和文化设计类企业占近9成。此外,园区结合自身的老工业园区特色和时代发展主题,不断推陈出新,自主策划运营一系列品牌活动。每年举办新品原创首发活动500余场,科技类活动占比61%,并与30余个国家建立了常态化的文化交流机制,年接待国内外客流量达200余万人次,实现了从工厂大院到时尚消费园区的转型。

本书研究团队自摄

成为国家旅游科技示范园区试点后，北京751园区将积极借力市区两级的文化和旅游消费惠民政策，打造艺术表演、互动体验、时尚消费于一体的数字化、智能化文化休闲空间，提升园区文化内涵和公共服务功能，不断搭建新消费场景、布局新消费业态、引入新消费领域头部资源，用文化赋能、科技引领，创造更多体现美好生活方式的消费体验，积极探寻科技与时尚文化生活相结合的发展路径。

1. 锁定设计，让城市具有文化凝聚力

"751"以时尚设计为主题，以服装服饰设计为引导，涵盖多门类跨界设计领域，集品牌展示发布、产品交易为核心，产业配套、生活服务功能于一体的创意产业区集聚地和时尚互动体验区，以"四化"——"国际化、高端化、时尚化、产业化"为目标的创意产业基地。

在国际化上，"751"历史上是能源产业大军，培养了一批与历史同步的高精尖技术人才和管理人才。在能源行业，其整体生产线是当时的先驱，设备也是来自民主德国的高端设备，使"751"最初就具有国际化基因。因此，"751"园区定位新产业时首先要坚守国际化。

在高端化上，发展时尚产业，"751"为入驻园区的设计师和艺术机构设置了较高门槛。入驻设计师必须是每年时装周设计大赛的第一名或十佳设计师。园区也吸引了像中国服装设计师协会这样的行业机构入驻。该协会加入"751"的同时，把中国国际设计周带入"751"，引入设计师工作室、工作室相关资源，与"751"的空间资源和平台资源对位融合。

在时尚化上，时尚和设计是未来创意产业的龙头，也是激情迸发的业态。"751"时尚产业定位以服装服饰作为引领，设计以家居设计和陈设以及汽车设计为主业态，辅以其他业态如原创音乐、视觉设计等。这几个领域确定后，"751"对室内和室外的特型空间进行改造。如今，奔驰、奥迪每年的设计发布会都选择在这里，奥迪的亚太研发中心目前也已入驻"751"。

在产业化上，工业领域内打造时尚产业，必须促进传统制造业转型升级。如服装行业，要想转型，必须意识到竞争力与设计有关，这时企业的资源配置就会

随之发生变化。因此，企业再往前发展时，可能就会侧重于设计、研发和市场环节，而不是将重点放在生产环节上。

2. 让"751"成为北京的文化地标

"751"本身就是一个品牌，但也需要品牌构建。为了让人们一提到"751"，就知道它是北京的时尚设计代表，或者代表了北京时尚设计的最高水平，"751"正在努力打造品牌效应。如"751"与《GQ》杂志、奥迪汽车合作举办过一些颁奖盛典，如果这些合作能让"751"在每年某一个时段、某一个内容领域发生某一个品牌的项目活动，就会对"751"这个品牌有助推的作用。

为了让"751"的品牌能够深入人心，在规划中，从空间管理到内容策划再到产业延伸，"751"的发展脉络非常清晰，每年"751"一共举办多少次活动，其中多少活动是"751"策划的、如何让资源和内容立体化，这些构想"751"都在不断尝试和总结。季鹏表示："不同地方的资源不同，设计周与时装周都有同步开放的项目，我们会协调与设计师相关的资源，增加设计师的互动性和资源活性，增加他们之间的链接。通过活动扩大后续产业的影响，并尝试引入国际设计师，这些生态链都是一环套一环。"

同时，"751"也培养入驻的工作室、企业等，从前期、中期、后期介入园区的相关活动，而不仅仅是出租房屋。对于"751"来说，其目标是为园区提供空间并尝试经营，经营这些入驻企业相互之间的产业链条。季鹏说："我们常想，把家居和服装设计师聚集到一起能产生什么样的业态？时尚回廊入驻了玫瑰坊时尚文化会馆、意大利生活体验馆等，设计师郭培已经和意大利家居设计师产生了互动，让这些设计师长期以邻居形式联系在一起，慢慢就产生了合作、跨界和结合。"

3. 为文创产业与能源产业并举发展

正东集团能源产业是文化创意产业培育和发展的保障，正东集团能源产业的发展，有效反哺文化创意产业，使得文化创意产业可以重长期效益，着力打造品牌，严格筛选入驻企业，保持品牌的自主性。文化创意产业为正东集团（包括能源产业）打开了国际化的视野，能够为能源产业注入新鲜血液，并推动国企转型发展。

4. 在城市中创造文化园地

"751"自 2007 年成立起就不单单靠"吃瓦片",内容经营是核心。2006 年园区就设立了创意产业办公室,2007 年"751"与中国服装设计师协会结成战略合作伙伴关系,2008 年成立了以经营文化内容为核心的全资子公司,近年来逐步打造了"751"国际设计节、中国国际大学生时装周等活动,成为全世界时尚设计从业者追逐的盛会;还新开设"751"设计品商店,为设计师及企业提供了交流和交易的平台。"751D·PARK"北京时尚设计广场园区面积 22 万平方米,建筑面积 10 万平方米。在张军元看来,园区要发展,不能只靠"吃瓦片","不仅要引入租户,也要引入内容和人才"。园区文化科技融合产业内容收入快速增长,文创活动经营收入占比一直在提升。

为了让品牌内容自主运营,集团成立了自己的迪百可文化公司。在转型模式上,"751"产权方和专业机构联手打造园区。季鹏说:"中国服装设计师协会入驻'751',设计师不仅仅是在这里办公,更重要的是我们战略合作,一起运营中国国际时装周、中国国际大学生时装周。时尚的中国国际时装周在老工厂里一亮相,大家就觉得非常惊艳!"

"空间上,别的园区用老厂房改造,而'751'把生产设备改造再利用,这是'751'最有特色的地方",张军元说。工业遗存要保护好,但不能让它们都空着,在保证结构安全、消防安全的前提下,通过改造把它做成顶级品牌发布会的场地。

位于园区北部曾经储存 15 万立方米气体的 2 座煤气罐庞大醒目。罐体仍保留着历史的绿色和蓝色,斑驳的油漆和色彩斑斓的涂鸦让煤气罐看起来具有现代时尚感,成为孩童、设计达人、时尚大咖以及众多园区来访者拍照的背景。

北京原来有 7 座这样的煤气罐,除在"751D·PARK"的 2 座外,其他的都已拆除。它们分别是 1979 年和 1997 年建成的,是北京历史上第一座和最后一座煤气罐。现在已成为高端品牌青睐的独一无二空间特征的发布场地。"751"同样聚集了一批时尚设计行业及文创关键人才，包括：中国高级时装定制第一人郭培、知名时装设计师王钰涛等；著名音乐人小柯、张亚东、解晓东等；"双创"代表海军、雷海波，花艺大师高意静等。奥迪研发中心、小柯剧场、极地国际创新中心、荣麟家居、极客公园等也相继落地"751"。北京国际设计周"751"国际设计节到2018年已经是第七年，设计节内容更加丰富百姓生活及时尚科技体验，其中北京第一家24小时全自助智能便利店于2018年设计周期间落地"751"。

在"751"，你看不到很多文创园都有的鳞次栉比的写字楼，一个个工作室散落掩映在由厂房改造的办公空间内。入驻企业不是越多越好，而是围绕设计，形成展示、发布、交易、双创孵化的业态聚集和内容经营。"751"创意产业办公室有一条规矩，就是"宁缺毋滥"——在行业内有影响力的设计师、符合"751"发展定位的企业才能入驻。入驻园区的设计师工作室及辅助配套类公司，包括建筑设计、工业设计、时尚产业、汽车研发、家居研发、音乐发展、互联网科技、智能硬件、科技孵化器等，还吸引了顶级独立设计师和知名音乐人在此"安家"。

直至今日，正东集团还为电子城区域10.5平方千米区域提供清洁绿色的热电。"能源产业收入反哺文创产业，这在所有文创园中还是首例，体现了国企'国家队'做文创产业的优势和担当。"张军元说。

人文聚合的设计新经济

"751D·PARK" 园区建设者深访

Interviews With The Builders Of "751D·PARK"

王永刚
Wang Yonggang

北京主题纬度城市规划设计院有限公司董事长
Chairman of Idea Latitude Public ArtInstitute

提要："751"改造工作由北京主题纬度城市规划设计院历时4年完成，"751"的改造方案极大程度地保留了其工业文化气质，当人们穿梭于其间时能够感受到这个环境曾经的生命脉动，涌现老工业文明的记忆，这是一个属于北京人们的共同记忆，"751"退去工业身份变成了城市工业记忆的载体。同时，这里的每一个广场、每一面墙、每一个建筑都在以现代化的功能和面貌延续它们的生命。为什么对"751"的改造会如此成功？当时的改造是如何进行的？改造的原则、设计依据和工作方法又是怎么样的？这一系列问题背后的答案也许承载了"751"在转型时期的真实状况。为此，我们访问了这次再生规划及总体设计项目的灵魂人物之一、北京主题纬度城市规划设计院董事长王永刚先生。

Q："751"的改造方案在极大程度保留其工业文脉的同时又能展现出符合现代审美和文化的面貌，可以说是非常成功的老工业空间再生设计案例。您能聊聊您对"751"的理解吗？当时改造过程是怎么样的？

A：我们把"751"的环境理解为是老工业再生。我们在改造过程中就思考几个问题：什么是老工业再生？老工业再生的目的是什么？它与城市是怎么样的一种互动关系？

"751"改造的核心就是充分改造和利用。如果说改完了之后它不是一个老工业了，到最后就算经营得再成功，在我们眼里它都是失败的；而有些空间做的是很僵化的保护，放在那儿不动给大伙儿看到一个骨架，这个失去了新内容的空间就是一个标本，最终也是没什么意义的。所以在改造利用老工业遗产的时候有两方面的兼顾，一是要保护，二是在保护的过程当中再利用。在这里最大的一个问题是转化，我们在保护利用的时候最核心的词就是转化。其他地方的业态到这个新的环境里来都会有一个相互适应的调节过程，我们在做规划的时候就在不断调整这个相互作用的力的大小。老工业的核心价值不是基于传统美学，也不是基于传统建筑或者园林景观，而是对城市的历史记忆与新业态发生关系的未来可能性。其实现在很多高炉都已经不生产工业产品了，但是它每天仍然在产生新的东西。比如在脱硫塔召开发布会，那么开发布会之后的一系列工作也好做。所以从某种意义上来说，脱硫塔也无声地参与这个文创项目的过程。所以老工业的保护利用不是在实体空间上保护利用，而是对老工业文化价值的保护。改造后的老工业形成了一种新的场能，我们是在利用这种场能。场能越大，它的价值越大。

所以在对火车头、动力广场、大罐子进行改造的时候，我们并不是从美学出发，而是围绕着场能去解决这个问题。我们的身份也从建筑师、规划师变成了机械设计师。我们把这个工厂继续看成一台大机器，煤从这边进去，到那边裂解形成煤气，到形成热能，整个这是一个流水线。我们现在要把它变成一个文创方面的流水线。在我们眼里这些都是机器装备，而不是时尚元素或者漂亮建筑，我们看到的是生产出的能量。一个城市如果能有这样一个区域形成文创的产能装置，那么这个区域就成为所有新动向发布的窗口，是非常有优势的一个区域。它区别于人民大会堂、国际展览中心这种成果性的区域，它是过程性的区域，在发布会等各种活动上是处于整个事业过程中的重要节点。最初的改造集中在整个园区最老的一片炉区。原来是作为生产燃煤动力使用，而如今也已停用，面对这片炉区，我们的态度是：让这一厂区历史环境文脉继续延续下去，并赋予当下应有的新的生命力和价值，延续这些硬件的生命，完成环境文脉的转换，从而将原有工业业态下的生产区域转换成新加入业态下的产物。

对于老工业遗产的保护是最大的实用。因为这样的构筑物越来越少，它是历史的见证，是一种城市景观，已成为人们对工业时代的一种记忆。我国已逐步从工业生产向集约化经营发展过渡，大的制造业迁往郊区，在中心城里留下的东西越来越少，如果把它当成一种文化或者社会变革去看，价值更大的是空间记忆。对于老的东西，要尊重这个环境的精神，体会和感受这个环境。局部调整，同时体现出原有场所的精神，把握一定的度，只要精神、场所感还存在就是好的改造。给老的东西注入一个新灵魂可能有难度，但要把它保护好是最起码的。实际上保护就是保护它的灵魂和精神，不是保护某一个形或者说纯粹意义上的空间，保护要做到灵魂对每一个人都有一种反应，让我们现有的人能和它进行某种交流和沟通。

Q：您能聊聊当时改造的设计原则和设计手法是什么吗？

A：我们提出"再生产"，它是平行于老工业环境的新锐创意设计，是伴生于老环境之上互相利用的新元素，同时生成新的感觉。其具体手法分为降解、蜕变和分解三种。

降解是在针对老炉区的保护与处理中，以工业语言的纯粹性和材料自身性格的回归为艺术线索，如老炉区地面铺装、材料选择褐色的铁矿石，粒径30～300毫米，从罐体向广场从大到小排列，与罐体色调上机理和形态等方面呼应的同时，表达出金属回归自己本性的历程和意愿。而矿石所处的状态或许也寓意着某种新生力量。

蜕变是要尊重原有的工业生产形式，并在其基础上结合新的功能，运用当代手法转换，令其蜕变成新功能下的工业产物。例如在对于老炉区内设备的再利用计划中，将原有罐体的开口样式等比放大，使人们能进入罐体内部，将工业罐体蜕变成创意产业的休闲交流空间，从而完成再生产的转换。在对新老自控楼之间的连桥改造中，将原来工业厂区连接空中生产动线需要的连桥进行蜕变，在尺度上满足人们参观游览停留，在形象上形成具有创意产业气质的再设计产品。

分解是将工业遗迹的元素从原来的生产线中分解开来，经过设计将其规划在特定地方，形成工业记忆的延续和新的趣味性景观。这一理念运用在火车头广场的设计过程中：我们将老炉区淘汰的脱硫塔重新立于"751"入口的火车头广场上，使其成为区域的标志，也成为火车头广场拍照摄影的绝佳区域。

Q：您当时对"751"改造项目的希望是怎么样的？

A："751"是一个系统完整的从煤到煤气生产流程的厂区，清晰地按照生产效率最优原则布局，点线结构明确的空间，因此完整地保留格局是一个具有历史文化意义的策略。改造之后，人们将在"工厂空间"里从事各种活动而不是在普通意义的广场、街道或建筑里，在这里与老工业装备相伴，或融入老炉区内部，或几千人干脆像煤气一样，顺着管道进入15万立方米的大煤气罐子里，也可以把加压机请到窗外、借用厂房摆上T台……总之，"751"的老工业肌理和时尚创意的各种行为相互作用、相互转换、相互生产……局部地带进行调整，也是遵循老工厂空间和活动时间的双重需要进行。这里的空间是符合这种需求的，新建筑与曾经的老工业生产混合在一起，寻找空间和功能及行为之间的文化关联。最大化保留和生成公共记忆。将"规划、改造"隐藏在保护之中，所有建筑环境也尽最大可能地抛弃主观的个人因素，以便于强化老工业的力量——那个时代的质感。由此制造的冲突也是为了将这种力量可视化，而不是为标新立异，其目标是彻底地让老工业环境与时尚进行对话。

Q：在改造过程中有遇到什么问题吗？

A：在一系列的改造过程中，遇到更多是除建筑设计以外的区域价值开发问题。老炉区、连廊、动力广场、火车头广场、15万立方米储气罐……随着每一步计划的实施和各区域主题特色的开发改造，区域整体开发的设想逐渐形成。面对更为广泛的大山子艺术辐射区，各种多元经营业态、商业活动、艺术演出体系开始逐步完善，随之而来推动设计理念的不断完善和进化。在这个过程中，我们发掘有很多更有张力的空间，应该从规划角度调整周边的建筑密度和建筑指标，应该发挥老建筑最大的作用。这个大空间留下做成广场，重点保护，不要再动，适当调整周边的建筑指标，平衡这块土地的总体价值。保留大的空间，对于创意产业人来说，到这种空间体验尺度感的震撼，可能形成更大的环境影响。反之，如果把它改造成很多小空间如变成办公室等，便失去了它的意义。真正发挥更大价值的是对一代人的观念产生影响，假设这个厂房是留着的，周边建筑原来批的是10层，能不能把它批成15层。比如，这个土地批成10公顷，我们将建筑密度指标调高，这种保护，实际深层次上是政府行为和经济行为。如果将其设计成广场，在其中策划很多活动，这些活动产生最大的使用价值，要将它保留、保护。保护包含两方面内容：一方面是保护物体的本身；另一方面是这个事情本身的来龙去脉，甚至它里面具有历史背景的一些东西，也要保护。

张军元
Zhang Junyuan

北京"751D·PARK"
文化发展有限责任公司
总经理
Manager,
"751D·PARK"
Culture Development
Co., Ltd.

提要： 随着设计、文化、创业和全球化等关键词成为整个城市的聚焦点，并在国家的发展报告中频频提及，以文化发展为事业的工作者会深刻感受到时代对我们的期待与肯定。通过全社会的共同建设和参与的方式，才能深层次地激发和调动整个社会蕴含的文化消费潜能。这将成为探索设计文明的新路径。

中国设计园区的建设，既是历史演进的要求，也是时代赋予的机遇。工业设计则是当代设计类园区的理念精髓。设计思维、理念和活动的崛起，应该成为中国深化改革成果，实现"中国梦"战略的关键动力。设计园区的建设机制应当基于管理者自身的发展历程和基本条件；基于所在地区的整体规划；基于整个城市发展定位的战略目标；基于全体社会和国家战略的总体要求。

Q：北京"751D·PARK"设计园区是近年来北京最活跃的设计文化高地。在过去很长一段时间里，我们研究所与贵单位一起深入交流和探讨了关于中国设计园区如何因地制宜、因势利导地组织各类资源，发挥企业的综合能力，稳步建设设计园区的方法与理念，得到了很好的启示。现就这一主题，再次邀请您结合建设园区的实际经验和管理智慧，高屋建瓴地剖析和总结其中的要领和机制，以帮助我们更好地探索适合中国发展要求的设计园区科学发展道路。

A：北京"751D·PARK"的出现是一个历史的继承和发展。自1954年建厂，"751"厂成为我国第一个能源公司。当时，北京的酒仙桥地区是整个国家电子产业的基地。出于当时的国防安全需要，整个工厂以集团、成建制建设，所有工厂均以代号来命名。那里，是我国电子产业的真正摇篮。随着时间的推移，到了2000年，社会发展、城市建设，以及企业转型等新的要求和挑战来临。到了2006年，北京市提出了以创意产业作为未来发展的支柱性产业之一。加之其他一些重要因素的出现，我们企业开始面临转型危机。我们开始战略研讨，既要响应政府的号召，又要安置好企业员工，还要整理出企业转型发展的新方向，给未来留出发展的空间和余地。这件事情对"751"来说至关重要。

2006年6月7日我们研讨会得出结论，决定将企业的工业资源再利用。当然，这个决策是在2003年企业部分停产和"798"艺术区发展得如火如荼的背景下作出的。我们把职工安置到现在的天然气厂。首先，生产持续稳定了老职工。其次，对腾出的"751"厂区提出了新的整体规划和分步实施行动。当时的建设方针是保护、利用、稳定和发展。保护，指的是保护好我们老的工业资源，老的历史文化，中华人民共和国成立初期时的国际化工厂我们保存下来了。利用，指的是利用工厂建筑、环境和设备等实体，而不是开发。因为，如果要开发，就得拆，所以，我们要在保存好的前提下利用工业设备、设施、厂房、场地。很多工业厂房都在开发中把自己的文化灵魂给拆走了。灵魂走了，还能讲什么故事呢？我们保留了原来完整的煤气生产线、燃煤生产线和厂房，这也就把完整的故事保留了下来。所以，"751"的发展战略没有用开发这个词儿。稳定，指的是千名职工的安置。这其实是解决了一个社会稳定的问题。我们关怀每一个职工，关怀我们的城市，关怀我们的社会。发展，指的是我们的发展目标是国际化、高端化、时尚化和产业化的新型设计园区。

我们谋求的保护、利用、稳步和发展八字方针是经过认真调研和分析后做出的。以能源升级为目标，技术上意味着将用天然气来替换传统能源，建造一个全自动化的热电厂，为此，我们的领导多次带队去世界各地考察和访问。同时，也看到了国外那些老工业基地怎样利用工业资源，进而，对自己所拥有的老工业遗存也有了再利用的思路和方法。比如，德国的鲁尔工业区、日本的红房子等。所以，我们既有能源的国际化现实目标，也在思考过程中派生出了建设国际化设计园区的新目标。

我们发展设计园区的定位是以设计为核心的。因为设计是工业产业的核心动力。机缘巧合之下我们首先与中国服装设计师协会联合，并把中国国际时装设计周引进"751"设计园区。2007年3月18日是"751D·PARK"开园的第一天。国际时装周等活动带来了首批设计师。今天，园区入驻的设计企业和机构，涉及建筑、印刷、网络、展示、汽车和音乐等各个领域，逐渐形成一个设计文化的生态区。在理念上，园区紧密围绕首都战略功能的定位，以设计为核心，依托科技创新、文化创新的内容开展运营。在推动创新和创业的活动中引入金融资本。依托智慧管理，推动资源集聚，建立一个共享与协作的设计创业服务体系。

围绕着设计这个核心，我们提供服务、交流、会展、交易和孵化品牌。于是，发展又有了新的定位。

目前，"751"可谓是一个动静结合的国际化设计园区。所谓静，指的是入驻的100多家机构或企业。所谓动，指的是每年500场的活动，围绕着展示、发布、交易和交流打造未来。这是我们的发展目标。这在意志上也十分契合整个北京市作为全国的政治中心、文化中心、国际交往中心和新产业发展中心的目标。进而，"751"有着深厚的水准和基础，因此，它拥有国际化的基因。面对国际化的再发展的要求，"751"在心理上和思想上是有基础和能力的。高端化的基础层指的是能源产业本身再发展的属性，高端化的深化层是发展设计创意产业。这样，就有了在战略上与中国服装设计师协会联合，并让其机构入驻的动作。产业化，指的是文化创意事业一定要产业化，不然只是现象。

第一，这里有了产业的聚集，实际上发展到今天"751"聚集了很多设计产业，实现了展示、发布、交易、双创业态的聚集，形成以时尚设计为主，涵盖服装、建筑、家居、汽车、大数据、智能硬件等多门类跨界设计领域的产业基地；第二，时尚设计行业及文创关键人才集聚，形成高端时尚设计资源集聚；第三，关键企业的落地，设计产业龙头企业入驻，带动产业集聚；第四，跨界元素的聚集，促进了新兴业态的融合发展；第五，成为国际交流与时尚的地标。我们希望在这个过程中"751"能够成为一个目前阶段的典范。近年来，通过打造"751D·PARK"品牌将文化创意和科技创新的全球首发（国际发布），以及国际交往和文化交流的时尚步行街区推向工作中心。初步建成了拥有自主品牌和文创内容，以及经营亿元级以上规模的、集品牌价值与社会价值于一体的时尚设计产业示范区，使得"751D·PARK"成为以设计为核心的生活体验、消费、交易的国际化街区和老工业资源再利用的企业转型典范。

面对未来,"751"也有了既定的战略思路。第一,致力于将"751D·PARK"北京时尚设计广场园区的自身环境、服务体系与配套的公共服务进一步完善,提升其综合承载能力。第二,要致力于做好"751D·PARK"的展示服务和配套体系,从而得以更好地服务交易贸易。第三,随着近年来产业内的 IP 孵化热潮,IP 资源已成"兵家必争之地"。在经典 IP 被哄抢并集中开发的当下,产业急需更多新鲜血液,急需全新优质 IP 的开发与孵化。"751D·PARK"势将把著名设计师、品牌以及企业打造成新 IP 的品质源头,为 IP 生态产业化提供更多持续能量。第四,每年园区举行的活动多达 500 场,我们会继续围绕科技、设计、文化等高端会展服务,服务于国内外著名品牌与创新企业,致力于做好国际化高端会展服务和解决方案。第五,将进一步利用工业文化资源,将集聚区打造成出色的国内外工业遗存资源再利用的典范,使首都成为世界城市的当代时尚设计、文化科技、交流交融与输出的国际化平台。此外,从社会整体发展来考虑,目前,北京人的夜生活还很不丰富。下一步,推动供给侧改革和工业改革的关键是设计事业的振兴。很多百姓都不了解设计到底是什么,如果"751"让百姓们能够感受设计的魅力,能够体验设计、理解设计、消费设计和享受设计,街区乃至城市就会不一样了。我们希望倡导大家尊重设计,尊敬设计。

在"十三五"期间,"751"紧密围绕北京功能定位和朝阳区的功能布局,在意图上坚守文化国际交流高地,并充分利用老工业资源,以时尚设计为核心,依托"产品+服务"发展模式,结合"创新创业",推动创意设计资源集聚、共享,发挥带动效应取得了非常良好的成果。进而,意图结合"创新创业""大数据""人工智能""创意+"等时代新动能,推动园区创新、创业与企业孵化和产业融结合,通过进一步空间改造,全面提升服务品质。

陈世杰
Chen Shijie

北京方佳文化发展有限公司董事长
Chairman of Beijing Fang Jia Culture Development Co., Ltd.

提要： 工业是强国之本，文化是民族之魂。工业文化是伴随着工业化进程而形成的、渗透到工业发展中的物质文化、制度文化和精神文化的总和，对推动工业由大变强具有基础性、长期性、关键性的影响。中国制造的强大和中国创造的形成需要工业文化的支撑和推动。

老工业遗存是工业文化的见证者和承载体，如何理性地认识这些工业遗存的价值，如何综合利用这些资源并更好地让它们融入到新时代的发展中，是工业遗存保护与再利用的新课题。

我们邀请到陈世杰先生，以老工业遗存转型与再利用的开拓者、"751D·PARK"时尚设计广场的转型的见证者的身份回顾"751"厂免于拆除和成功转型的经历，并剖析和总结从北京城市发展与工业文明遗存保护和再发展的关系。

Q：可以说您是"751"老工业遗产能够被保存至今并且创造性改造而发展的开拓者，见证了北京城市发展与"751"厂从能源工业支柱到荒废再到改造的全过程，您能从城市规划发展的角度与工业文明发展关系的角度来谈谈您的看法吗？

A：北京是工业文明印记颇深的城市，从 19 世纪 60 年代开始的洋务运动兴建的厂房到用八国联军赔款兴建的工业厂房，再到中华人民共和国成立以后，首都先工业化再城市化的发展定位，大批现代化工厂应运而生。随着工业化发展成熟，工业覆盖率增多，工业化带来的污染、扰民等问题促使城市工业疏解，工业被移出城市，而在这过程中，这些承载了大半个世纪的工业厂房被闲置、荒废，甚至 90% 以上被拆毁，粗放式地剥离工业遗存，致使国家的工业文明逐渐遗失。而"751"厂很幸运地得以保留了下来，当时我所在的城市规划部门直接负责工业用地疏解以及后续的处理工作，面对房地产产业的高速发展，低容积率的工业用地转化为高容积率的商业及民用用地,在当时是城市化快速发展的必然。直到2005年,90%的工业厂房已经被移除,我们发现城市的工业文明在几年之内消失得如此之快。那些老厂房实际上是工业记忆的承载体,是工业文明的见证者,厂房的所有建筑和设备都具有工业文明的年轮,我们国家需要这些工业文明。于是我们将"751"厂等一系列优秀并具有历史意义的工业厂房保留,并将对其进行转型升级的想法上报给市部委领导,并得到了首肯和批准,就这样"751"等一批近百年历史的老工业遗产被保留下来,并在市区和各部委领导的协助和关怀下进行了下一步的文化改造工程。

  "751"厂应该算是第一个由政府来规划做文创产业的园区。当时对园区的定位就是做时尚设计,"751D·PARK"中的D就是Design的缩写。引入了中国服装设计师协会后,在第一车间做了一面设计师墙,将中国最优秀的100名设计师纳入其中,就是想把中国时装周打造成为中国的米兰时装周,将"751D·PARK"打造成为中国的时尚设计高地,因此,"751"有效地利用和保留了它的工业设备和空旷的场地打造公共空间,这些为供举办设计活动提供物理空间的优势。在这个过程中,政府为了鼓励文化企业入驻"751",给予了很高比例的资金补贴,使得很多优秀的新锐设计力量进入"751"。同时,"751"的管理者也付出了很多努力,这其中难能可贵的是管理思路上的转变,文化是需要人与人交流,更感性和开放的,而工业是需要严谨的管理,越标准化越好,从做工业到做文化的思路转变应该是"751"管理团队面临的最大问题,从"751"的发展来看他们很好地平衡了这两部分。

  Q:您作为资深的老工业遗存保护与改造的指导者和实践者,在老工业区改造方面有哪些经验和心得可以分享一下?

  A:我们从事老厂房改造应该有十年了,之前在政府做宏观指导,到后期会亲自参与,所以经历了整个老工厂的变迁历史。从我的角度来说,老工业遗存的保护和开发与普遍的城市开发角度和方法应该是不一样的。政府和开发负责方应该用时代的情怀来研究这个区域,研究它所具有的工业文化记忆是什么,工业传承什么,把工业文化生命价值和文化传承的价值保留下来,再融入现代的思考。从某种意义上来说,老工业文化的改造,不应该是拆除,也不应该是翻新,而应该是升级。这些工业产业走到今天,改造对于它们来说不是退出,而是升级,是构建获得感,而不是剥离出去。北京这些老区域,被高楼大厦代替后,又有很多城市病出现,城市边缘周边环境也跟着改变。炸平一个城市而重新做一个城市,这种粗放型的建设方式,是不可持续的方式。这些老工业遗存承载的工业历史痕迹是无法复制的,既具有年代背景也具有实际使用价值,当人们只关注如何通过房地产最大化城市红利时,却没人关注这些老工业遗存的历史价值,而这些价值是能够影响人的记忆,是当时捍卫一个城市乃至一个国家的尊严和精神的力量,而这个尊严是需要被传承的,而不是能拿钱来代替的。现在,城市发展多元化,很多地标式建筑都由外国人设计,它代表了什么文化?我个人不太清楚,得细细研究。但是,那些厂房,一定是印证了几十万人的情怀。如果把它的功能转化一下,能赋予它新的功能,把城市配套做得好一点,有大体量开放式空间,对其他空间进行再建。这些都会成为园区艺术发展的一个很好的配套,很有可能形成我们更大规模新的资源发现,并不是争土地资源和房产。

  我们现在政府很多部门在拔烟筒,城管市容、环保局都在拔,其实不是烟筒错,是烟筒里面燃烧煤的错,不再烧媒,这一根烟筒可能是那个区域的一个标志。像这种烟筒,能不能还原成一种记忆?当它不再污染环境的时候,我们能不能敬畏它?不把它当成垃圾处理,是不是还能做一些艺术开发?

  让经济效益化,其实有一个最简捷的途径——做好资源再利用,没必要拆了变成垃圾,重新买砖,买水泥,买钢筋新建。在它功能允许情况下进行加工、改造。然后梳理出更大的空间做新的建筑,让城市多一点包容。

  对于它们的改造,应该将产业、人和老工业遗存的自身历史意义相结合,构建具有自身特色的产业结构，才能盘活老工业文化。

我认为利用工厂改造产业园区的 3 种主要园区类型：艺术型园区、开放型街区、商务型园区。工厂改造园区市场定位呈现 3 个特点：品牌发展战略低成本、差异化、定制服务化。利用旧改建设产业园区的 3 个重要作用：有力推动制造业加速疏解；有效抑制二次开发建设规模；充分体现循环再利用的发展观。

Q：面对首都功能新定位，给老工业遗存和文化产业带来的机遇和挑战，您认为这给老工业遗存和文化产业带来的机遇和挑战是什么？

A：在京津冀协同发展下，北京面临的任务是疏解非首都功能、提升和优化首都核心功能、解决城市病。目前我们面临的疏解重要任务，特别是旧工厂、一般性制造业，还有区域性物流产业和一部分区域性专业化第三产业，这些行业的疏解必将引爆大面积工业原有用地和工业建筑存量的释放。实际上给我们城市更新、城市改造提供了一次新的机遇。在上一轮的资源配置过程中，我们大量开发土地，供给城市更新建设，在这一轮当中，我们可以重新思考，应该说有了一次难得的再配置资源的机会。

此外，转型升级为首都建设发展提出了明确地要求。未来发展什么？发展的是知识经济、服务经济和绿色经济；未来建设什么？建设的是政治、文化、国际交往和科技创新中心；未来突出什么？突出的是高端服务、融合、集聚和低碳化。

再看一下我们的挑战。在优化升级过程中，如何进行老城重组？如何进行存量资源的开发和利用？从目前看，整体缺乏外在动力和内在动力。比较土地开发模式，建筑增量的规模会被严格限制，参与开发收益的各方相较房地产黄金时期有所减少。我们知道组织一个项目，会有很多利益方冲进来。但是城市旧改、存量利用、市场机制并不成熟，甲方乙方权益责任不是很清晰，市场活力也不足，所以在这种外力相阻的情况下，如何去激活我们的活力、内在的动力，还是面临极大的挑战。

所以，转变我们的发展方式很重要。从过去城市超体量、超规模的开发模式更新成一种再利用的城市更新模式的时候，需要的是我们用新的思维方式和新的路径来探索，而不是一味地复制和拆除重建。

Q：工业遗存改造对于首都发展的作用是什么呢？

A：老工业遗存改造不仅对首都文化建设具有积极意义，同时可以有效地抑制二次开发规模，充分体现循环再利用的科学发展观。

第一，这样一轮改造以后，旧工厂的价值马上就被挖掘出来了。

改造升级以后，迅速投入经营，所以极大地调动了旧有建筑产权方的积极性，有力地推动了制造业的疏解，你告诉他资产还可以这么用，如果用好了，有利于推动疏解，解决了我们北京第一要务——疏解一般制造业。2007年6月22日，春季时装发布会在中国大饭店召开，而就在"751"锅炉房，召开了第一次时装发布会。

第二，可以有效地抑制二次开发的规模。

北京还有一项任务是要解决城市病，我们把房子拆了不现实，但是我们少建一点是很现实的，工厂建筑容积率通常比较低，我们利用旧厂房改造，可以不用做大规模的二次开发。

比如"751"时尚回廊，原来就是几个工业罐体，将这些工业罐体实施改造，并没有增加建筑面积，只是增加了使用率的面积。这个改造以后，不会带来土地二次开发对城市的副作用，但是它依然展示出建筑独有的风格。每年的北京设计周都会利用这个罐体，来进行设计展览。

第三，可以充分体现循环再利用的科学发展观。

以再利用方式释放工业建筑物的生命力，重新给它生命力，既体现节约建设园区的理念，又有效地保护了这段工业发展历史，同时更加关注了人文情怀，通常一个工厂会影响几代人的生活，老工业遗产改造是同时打造和谐宜居、绿色生态城市的重要途径。

对于工业文明的建设，对老工业遗存的保护和改造目前来看处于开端，但我相信这一定是一个好的开始，我们的工业文化必将成为中国民族绚烂文化篇章中的一部分，并能带着历史使命感完成新时代的发展要求。

对于整个北京城市，它的意义也是非常深远和卓具特色的。随着北京城市发展目标和战略规划的不断演进，城市发展、城市经济、城市功能和城市文明亦趋向多元和人文。城市中具有文化遗存的独特地区与设计创新园地的打造和发展相关联，一定是实现社会可持续发展的重要途径和方法。

程大鹏
Cheng Dapeng

国家一级注册建筑师、当代艺术家、Do 度·联体艺术设计机构创始人
National first-class registered architect, contemporary artist, and founder of Do Du · Joint Art and Design Institution.

摘要："751"这个曾经的北京能源动力总成，响应城市功能变化"腾笼换鸟"，华丽转身蝶变为北京时尚创意聚集地，在这 17 年的更新生长中，"751"的更新一直以"含蓄动态"的方式展开，而非一味"大拆大建"式的拓新，每一个管道、每一架天车、每一座烟囱、每一栋厂房都被置于整个空间形体环境和人文叙事语境中来考虑，让每一寸更新都成为能够与城市环境可持续性的互动的历史序列，这样的更新和生长才是"可读的""可记忆的"。

2019 年年底至 2023 年年初，新冠疫情在全球范围内造成了巨大的社会和经济不确定性，中国在阴霾中砥砺前行实现经济逆势增长。"751"也在助力经济复苏，保障首都功能，补齐城市短板的舞台再次上演蝶变之舞，"751 文化产业图书馆"作为"751"老工业遗存更新的又一个里程碑，成为十字街区的文化地标和园区动静结合的空间锚点。

我们邀请到"751 文化产业图书馆"的主创建筑师程大鹏先生以"751D·PARK"新城市语境下更新的见证者和实施者，以及"751"和"798"精密仪器的"历史收藏者"的多重身份，来分享下"751 文化产业图书馆"的设计理念和城市的针灸式动态再更新的理解。

Q：作为一个在"751、798"地区入驻 17 年的文化企业，以及一个在城市空间改造、城市更新领域深耕多年的建筑师，从入驻在地者和专业角度来看，您觉得"751"和"798"有哪些差别？

A：从建筑的体量来看差别是很大的，概括起来就是"冲突"与"对称"的差别。两个工厂前身的工业功能不同导致他们的工业遗存的形态不同。"751"原来是动力能源工厂，所以工业遗存以工业设备为主，体量都很大，比如天车、储气罐、洗煤池，但厂房空间较小，"751"内部会有建筑体量的冲突，这种冲突会让"751"的空间更显恢宏的同时而富有空间张力。"798"的建筑格局更清晰，也更对称，比如"798"的主楼是一个轴对称建筑。在当时，北京只有这个地方有这种"少即是多"的现代主义设计代表作。

从思想的探索角度或者发展的脉络二者也有很大差别。"751"是自上而下的发展，起源于对于设计、时尚、文化产业的探索和集聚，在国家和北京市政府引导下，由"751"物业集团规划师实施完成。而"798"是自下而上的发展，起源于对当代艺术思潮的探索，由艺术家自发行动改造而成。

最初"798"那一代我认为是颠覆的探索，艺术家以各种艺术形式探索当代思想，"798"那时候是当代思潮的阵地，被称为"中国当代艺术梦工厂"，比如那时的黄锐、徐冰、黄永砅都是当代艺术代表人物。最早中央美术学院新校区建设把"718"联合厂对面的北京电子元件二厂作为临时校址，"718"厂，也就是"798"和"751"所在地就成为教师工作室的首选。这些央美老师是第一批入驻"798"的艺术家。后来陆续各种艺术家工作室开始入驻"798"，并自发形成艺术家聚落。当时"798"面临物业方要发展房地产而要被拆除的风险，艺术家意识到聚集的文化力量有可能保留"798"，于是自发地对工作室乃至工作室外部的延伸空间进行艺术创作，雕塑艺术、装置艺术、涂鸦艺术、波普艺术等各种艺术形式和艺术风格交错，整个园区的艺术氛围由此形成，园区的格局也由此自下而上形成。

"751"是在2005年提出文化创意产业作为未来支柱产业后逐渐清晰自身的发展路径。于是，2006年正东集团将"751"定位为创意产业园，其发展是在北京市政府和朝阳区政府的关注下进行，由"751"邀请规划单位进行总体规划，而后分期开发。其改造周期短、政策力度大，各个区域功能、招商控制、空间发展都有明确的指向性。所以，"751"是自上而下的更新式发展。

Q：您觉得从城市更新角度，"751"和"798"这两种更新形式哪种更适合现在乃至未来的城市更新？

A：从未来的拓展性和可复制性来看，"751"这种自上而下的更新方式在目前的条件下一定是主流。"798"是那个时代的产物，当代艺术发生的时代像一系列故事，由一系列偶然又必然的故事串联在一起，聚集到"798"这个地方，进而形成了这样一个艺术策源地，但这些偶然和必然都是不可复制的。而城市更新是一个长期命题，是有组织的、系统的，而且有专业性、有资金投入的综合系统更新过程。"751"这种模式的整体性和可复制性更强，更适合未来的城市更新。从现在的管理水平来看，"751"的管理水平也好很多。

Q：对于未来的产业园区形态和城市更新的方式，您觉得应该是怎么样的？

A：我很认同孙淼学者所著《厂城共生》这本书中提到的"城中厂"社区化更新的模式，城为生活，厂为生产，"城中厂"就是一种生活和生产结合的城市形态。"751""798"是传统意义的厂，是近现代发展的工业总成，再发展为现在的创意产业聚集地。工业遗存有很多种更新方式，如工厂改造的创意园区、工厂改造的博物馆、改造为景观资源、公寓项目等，但都缺乏功能混合，未能充分挖掘社会和文化价值。以混合用途，以社区为目标的"城中厂"更新模式打开厂区边界，创造新的兴奋点，让业态流动和混合。社区化的"城中厂"更新，其过程保证混合功能、精心的城市设计、有可感知的边界、稳定的居住人口、完善的生活设施，提供一定规模的工作岗位，形成紧密的社区关系和认同感，以及保留工业历史建筑和场所。同时更应重视资金筹措、与政府的沟通协调、保护原住民的利益，以及保障公益性和开放性。

以现在的园区为例来看，这种开破边界的开放性和混合共融不是每个园区都有的。比如朗园和首钢园，朗园可感知的园区边界与周围环境是开放的，园区内部的尺度和空间也是有人情味的。首钢园尺度巨大，园区内部的建筑壮观且仪式感强，是举办重大活动的首选，虽没有关注与周围城市界面的融合性，但是非常符合"北京作为政治中心的城市调性"，是一个成功地标化的"纪念碑式"的改造案例。

形成社区化，并且让工业文化的记忆在其中自然流转，工业遗存才真的在市民生活层面被盘活，这样的园区或者社区不仅是可记忆的，可被感知的，而且是能够与城市呼吸且新陈代谢循环的。

Q："对于"751文化产业图书馆"的设计，您当时的设计理念是什么？

A：首先图书馆位于"798艺术区"的火车头广场的对面，火车头广场是

"798"与"751"的社交地标。"751"不像"798"有丰富的网状肌理,所以"751"管理层提出了十字街区的概念,将办公和消费场景在这个十字街区进行分割,整个街区就是"751"的对外开放消费区域,这样街区之间的人流可以进行渗透,这个区域需要一个活跃的、突出的点睛性场所,能够让人驻足,"751文化产业图书馆"就提供了这个功能。

从建筑本身来看,我们没有采用工业遗存更新项目常见的"保留一面墙"的做法,而是通过加高天车,进而保留天车来塑造标志感的手法,将形式感纳入实用性。"751文化产业图书馆"的原址是废弃的洗煤池,墙体相较于其他老旧建筑的墙体结构更加松散,与其保留一面墙,不如保留洗煤池曾经的伙伴——更具工业符号感的天车。被保留的天车与十字街区上的其余工业遗存交相辉映,构成"751"独特的工业基因,便于品牌传播。这种对工业遗存的保留,不是简单的截取,而是要使新的构建元素融合,且在项目中体现相匹配的价值,激发出新的形象。

建筑的东侧和南侧紧邻"十字街区",建筑和景观都以一种积极开放的界面面向城市展开,东侧开敞的大台阶和立面上7个重复的连续拱构成了建筑的主要风貌,拱廊、水面、"8"字形雕塑提供了更多的公共空间形式,给游客提供更多拍照打卡的空间选择。

从内部设计来看,"751文化产业图书馆"面积约3000平方米,业主希望打造小型的园区文化综合体。该综合体里面容纳的业态为书店、餐饮、会议中心、时尚邮局、小型博物馆等。业主希望通过多种业态组合增加对游客的吸引力,以带动周边的商业活力。所以在空间布局上,地下1层是图书馆,地上1层是商业空间,包括文创商店、咖啡馆等,2层是会议空间和多功能空间。我们按照"751D·PARK"甲方的要求进行布局,将这里打造为24小时"书店+"业态。现在很少有人去书店只是单纯地为了看书,书店这个场景更多地变成了一个文化社交的空间。于是,我们设计师想把这里做成一个文化聚集地,形成一个文化景观,在这里,你可以看书、买书,你也可以做任何跟文化相关的事,这里变成了文化社交和展示"751"文化的窗口。

此外,我们也在配合"751"管理方在图书馆2层策划一场关于"751"历史的常驻展览,把"751"的前世今生以文化的方式展示给每一位前来参观的人。

人文聚合的
设计新经济

"751D·PARK"再造

"751D · PARK" Transformation

保护与再生，老工业遗存与现代文化的融合

对于"751"这么一个庞大的工业遗迹来说，改造过程如果仅是简单地废弃和移除，那将是对工业遗迹的浪费。在"751"改造的过程中，每一个车间、每一件设备，都希望被赋予新的价值。所以，"751"开始转型时，对于厂区环境的改造并没有采取拆除重建的方式，而是在尊重老工业环境文脉、保留工业环境律动的同时，结合综合文化环境、产业环境等当代需求，完成对原有环境文脉的再设计。这对于城市工业产业而言是业态的转化，对于"751"厂区而言是环境文脉的转换，对于具体的设施、建筑物等是生命的延续；对于北京城市而言，是核心生产力退出工业舞台后的再利用，对城市特色工业文化的再整合，是宝贵的城市公共记忆，是城市价值效能的整体涌现，是可持续的空间大生产。"751"的改造或者说是再生，是由内而外的，从厂区建筑设备，到产业运行方式，如何在能源产业升级的条件下，搭建设计产业平台，不做瓦片生意，而是做一个实实在在的文创产业集聚体，"751"人给出了完满的答案。

厂房无论新旧，它都是对于时间的一个记录。随着城市化的发展，特别是北京要发展成世界的大都市、国际化城市，文化的重要性不言而喻。中华人民共和国成立至今的各个阶段的发展中，这些厂房记录了其发展的过程，同时也是对建筑文化、工业文化的记录，保留这种印记，再结合对当代和现代文化的诠释，把两种元素合二为一，对发展时尚设计，包括创意产业，有一个警示和助推作用。"751"保留了90%以上的原有设备。"赋予它们现代功能、室外的功能、背景的功能、室内空间的应用功能，或是设备产品的特性功能。"季鹏说。

张军元指出，做好基础物业环境改造的同时，"751"的所有团队成员也在时刻思考如何搭建这个平台，如何服务于设计大师，如何让"751"不断成长。"所以，我们有自己的'751'时尚资讯网与文化经营公司、国际化物业公司、产业创意办公室。我们需要履行的责任不是简单地招租房子，更要为老工业资源的再生、科技与文化结合的时尚设计产业、国际时尚文化交流做一些尝试和探寻。"

来源：主题维度设计工作室改造"751"提案

老工业遗存的价值再认识

进入 21 世纪，中国城镇化加快，空间紧张成为我国城市发展过程中遇到的普遍问题。工业企业被不断扩展的城区包围，客观上对城市整体功能的划分形成障碍。同时，由于一些企业为重化工企业，对城市安全和居民生活环境也造成潜在威胁。老工业企业的搬迁、老厂址的改造成为城市发展的必然。

越来越多完成工业使命的工业设施退出历史舞台，而退出的方式往往是拆除。不少人认为这些老旧厂房、陈旧设备早应一拆了之：一些企业认为"拆光厂子卖完地就万事大吉了"，一些居民希望拆迁以改善居住环境，多分几套新房。比如在黑龙江哈尔滨颇具历史的一家机械厂，老厂房大部分被直接拆除，完全看不出当初的影子，工业的意象仅仅靠弄一些钢管雕塑来提示一下。工业遗产要真正融入城市建设，不能简单粗暴开发，或一拆了之，应该合理开发保护，保存工业文化的同时，为老工业遗产赋予新的时代意义，让其发挥新的作用。"751"的改造就是一个成功让老工业遗存"活在当下"的例子。

此外，不少园区定位不准、特色不彰、层级不高的背后是一些单位缺乏对工业遗存文化内涵、历史内涵的深入挖掘，仅将内外空间简单整治一下就对外招租。比如一些地方的工业遗存被一窝蜂改造成文创园项目，命名方式极其雷同，改造后的功能属性也惊人一致："创意产业＋办公"，产业园区"千人一面"。经济效益成为追求的第一目标，文化价值和社会价值被冷落一旁。与一些纯粹民间资本立项，后期政府和民营资本结合的方式不同，"751"得到政府的支持，定位目标一直清楚而明确：以能源产业和文化创意产业并行的双轨制产业园区。

然而，"751"走出了适合自己的独特发展模式和道路，成为老工业基地空间更新的典范。基于首都"四个中心"功能定位，以北京市城市规划修改为契机，依托"751"现有工业遗存和厂房空间，推动园区整体详细控制性规划的落实，加快重点项目的改造升级，提升文创发展的承载能力，开启智能化园区建设，打造新型创意空间。

"751D·PARK" 老工业遗存

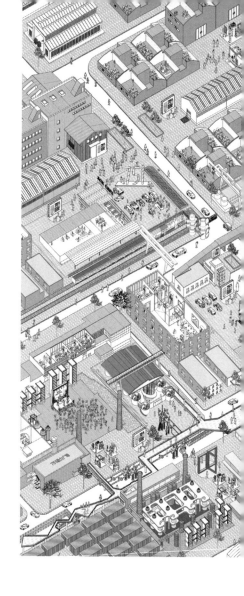

"751D·PARK"北京时尚设计广场将独特的工业资源与科技、时尚、艺术、文化等元素紧密结合,对厂区进行了逐步的改造。

自2006年起,一系列精心策划的改造与升级项目在这片园区内有序展开,见证了它从工业遗迹向现代化多功能空间的华丽蜕变。

园区改造后可用于发展文化创意产业的空间面积截至2016年已达到90 128平方米,几乎为2010年空间面积的3倍多。

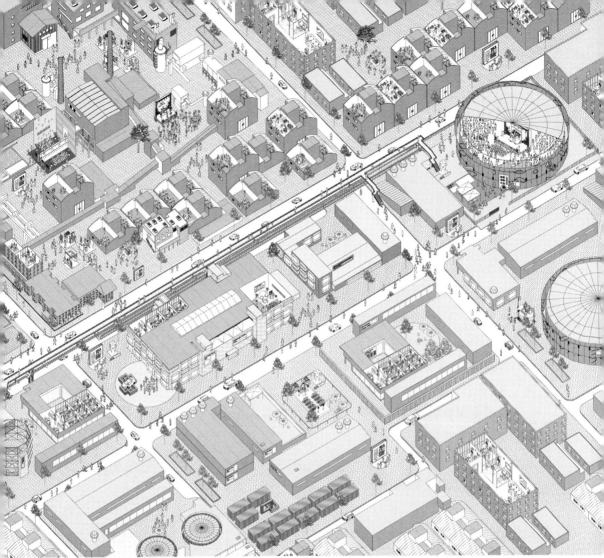

"751D·PARK"地形图（创作）

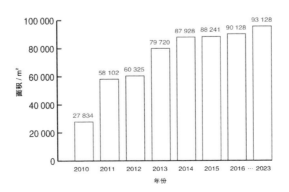

园区改造后可用于发展文化创意产业的空间面积

人文聚合的
设计新经济

第十二章 时间与空间的聚合

THE AGGLOMERATION OF TIME AND SPACE

回顾历史是为了开创未来。"751D·PARK"将工厂建筑群与宽广的场面有机地结合，为驻足其中的人们创造了一个难得的可以体会和感悟被时间尘封了似的建筑群的开阔场地。不仅如此，这些难能可贵的活化石还是现代活动的大背景，为各种类型的现场活动增添了特殊的色彩。每当坐定其中，在路演和建筑群的交相辉映中，自然而然地就会用视线嫁接起历史的画面和思考的桥梁，无不感慨园区那穿越时空的珍贵之举。

经过全面系统的空间改造，园区文化创意的发展承载空间逐步扩大

近年来，围绕工业资源再利用，"751"动力广场、火车头广场正式建成；三维交通走廊的建成将更好地展示园区特色。改造后的炉区广场彰显了工业文化的特殊魅力，两座15万立方米煤气储罐如今已经是时尚界地标性建筑；重油罐已经成为中韩文化交流中心；利用原煤气厂 5# 炉改造的"传导空间"和脱硫塔改造的"时尚回廊"将建筑、生活美学和艺术空间等观念融入其中，成为独具魅力的时尚生活体验地。

据统计，园区改造后可用于发展文化创意产业的空间面积已达 93 128 平方米（截至 2023 年），是 2010 年空间面积的 3 倍多。

集团文创产业产值逐年快速增长，园区形成多元综合的文创设计集群

初步实现了展示、发布、交易、双创孵化的空间业态聚集，形成以时尚设计为主，涵盖服装、建筑、家居、汽车、大数据、智能硬件等多门类跨界设计领域的产业基地。

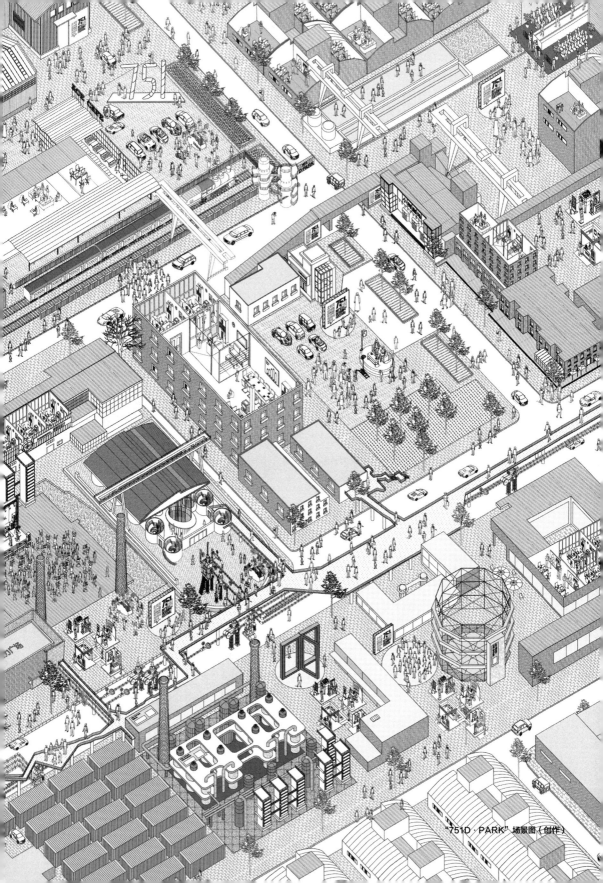

"751D·PARK"场景图（创作）

人文聚合的
设计新经济 | **发布空间**
Release Space

火车头广场

火车头广场是"751"的一张名片，20世纪70年代初由唐山机车制造厂制造，作为"751"专运线铁路运输线，至今已历经50多年的风雨，为了铭记这辆老机车的功绩和融入一代代"751"人对它的感怀，特将其更名为"上游（SY）0751"。火车不仅是当时工厂的运输线，也代表动力的源头，现在它代表的是创意的动力。火车头的到来，意味着原"751"厂这个产业老厂向文化创意园区"华丽转身"。广场配套有车厢内和站台上设置咖啡厅、酒吧等休闲场所。

步入站台，走近火车车厢时，能回味到在逝去的岁月中气势磅礴的蒸汽机车带来的历史厚重，也能真切地感悟到时代的变迁与创意气息赋予老火车新的生命的延续。如今这个"火车头温馨体验区"不仅展示了园区工业文明和休闲娱乐活动，更是成为园区内很多服装设计师拍摄和新人婚纱摄影的首选外景地。

活动列举：
2017"BMW中国文化之旅"非遗创意节
2017北京国际设计周——"751"国际设计节
罗大佑内地巡演发布会
"751"尚隐车文化节
iAcroparty高尔夫文化沙龙

火车头广场

动力广场

动力广场长 40 米，宽 40 米，面积 1600 平方米，地面采用防腐木铺设，广场四周保留着原"751"煤气生产的设备。动力广场适合举办大型展览与发布等活动。

一排排高大的裂解炉和铁塔锈迹斑斑，纵横交错的管道、巨大的发生罐、高高的烟囱，在经过百盏灯光的照射下变得绚丽多彩。这里有光与影的流转，虚幻与真实的交叠。动力广场是园区开展文化交流的平台和进行展览、展示、演艺等大量文化创意活动的重要基地。

活动列举：

"751"国际设计节 设计市集

DE-NIGHT 数字娱乐夜

MILK MART 青年文化市集

低维城市 高维未来展览

ViVi Dolce 味觉实验室

大型乐高模型——淘气狗"Ddinggu"展

Vibram 非凡设计体验营

CHIC 潮流品牌展

小饮食节

大型音乐剧《蝶》周年纪念演出

酷玩设计周

"751"设计之夜——动力广场跑酷

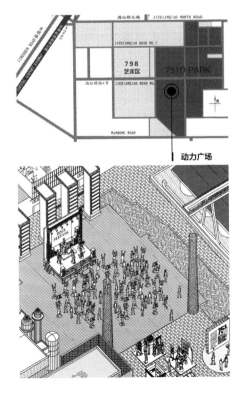

动力广场

时尚回廊

时尚回廊建筑面积 3400 平方米，是由"751"原煤气生产的脱硫塔改造而成的，以时尚设计生活方式、展览发布、论坛为主的特色空间。时尚回廊艺文空间使用面积为 560 平方米，包含两个主题展厅和一个 VIP 休息室和户外露台，配有舞台、灯光、音响、投影、同声传译设备、Wi-Fi 等。空间可容纳 150 人，适合举办论坛、沙龙、精品音乐会、新闻发布会、高端精品酒会和高端品牌发布会等活动。时尚回廊三层使用面积 800 平方米，其中室内面积为 540 平方米，层高 5 米；户外面积为 260 平方米。整个空间 Wi-Fi 覆盖，可容纳 350 人，适合举办高端酒会、高端婚礼、新闻发布会、论坛、设计品展览、时装秀等活动。

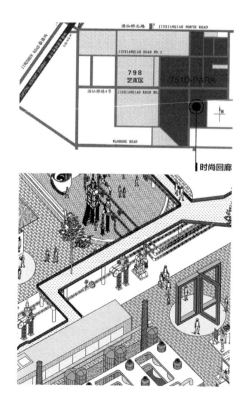

活动列举：

曾凤飞——2018 春夏作品发布会

且又——艺术中的首饰设计

Tokyo TDC Selected Artwork in Beijing

颜值 show 发布会

ACE 论坛暨 AG 发布会

潮流配饰品牌"安全第一"年轻设计师交流

潮流配饰品牌"安全第一"新品发布会

设计师年底答谢会暨冰糖市集启动仪式

多媒体展览——机器停转

来源：主题维度设计工作室改造"751"提案

老炉区广场

老炉区广场总面积 6840 平方米。北区面积 1680 平方米,南北长 30 米,宽 56 米。南区面积 4800 平方米,南北长 86 米,东西宽 56 米。这里是由"751"原煤气生产的裂解炉改造而成。北区可举办主题婚礼、展览、品牌发布等活动;南区可举办汽车驾驶体验、音乐会等活动。

老炉区内静静伫立着四根大烟筒,它们与背后的裂解炉、管道浑然一体,构成一组雄浑有力的工业雕塑。老炉区建于 20 世纪 70 年代,共 4 套煤气裂解炉,日产煤气 40 万立方米,这里记载着煤气生产的焦炉时代、裂解时代,直到 2003 年煤气停产,大烟筒不再冒烟。改造后,炉区广场肩负着大量的时尚创意、展演展示的工作,成为开展大型文化创意活动的重要场所。夜幕降临,炉区在景观灯的衬托下,更加宏伟挺拔、绚丽多姿、如梦如幻。

活动列举:

一砖一瓦——钢铁城市展览

冰岛艺术与设计展

尚隐 车文化节

NordicSpace 北欧木居展

首届北京电子音乐会

空间装置展——最好的 50 平方米

折叠城市 Folding City——装置展

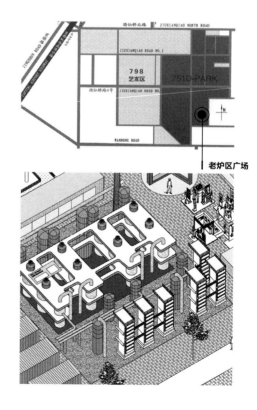

79罐

79罐是北京市煤气生产历史上第一座低压湿式螺旋式大型煤气储罐,始建于1979年。大罐内部,巨大的圆形会场直径有67米,钢铁内壁经特殊处理后,依然保留着原有铁锈的颜色,工业的气息弥散于整个空间。79罐已经成为展示多种时尚活动的场所。这个煤气储罐共分5节,升起后最高端可达68米,内径61米、边高11米、中心高16米,整体容量达15万立方米,有"小鸟巢"之称。其共有4个出入通道,方便了车辆进出及嘉宾出入通道的安排。79罐改造后完全符合展演要求,是中国国际时装周主要发布场地之一。

活动列举:

梅赛德斯-奔驰中国国际时装周

极客创新大会

第二届中国体育产业嘉年华

2017芭莎珠宝国际设计师沙龙精品展

马可波罗——皮尔·卡丹70周年时装发布会

施华洛世奇秋冬时尚产品创意及灵感发布会

三星Galaxy Note8发布会

99公益日·市集

海尔Smart热水器发布会

富山杯·2016中国3D数码服装设计大赛

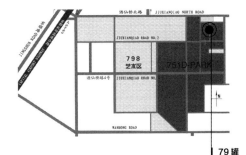

7000立方米储气罐

7000立方米储气罐，直径为24米，曾在煤气生产线上立下不朽的功勋，退出运行后，由于框架结构代表性强，吸引了众多时尚界人士的光顾。全国精舞门街舞大赛的9场复赛选在这里举行，这里是一处影视艺术展示的交流场所。

"751"一直在原有资源的基础上探索新的可能性。2014年，"751"曾联合主题维度设计工作室对改造的可能性进行探索。延续与转换厂区环境文脉记忆，充分尊重原工业环境，在对其构成元素的基本语言充分理解之后进行再设计转换，使其生命得以延续，对城市核心生产力再设计，对城市特色资源再整合，形成促进当代文化创意产业发展的全新空间。

活动列举：

莱佛士专场作品发布会

NIKE 女子盛典

2015 知乎盐 CLUB

汤美费格 2015 秋冬时装秀

智能电动车踏板车产品发布会

2015 尚·京东直通米兰秋冬时尚秀

SC30 服装新品发布

杭州璞物网 D1 电动车新品发布会

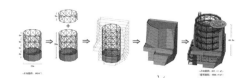

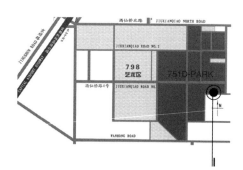

7000立方米储气罐

7000立方米储气罐预改造方案（主题纬度提供）

人文聚合的
设计新经济

地产空间 & 商业空间
Estate Space & Commercial Space

设计师大楼

设计师大楼位于北京时尚设计广场，建筑面积 4.7 万平方米，地上 6 层，地下 3 层，可以提供近百个从一百平方米到上千平方米的各种规模和特色的设计师工作室及展演、展示空间。其中地上一、二层的 8.2 米 LOFT 挑高空间，更是为设计师及品牌展示提供品牌传播的平台。极致简约时尚的后现代设计、独特的展示空间以及优雅的配套设施，设计师大楼用其独特的魄力展现了工业美学的可创造空间，吸纳着一切与设计有关的作品在这里展示、发布和交易。这里已成为以政府的创意规划为导向，以设计、原创、时尚、高端为主流，以优雅与质朴交汇，彰显艺术设计魅力的聚集地。

入驻企业列举：

奥迪亚洲研发中心

大众汽车集团中国研发中心

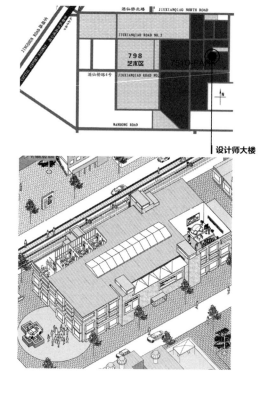

设计商业空间
Design Commercial Space

"751"设计品商店

"751"设计品商店依托于"751D·PARK"成熟的文化包容性以及丰富的多元化生态,在"751"时尚回廊原有大面积空间基础上,邀请设计界炙手可热的设计师广煜 Nod Young 操刀品牌设计,并由 80 后空间设计师代表人物崔树担任商店的室内设计师,将空间打碎重组、设计新形式的陈列道具,使垂直空间得到多层叠加利用,让更多优良设计在空间内展示。

"751"设计品商店主要经营的业务范围包括设计师产品集成店、咖啡、设计书店、设计沙龙、品牌发布等。其中,"751"设计图书馆与 Gestalten、Laurence、King、光村推古书院等出版社合作,集合了国内外领先的建筑、艺术、时尚生活、时装、平面设计、室内设计、产品设计、旅行摄影等众多类别书籍。

时尚回廊不定期开展各类精彩纷呈的设计活动,如时尚公开课、展览等,并且空中步道与第六空间相连,成为北京首个室内外多空间立体式相连的发布空间,可举办各类国际时尚文化发布交流会、新品发布、创意市集、装置艺术等活动。

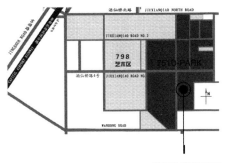

"751"设计品商品

人文聚合的
设计新经济

设计文化空间
Design Cultural Space

"751"文化产业图书馆

"751"文化产业图书馆总建筑面积 2700 平方米，包含地下一层书店、地上一层文创店、轻食餐厅、二层多功能厅以及屋顶层多个功能空间。

图书馆前身是"751"厂最大的工业洗灰池，上方架设吊车，工业时代褪去，洗灰池和吊车被保留下来。新空间精密的秩序感与周围粗犷奔放的工业风貌相得益彰，融合生长在一起，原始的吊车精心修缮后嵌入建筑诉说着过往，新与旧相映成趣，生生不息。图书馆的建成作为"751"十字街区的点睛之笔，不仅缝合商业界面，贯通人流动线，补足城市功能，同时作为内容载体为周边环境注入能量，形成园区的活力中枢。

一方面，图书馆是园区空间的锚固点。典型的设计风格成为园区的视觉高潮，给公众带来情感上的归属感；另一方面，图书馆形成触媒点激发园区整体活力。持续的多元商业、活动和人群自发的行为，连接了内外空间，自然生成故事性与多重信息。目前，馆内已引入 gaga 等知名商家，未来这里将打造成 24 小时"书店+"业态，不但有最专业的设计图书可供阅览，还有阅读分享等文化沙龙活动，还可以享受到美食、咖啡等综合服务。

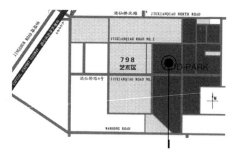

"751"文化产业图书馆

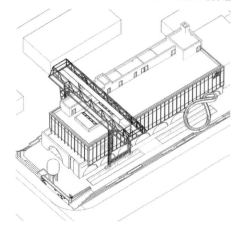

照片来源：摄影师·田轩昂　　"751D·PARK"图书馆

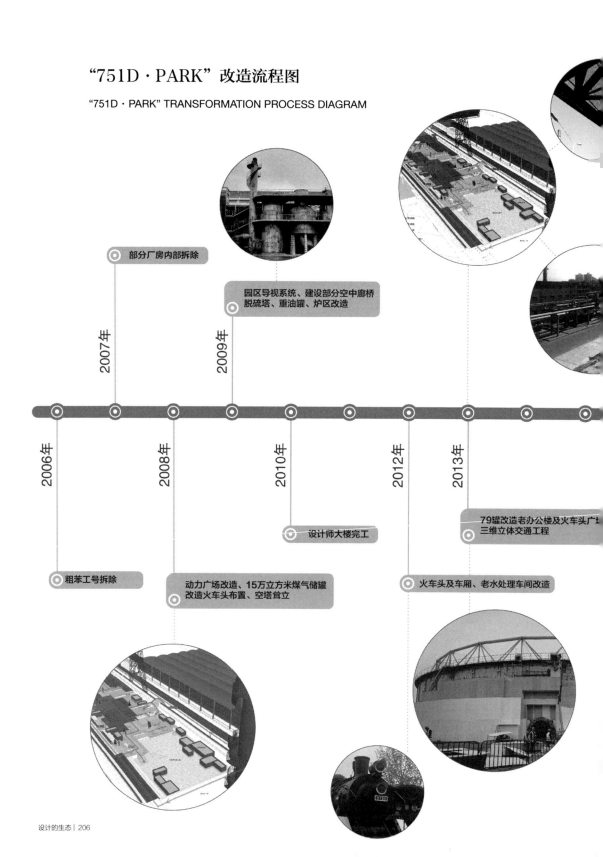

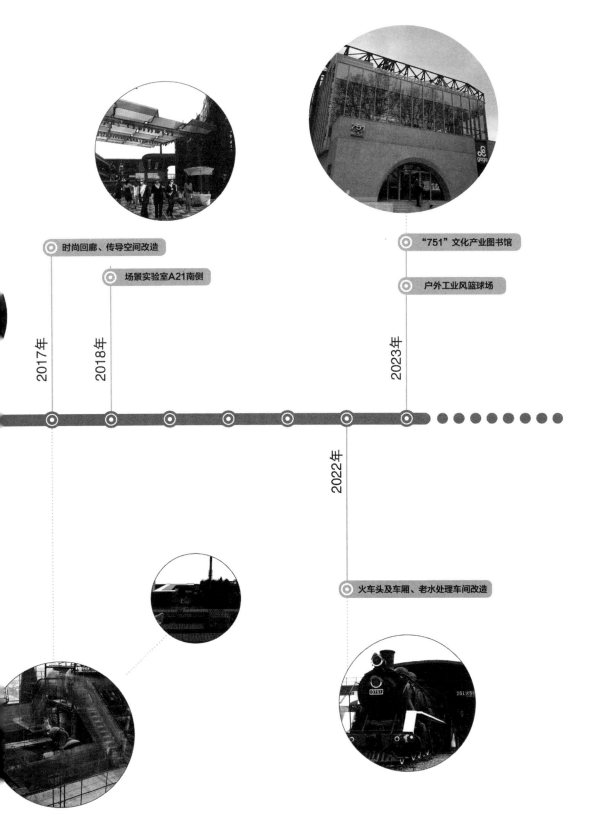

人文聚合的设计新经济

第十三章 文化与文明的聚合

THE AGGLOMERATION OF CULTURE AND CIVILIZATION

一般的概念里，设计园区自然都应该集聚着设计公司和设计大师。这里却并非如此，作为园区的建设者，他们想到的是城市的人文生态，考虑的是社会的文化生活。所以，"751D·PARK"集聚的不仅是国际一流的设计研发总部，也不只是聚集知名的设计公司和设计大师。它以城市文化集聚的中心之地来会合设计事业者们需要的养分和元素。一切有利于设计创新的文化形态均可以入驻，都有展现能量的工作基地。这就创造了一个丰富而多元的设计文化生态，融文明与文化于一体。这里还聚集了著名的音乐人、戏剧人、插花大师和各类都市文化工作者。

专业的复杂性和多样性巩固了设计者对园区的生活黏性。它就像是胶漆，黏合起了当代文化的许多领域；它又像纽带，连接起不同文化工作者们交流的愿望；它更像园地，滋养着当代社会各类文明之花的茁壮成长。

关键人才落地——时尚设计行业及文创关键人才集聚，形成高端时尚设计资源集聚

服装设计师代表：中国高级时装定制第一人郭培、国家级服装设计师曾凤飞、王玉涛、武学伟、邹游；室内及家具设计师代表：宋涛、刘峰、戚麟等；著名音乐人代表：小柯、解晓东、张亚东等；"双创"代表及智能硬件代表：海军、雷海波、冯芳、张鹏等。

关键企业落地——设计产业龙头企业入驻，带动产业集聚

截至2016年年底，入驻园区的设计师工作室及辅助配套类公司128家，其中服装设计、建筑设计、环境设计、家居设计等类70余家，时尚设计类及相关配套类企业超过80%，科技文化类企业近20%。家居品牌荣麟、文化科技类企业极客公园、极地国际创新中心、知为科技、中国服装设计师协会、奥迪研发中心、艺匠汇、小柯剧场、东区故事等知名企业和品牌相继落地"751"。

关键环节落地——跨界设计元素集聚，促进了新兴业态的融合发展

从2006年服装设计工作室的首批入驻，到如今"751D·PARK"汇聚的设计领域已涵盖服装设计、建筑设计、家居设计、音乐设计、汽车设计、视觉设计、影视制作、数字传媒、时尚培训等，入驻设计师近千人，可谓形成了多元综合的设计集群，呈现出跨界设计的新业态。

从入驻园区企业的数量和类型上可以看到，2011—2015年入驻园区的企业数量基本上保持逐年增加的态势。而以服装设计、环境设计为主的核心设计企业占全体入驻企业数量六成。这说明园区已经形成了以时尚与设计企业为主体的趋势。未来随着园区改扩建工程的进一步发展，园区集聚的企业数量仍将继续增加。正如公司对于第三阶段的设想，也就是当园区文化创意产业进入成熟期后，重点是完善园区的产业链结构，增加主产业的竞争能力，形成产业规模效应，使园区成为国内外关注的时尚创意示范区。

从2011—2015年这一阶段看，园区的聚焦效应已初见雏形，以中国服装设计师协会为核心的服装行业圈，还有以"想想再设计"为中心的设计圈，均呈现出资源整合、合作共生的产业链萌芽形态。

2016—2023年，园区逐步引入科技型企业、创新孵化器等，形成设计主导、科技为辅的双轨式产业结构，为设计型企业的转型、产业链完善、科技和智能化升级提供平台。

人文聚合的
设计新经济

人才集聚
Talent Agglomeration

冯芳 Feng Fang
极地国际创新中心，
CEO The-Node, CEO

最早的时候其实我不太喜欢来这个区域。因为当时对"798"的印象是当代批判性艺术，所以内心并不是很喜欢这个区域。但是2011年我在文化部巡视员的带领下来到了这片区域，我突然发现原来在我认为只有"798"的地方还有一个"751"。来到"751"之后我心里有一种特别的感触就是秩序感，虽然这是一个自由开放的园区，但是非常有秩序。虽然这里有工业遗址和现代建筑的穿插，但是它不乱。它所有的景观和人文都有内在的联系。这个地方很有创意很有灵感。就"751"园区强，极地会更强。如果我们弱的话会被园区淘汰。两者之间是相互依存、相互支持的关系，"751"给我们搭建了舞台，我们在这个大舞台上展现自我。这并不是国际设计周的主舞台，但是在领导的打造之下"751"设计周和北京国际设计周实际上是同时期的，已成为北京国际设计周非常重要的一部分。站在这样的平台上面我们就能把我们的所有创业想法和创业产品全都呈现出来。

王引 Wang Yin
北京市规划设计研究院
总规划师 Chief planner
of Beijing planning and
design institute

工业遗存改造策略中最主要的就是先明确改什么，从一个城市发展的角度来说，即如何利用工业遗存。然后以团队性质去规划整个改造项目，之后才是应该怎么办。在其中最重要的就是要平衡保护与利用之间的关系，应该要讲究新时期的新利用，好的利用就是最好的保护，保护与利用是一个相互促进的过程。改造遇到的最困难的事情就是观念与理念不能达成一致，结果就是效率低下或者不能成功达成预期。
工业遗存在整个城市规划中占有特别重要的部分，在城市规划中，工业遗存是记录城市发展印记的载体，通过保留工业遗存可以将这些记忆留存下来，供后人学习。从工业遗存的保护角度来说，"751"是一个很成功的案例，其定位于设计产业，从区域融合角度来说是十分恰当的，它地处使馆区，周围环绕艺术区，像"751"这种将原有的工业情节原汁原味保存下来的现在真的很少。对于"751"未来的改造，政策要给予一定的支持。此外，改造的路一定是长期的、不是一蹴而就的过程，需要逐步实行。

张鹏 Zhang Peng
极客公园，CEO
Geek Park，CEO

"751"其实是一个追求创新和独特气质的园区，它不是一个庸俗的只顺着大潮走的园区。但是创业其实并不是简单的可以被公式或者热潮来决定的，有很多精神层面的东西是需要冷静而独立的空间，所以"751"里面的每一个企业都是有独立思维的。我们会带来独有的东西，同时我们也会融合。比如我们也会开始讲仪式感，开始重视创造与众不同的东西。本身园区的气质对我们也有影响，我们是很有张力的组织而不是呆板的geek形象。每年在园区里的极客大会都可以得到园区的大力支持，我们一起努力把它变成一个对中国来说很有仪式性的科技的节日。我们希望这个节日可以成为园区的基因，让创新变成它的一部分。我们一开始是做了一个活动，这个活动会变成一个趋势，最终我们希望这个趋势可以变成一个文化，文化才是能长期留存下来的。我们希望这种科技创新的文化可以对北京的经济、创业，甚至社会氛围带来积极正面的影响。这一点我们和园区领导是达成共识的。所以虽然办公和活动的场地都有限制，但我们还是坚持留在了这里，积极努力地改造，甚至希望有机会和政府共同推进。我们可能更喜欢这里的独立思维。做设计的公司不会有很多爆发性的东西，会很坚持自己的东西。我们极客公园本身是服务性的企业，是需要很多冷静、耐心和韧性的，所以这边更适合我们。

枣林 Zao Lin
Hofo设计咨询，CEO
Hofo Consultant
Company, CEO

像"751"这么单纯的有氛围的设计园区不多。这里有这么多工业文化的建筑，有设计师比较喜欢的环境氛围。再有一个就是"751"的内涵区别于其他园区，它不是以房租为第一目的，所以容积率比较小，有很多公共环境和空间。没有那么多经济负担就不会过多考虑容积率，所以只是在原有的老厂房改造。"751"会挑谁进来，挑的标准还挺高，必须要是行业领先。第一，这个园区比较干净，它是一个设计园区，大家讨论的都是设计如何互相帮衬。这个是比较干净的一件事儿。第二，这个园区的环境比较好，人文环境也比较好。管理者和入驻企业之间的关系处理得都比较融洽，并且没有过多干预性的乱收费现象，甚至会帮助公司做很多事：提供空间、渠道、机会，从而扩大设计企业和园区共同的影响力。它是希望打造一个设计者集中的、设计与科技结合的环境。这方面其他园区想得更多是房租和品类，而这里经营理念更多是在打造一个品牌。中国人做园区不是只靠收房租，而且是靠设计理念。

戚麟 Qi Lin
荣麟原创家居，CEO
Rolling，CEO

第一，荣麟是文化传播企业，所以它要和文化传播的企业在一起。如果按照传统的家具行业的思维去思考只能得到一个家具行业的结果，所以一定要和家具行业有区别。中国几万家家具行业，我们是第一个在设计艺术园区中设立研发中心的，这里有其他地方没有的资源。第二，"751"本身是这个领域最有优势的，资源最丰富的。第三，这里对于人才的储备是最有利的，你必须为好的人才提供好的空间。第四，企业素质高而且管理有效。管理者并不是简单的出租，服务意识还是比较强的。本身它自己也是一个创新平台，如举办服装节和设计周等，虽然是管理者但是也有一些企业的行为。"751"确实推动了北京在创新方面的发展。第一，它容纳了很多创新型的企业，给企业提供了很多交流、互动、研发的平台和机会。第二，"751"给旧有的工业提供了很好的转型的表率作用。第三，给北京市民带来了科技创新设计的丰富的体验场所。

郭培 Guo Pei
玫瑰坊，CEO
Rose Studio，CEO

我认为"751"的定位是准确的，因为它看好了一个发展中的产业。一开始是设计师聚集在这里，到现在是时尚活动聚集在这里。可以说成为了一个核心。北京本来也就是走在了时尚发展的前沿，集中了全中国优秀的设计师，再加上它的政治文化高度，所以说"751"的地理位置是很有优势的。北京的东边是北京时尚发展趋先的一个区域，这和外国使馆、文化交流的便利也有关。"751"在设计推动上也付出了很大的努力，包括设计周等大型的活动，为设计师们提供了很大的方便和支持。设计师们在"751"的秀场建设很给力，如果我做活动，我会首选"751"，在那里你会感觉他们很支持你，很贴心。这是设计师很需要的，因为在国内这个行业是偏弱势的。现在在中国时尚发展的大环境下，设计师也应该得到方方面面的支持。现实是，时尚在中国发展比较晚，在近两年时尚才慢慢得到重视，体现在政策重视和推动力的加强上。之所以选择这里，因为它是设计师的聚集地，它是一个平台。我并不是选择了它的空间作为一个工作环境，因为在"751"建成之前我们作为设计师的小企业发展就有一定的规模了。但那个地方空间相对有限，而这里有5000平方米。很多设计师还是把这里作为自己的扎根的地方。我一直觉得"751"是一个聚集地、窗口、平台。他们在服务方面已经发展得非常丰富了，是给设计师寻找支持、帮助的公众平台。所以园区的性质是建立在服务方面的：提供机会、聚集信息、解决问题、推动发展。这本来就是各个社区最重要的价值。老工业区遗存这个特质也是吸引我们的地方。因为它有历史，是历史的见证者。其实我们的文化和艺术、时尚，都是依托于历史发展的。脱离了历史就会显得单薄，在历史的背景下才会有厚重感。它本来是有轨迹的，这个轨迹就是时间。年轻的设计师喜欢这种背景，这种背景也会赋予它很多文化的感觉。

解晓东 Xie Xiaodong
城市理想，CEO
City Dream，CEO

可以说是"机缘"让我跟"751"走在一起的，我们深层的价值观是相符的。当初，我来到"751"是因为自己转型的"机缘"。同时期，"751"因为首都城市功能更新需要，高污染能源产业退出城市核心区域，也面临"转型"的机缘。北京是个自由之地，同时也是政治、文化中心，我们曾经同是体制下的成长起来的个体，彼此在内心深处像是某种联系，同时都处于转型期时，我们都选择了稍自由的、跨界的、正面积极的方式去进行转型，表达自己，也尝试引领这个时代。我的工作室叫"城市理想"，就是想以文化创意和娱乐活动推动城市建设，以爱凝聚创造力与生产力，赋予城市崭新的力量与激情。"751"也是以文化产业推动城市文化生态的发展。在2008年汶川地震的时候，我和"751"一起筹办了爱心义演，也是因为价值观的契合。另一个机缘是在2001年，我在筹备一张泛泛摇滚风格的专辑时，拍摄场地竟然是当时十分陈旧气息的"751"，整个工业风格的大环境、地面厚积的落叶，都给我留下深刻印象，这是我与"751"的第一次结缘。
"751"是能够激发创作灵感的地方。"751"老工业遗迹所承载的自由气质和表面颓废外表下所凝聚的文化气质都是创作灵感生长的土壤。艺术和设计不是简单的依附性的和选择性的产物，而应该是艺术家遵从自己内心，同时赋予灵感和想象力，并具象化的产物，音乐也是一样，从生活积淀和对心灵的领悟，来通过音乐进行表达。"751"的空间和文化给予了艺术自由追逐的栖息之地。

高意静 Ching Kao
珍爱时刻，CEO
Precious Monment，CEO

"751"带给我自主性和灵活性的空间，这是没有办法被取代的，是每个设计师都必需的。我很幸运可以来到"751"，这其实也是植物在召唤，我在帮植物说话。植物想要告诉这个世界请不要再给它农药和化肥，有机空气比有机食物还要重要，有钱买得到有机食物但是你买不到有机空气。但是你全身的毛孔都需要呼吸，生命就在于呼吸之间。那时候"751"的老总说他有一个地方问我要不要去看一看，一来我就爱上了这个地方。这栋小楼的前身是整个"751"的图书馆，它就是为我们准备的，因为植物里面藏着宇宙无限的知识。植物种在土壤中连接地球却能开出花朵，这其中蕴藏着天文、地理、设计、人文的奥秘。选择这样一个工业感很强的园区，是因为我要在手感和工业之间取得一个平衡。工业代表人类，手感代表植物和地球。我需要通过设计的手法、一系列的产品让人感觉到身处植物中间的舒服，找到植物和人之间的故事。通过这样一个方式它其实可以延伸到全世界，因为全世界都需要有机空气，都需要有机植物。我的愿望就是当枪杆子打出去的时候可以打出开满花朵的炮弹。在厂房、大罐、钢筋水泥中开出花园，就是我存在的意义。"751"是个非常棒的园区，因为它的业主很有远见。"751"很安静，不浮躁。

张庆辉 Zhang Qinghui
中国服装设计师协会，主席
China Fashion Asossiation Chairman

整个中国服装的展示交流都是在"751"得到了新的提升。中国国际时装周进入了老工厂，也开启了老工厂改革变化的篇章。中国服装设计师协会也很有胸怀，因为这里不只是服装，还有很多跨界设计的内容。所以我在描述"751"的时候会说这是以服装为引领的，汽车、音乐等跨界设计园区。我们其实已经超越了战略合作的关系，我们是一个共生体。过去的十年是中国服装设计师协会跨越式发展的十年，应该说进入了一个新的阶段，成长中的每一步都是和"751"息息相关的。对于时尚产业而言它有很多的表达方式，有很多的载体。时尚是一个大的概念，时尚是衣食住行，和我们每天的生活都相关，服装设计是整个时尚核心的要素之一。"时尚就是服装"这个狭义定义是片面的，有局限性的。所以就时尚概念而言，既然我们是一个时尚设计园区，这个"时尚"就体现在一个生态的层面上。它包括服装，也包括和我们衣食住行息息相关的各方面各种形式的设计。这些生态的要素聚合在一个物理空间里可以共荣共生，相互促进相互发展。这才是整个园区对于时尚产业的最大价值。这里可以激发你无限灵感，可以激发你对生活的热爱，能够让你有一些思索。我们能够看到每天都有很多游客来到这个园区。我认为这是一种"教化"的力量。如何去衡量一个地方，我认为标准并不在于它能够创造多少物质财富，而是在于其对社会的贡献，尤其是这种设计园区。"751"里能够让更多人对生活方式对美好的事物有憧憬，这是一种教化。这个园区对于北京，对于整个产业而言就是一个模板。它推动了整个产业的发展，比如服装行业所有利益相关方都能从这个园区得到一些启示。产业是一个条状经济，种种要素组成了产业链。而这个园区打破了条状的框架，它是一个块状的经济。通过这样一个物理空间聚合了很多和这个产业有关系，又不是关联非常密切的资源。我认为这才是推动时尚产业最有启示的典范。这样的园区一直在探索如何在老工业遗址的基础上产融结合。其实早在十年前正东集团和中国服装设计师协会已经在探索产城融合了，今天已经得到了很多一、二线城市的认同。当时张总他们是顶着很大的压力摸着石头过河，谁也不知道未来会是什么样，但是大家都怀着对城市对工业的热情，双方都做出了很好的探索。而且对于北京而言有新的定位，这四个中心无论是政治、文化、国际交往、科技创新都是需要有载体的。我认为在国际交往和创新这方面"751"是一个重要的发声舞台，所以这种探索精神是非常重要的。"751"最重要的特质还在于它的开放和包容。这种开放包容是能够成就园区今天的最大动力。"751"也是一个开放和包容的空间，这个空间最大的价值是它给有想象力的设计师提供发声的平台和空间，而且这个空间能让更多人来关注。这是这个园区最有魅力的地方。我们接受不同的风格，这也是这个园区最为可贵的品质。一个真正成熟的社会一定是包容的。这个品格的形成一定能让"751"起到更好的示范作用。这个园区已经成为一个传统的工业遗产在转型升级过程中的重要典范。中国在六七十的发展时间里，真正留存下来的东西又有哪些，这些凝聚一代又一代人智慧的遗址如何在新的时代保持它的生命力？你可以说它已经失去了生产功能，随着生产力水平的提高有些东西注定是要被历史所淘汰的。当北京已经不再是一个工业城市的时候，如何让未来人用一个他们可以接受的方式来了解城市的历史？这个城市是需要被人铭记的东西，而"751"就是这样的典范。它至少能让现在的年轻人了解这个城市发展的历史。我觉得中国有太多城市过多地注重发展本身而不去做对传统文化的保护。"751"与时俱进，它不仅是工业遗产，更能跟上时代的步伐甚至改变城市决策者的行为。它不仅通过跟时尚的结合有了新的生命力，更有了新的"设计"基因。

王永刚 Wang Yonggang 主题维度设计公司，创始人
Idea Latitude Public Art Institute，CEO

如果充分利用空间谋取更大的利润是一本小账，对于一个城市而言这本小账毫无意义。很多城市最有魅力的是它的广场，这片公共区域有时候甚至一年下来一分钱产值都没有，但是对于城市来说这个广场是至关重要的。"751"对于北京的文创，甚至对于中国的老工业改造，就是起到了这样的一个作用。每天的发布会不断，每年各种国际交流都在这里举办，它对北京已经起到了重要的作用。它其实也相当于北京这样一个大设备中间的一个环节。所有环节整合到一起，这个机器运行得非常顺畅的时候，产能才会很高。机器运行的机制离不开政策、金融、市场这样的大环境。我们"751"内部是小环境，我们内部在不断融合适应，转化成工厂的一部分。从入驻的文化机构的角度我认为，每一个机构都离不开自己的上下游，离不开产业链。这里的企业都不是自己在生产一种成熟的产品，不是研发出一种产品就可以一劳永逸。入驻到这里的企业每天都在不断创造新的东西，每天都处在一个开发、制造、销售、反馈的闭环中。文创行业应该打破专业的壁垒，打通产业上下游和横向的连接。所以无论是音乐、影视、设计还是写作等方面的文创机构，都需要纵向横向的整合。那么如何创造新东西，就需要一个创新机制，这个机制很重要。除此之外文创机构需要对人才、市场、未来的发展动向有一个前瞻性的判断，这样它才有生命力。"751"如果能丰富10点到12点的生活，不用刻意组织就可以自发地形成人流，那就非常成功了。但同时很重要的是不能改变老的工业机理，像上海广州那样改得面目全非，失去了老工业的气质。人们在"751"这样的环境中可以产生对当年回忆的一种联想，这种联想的氛围无形中具有很重要的价值。很多地方可能会把有形的东西看得很重，而对无形的价值视而不见。因为大家不是基于生产，而是基于美化来做这样的事情。而这恰恰不是美丑的问题，是产业的问题，你的未来城市产业要素离不开历史，再创新的事物也需要跟历史进行对话。

王玉涛 Wang Yutao Beautyberry，CEO	"751"对设计师是非常包容的，从那个年代开始，就陆续引入建筑设计、家居设计、音乐设计、汽车设计、视觉设计等不同的设计种类，入驻设计师近千人，形成了多元综合的设计集群，呈现出跨界设计的新业态，这也为我们服装设计提供了跨界的土壤。 "751"成为中国时尚和设计产业的高地。国家时装周，作为唯一一个国字号的国际性质的时装活动，每年在"751"举办，将"751"拱越成中国时尚设计产业的高地。"751"主办的具有综合性、国际性、具有高格调的北京国际设计周，将"751"变成了中国设计产业的集结地。除此之外，"751"也集聚了很多国际一线品牌的发布会，如国际顶级品牌阿玛尼 One Night Beijing 以城市为主题的高定系列服装发布会在"751"举办；知名的媒体杂志大型活动也都在"751"举办过如时尚芭莎、芭莎男士等；还包括知名汽车品牌奥迪、奔驰等也都选择在"751"进行新品发布。这些"751"聚集的无形资源也是为园区设计师提供了一个国际窗口。 "751"的空间环境是很有个性的，园区很好地保存了工业建筑和设备，没有过度开发，适度的不改变使得工业文化被保存下来。我们丢失的文化太多了，像"751"这样还能够承载文化的载体真的不多。它的独特就在于既有工业遗产自身的陈旧气质，又有现代工业风格的独特魅力，比如园区内的走廊，我的很多发布会在这里举行，这是一种天然的工业风格布景，不需要其他东西去雕琢。 我希望"751"能够留存下的是现状，就是一种充满文化传承同时具有国际资源的状态。但是，活动多必然是好的，但是也应该在为设计师提供更多安静的空间中寻求平衡。
张亚东 Zhang Yadong 张亚东音乐工作室， Dong music Studio	作为艺术创作类的公司，发展难度很大，城市变化太快，给创作类公司空间却越来越小。在来到"751"之前，我们的公司搬来搬去，很不稳定。而"751"提供了踏实的空间，为热爱艺术的弱商业化的创作者提供了很难得的区域与感觉，可以安静的创作，还提供各种各样的展览和活动，这在整个北京都很难得，像这样的存在在北京保留一份艺术空间，很有意义。 在租金方面，老的驻园企业有很好的优惠政策，房租在整个北京都有竞争力，在这样的氛围下具有很高的性价比。 环境方面，"751"具有独特的老工厂历史沉淀感，提供了与众不同的安静的创作氛围，我成长于工厂家庭，老厂房的亲切感让人留恋。对我来讲，生活、艺术化的氛围非常重要，进入老厂房就像是进入了老电影里，喂食公司门口流浪狗的游人，每一个富有情感的角落，这些细节，以及对人文的关注是"751"最迷人的地方，弱商业化正是其最大的吸引力所在。 每一个城市，都应该保留一个类似"751"这样的区域，城市的拆来拆去，不如把局部做好，城市的坐标应该是基于历史的沉淀，而不是现代的不断夸大建设，新的东西很难构成对这样艺术人的吸引力。回忆是对于一个人最具有认同感的东西，好与不好已经不重要了，记忆才是最棒的东西。能保留的就保留，而不是如何拆掉建更好的，才是最重要的。 "751"已经由一个老厂区，变成了一个城市的历史符号与坐标，是个人情感的契合点，使一个人在一个城市里有归宿感、有内心的踏实感。 "751"提供了各种各样的资源，想做的话，分分钟都能够跟各个行业碰撞出火花，非常有帮助。当然，张亚东本身比较专心于音乐领域。 对未来"751"的期望，希望"751"能在发展的过程中，能够保有老厂房的样貌，尊重历史，在这个感觉基础上，设备和设施的更新升级可以做出一些思考，升级配套服务体系，让生活工作更舒适，吸引更多有意思的人入驻园区，提供更多交流的可能性。 管理团队极具人情味。"751"园区的领导很有人情味，见面打招呼，平时的一些小的关怀，让人感觉更加亲切。
小柯 Xiao Ke 小柯剧场，CEO Teather of Xiaoke，CEO	选择"751"作为第一个戏剧工作室地点的原因有几个：第一，这是一个艺术区，当时有服装、绘画、摄影各种艺术门类，但没有音乐和戏剧，所以我要把这两个因素带到这个园区。第二，可以在这里大张旗鼓地做艺术，可以不用顾忌经济压力、社会压力和周边环境的压力，可以更踏实地完成自己想完成的东西。第三，这个地方没那么多商业味道，聚集的都是艺术家的工作室，没那些熙熙攘攘的商店和人群。对于创作者来说，可以安下心来工作。走在"751"那些飘在控制廊道上，可以看到原来的工业风格的东西，这些跟周围都融合得非常好，这是一个很有设计感的地方。我想给观众呈现的就是戏剧本身，同时没有独立剧场，转场费很高，所以我需要一个属于自己的独立的剧场，当时"751"推荐了三个地方：大罐子、800人的厂房和这个200人的地方。我决定选这里是因为我觉得万事开头难，希望从小而精致的开头往下做，并且我是一个务实的人。软性指标来说我不是专业人士，我对音乐剧来说把握不大，所以我知道我的音乐剧之路是一个探索之路。好的音乐剧不是靠投资多少，也不是靠政府支持，而是靠自我生长。"751"是这样的一个地方。

邹游 Zou You
北京服装学院，副教授
Beijing Institute of Fashion Technology, associate professor

有的办公楼虽然装修得很好，但我总感觉就像鸽子笼，缺乏一种放松的氛围，而"751"可以给人一种比较自由的状态。我特别喜欢这里的闹中取静，走5分钟就可以看到很棒的展览，重要的时装周和活动就在身边，可以给我很大程度上的参与感。在整个设计的变迁过程中我是在场的，无意中就可以成为设计变迁的见证者。设计师可以按自己的想象实现自己的工作室，我这个空间是我自己设计自己改造的。佛罗里达在谈设计产业的所谈3T理论中，最重要的就是包容度。整个园区的特色就是"兼容并包"——什么类型的设计师都有，什么样的设计方向都有。当然本身能够聚集这批人才就很棒，这里的设计人才都很棒，只要你想交流一定能找到合适的交流对象。技术就不用说了，这里有各种类型的技术层面上的新设计思维力量，所以这个园区的生态的多样性就保留得都不错。虽然是有计划有规划的，但是还是会保护每一个入驻设计师的表达。我们是一个被包容的对象，我们的改建范围和尺度都是很自由的。对于整个园区来讲，人与人之间也都是很包容的，你有什么新的想法大家的第一反应都是如何去接受。我自己遇到一个新想法的时候会先把自己放空，保持一个空悲的心态。我在这里的十年会有一个很强烈的体验就是，至少我们是在往一个好的方向走，我们是一个一个台阶朝着自己的梦想前行。很多行为一定是基于思想的引导，这个地方是在做思维的实验，进行可能性的尝试，而且这里是具有很强的辐射性的。有时候虽然设计师人在这里，但是项目和作品可能是全国各地甚至全球都有。这是一个向外链接的动作。从一个区域来讲，我们本身是在这个地方，所以对于北京的可能合作的单位会考虑得更多。北京国际设计周和中国国际时装周都在"751"，所以在这里自然而然会和我们做的很多事情连接在一起。说得更宏观一点其实我们是要和整个政府去发生关系的。园区其实提供了很多的可能性，一旦有合适的契机就会链接到一起。

乔楚 Qiao Chu
Ace Café 咖啡，中国创始人
Founder of Ace Café China

Ace Café 机车文化是自然沉淀出的，这与"751"特有的工业文化状态是契合的。Ace 起源于19世纪80年代的英国，当时有一条3英里的道路，吸引了很多爱好机车和汽车的青年们，这些机车发烧友们自由组织机车爱好者聚会，"二战"结束后，这里成为固定的活动Café Racer，在一首歌的时间或是一杯咖啡由热变凉的时间内绕赛道一圈并回到这里。这个自发的活动被称作"永不落幕的车展"，机车文化也就在 Ace Café 中自然的沉淀出来了。

而大部分时候，Ace Café 都是机车发烧友们"停靠的港湾"。有时甚至不会有任何消费行为，"发烧"友们在骑行的途中经过这里就会把车停在广场上进来喝杯水，再在广场上聊一聊互相的装备。这对于很多餐饮机构来说是无法想象的事情，而对于 Ace Café 来说这样的自由随性恰恰是它的特色。此外，Ace 每年都会办车友节，会有几万人同时集结于 Ace Café。所以，Ace Café 需要足够的公共空间去延续这种车友随时停靠和集结的文化。"751"的场地不同于其他园区或者写字楼，它有足够空间的广场和能让人停留下来的文化，这就好像是为 Ace 准备的，是北京 Ace Café 骑行文化最适宜生长的场地。

丁东 Ding Dong
丁东工作室，CEO
DINGDONG STUDIO, CEO

融合与冲突的内在联系。16年做《虚无》这个装置设计作品的时候，朋友推荐这个地方，看到7000立方米储气罐第一眼的时候就觉得特别棒，这里既保留了以前的工业状态，与周边的环境既融合又冲突，我很喜欢这个冲突的状态，我们做的作品很多都是跟空间结合紧密的，同时具有冲突状态的，在这一点上"751"的环境和气质是我们所需要的。

"751"的环境是传统的重工业遗存和现代文化的混合。装置艺术很受周边环境影响，作品中创造一种反差是需要根据环境来，要吸取环境的特性来做。"751"的环境有一种可以作出冲突感的特质。

《虚无》是关于空间的作品，最早表达的是物理概念，为了传达时间空间的概念，通过一个空白的场所，去捏造出一个人的感受到情感层面的东西，在"751"这个空间里完成的作品，最后形态和我们要传达的东西是吻合的。

简厚朴 Jian Houpu
咖啡学校，CEO
Coffee School, CEO

起初，这个园区里主要是以服装设计为主导，而咖啡文化的受众都是对文艺、艺术感兴趣的人，画家、摄影、设计师、搞音乐、搞电影的人喝咖啡，很多跟文化有关的参与者都喝咖啡，所以我们下定决心扎根发展，从我们2008年进来的时候开始，这个园区每一年都在进步，每一年都有不同的变化。整体来说"751"以设计为核心，包括大学生设计周都非常好，每一年规模都会变大，质量都会变高。这个园区里面有不同做设计的朋友，不同领域的专家。更多有思想意识、有好概念想法的人们进来是非常棒的事情。我们在这里很舒服，因为大家都有素质，所以成长会很快。对于北京市来讲，"751"是创新中心和交流中心，在这方面来讲都可以扮演很重要的角色。这里可以聚集很多有影响力的设计大师，它会吸引更多优秀的设计，所以它提升了北京的形象。另外，"751"在做一些真实的事情，比如说设计回廊的商品。因为如果只是止步于概念上的话不能 make sense。概念要变成产品，产品要变成商品。在设计的部分，只有有了创新的能力才能做到最好。"751"是一个具备创新能力的中心，这里是北京市的明珠。

徐青野 Xu Qingye 青野共和设计公司，CEO Design Brothers Architecture,CEO	以前我在"798"，"798"的艺术范儿强一点，而事实上"798"有很多二房东，我们租不到一手的房源。负担着天价房租的同时也得承担法律上的不稳定性。一次有幸的机会，认识到了张总。张总只讲了一句就是"751"是以设计和文创事业为核心的，我们并不只是收房租，而是为了扶持各个企业走得更好。我认为这是"751"不一样的地方，这个真正在做事儿的态度让我非常感动。我是觉得这是一个稳定的地方。"751"真的筛选了都是这类型的企业，所以我可以得到很多这方面的资源。我的邻居都可以跟我们做朋友，我们会有相见恨晚的感觉。这是"751"给我们的很大的财富，我们可以找到合适的合伙人。对于设计氛围本身的打造"751"的领导都是非常重视的，我觉得它在为文化氛围努力，它代表一种激进的力量，我特别希望这股真实的力量可以帮助到创业者。文化范畴大部分过于形而上，总的来讲我们还是好的内容太少，煽风点火的太多，柴火太少，所以把这把火烧不大。"To be a maker, not to be a designer."设计师的使命是制造，设计只是一个环节但是制造是整个产业，"751"也为我们提供了产业方面的资源。
刘毅 Liu Yi Flatwhite 咖啡，CEO Flatwhite Coffee，CEO	我们本来也是设计师，做广告设计，因为爱喝咖啡所以做起了咖啡店。Flatwhite Coffee 是新西兰最具特色的咖啡，于是想把它引进中国，让它落地的方式是建立一个社区咖啡馆，社区集聚的人群会帮助 Flatwhite Coffee 成长。于是我们选择了"751D·PARK"。"751"为园区内的设计师建立了一种社区文化，而社区中咖啡文化也是必不可少的，设计师们总是需要一个可以喝咖啡、谈事情、找灵感的地方，Flatwhite Coffee 提供了这个空间。反过来，"751"的社区文化也为咖啡文化的生长提供了土壤。这里举办的北京设计周活动、中国国际时装周等，都使得大量的人聚集到"751"，也为我们的咖啡业态提供了充足的客源。但这里与"798"不同，"798"大部分都是游客，而"751"是已经形成了社区业态，而咖啡文化的形成是需要时间、空间和人群的沉淀，只有在"751"这个社区文化中咖啡文化才能被孕育。 在物业管理方面，管理团队物业对"751"的改造是非常有想法的，整个园区规划也很有条理，不混乱。配套比较完善。设计工作室更有特色。整体看园区大环境很好，没有太多商业化的气息。北京有这么一个社区文化很好，希望不要变成旅游景点。
吕飞 Lv Fei 摩德威骑行学院，CEO Motorway Institute，CEO	除了服装设计师协会，我们公司是在"751"时间最长的公司没有之一。考虑到"751"所在的位置，也考虑到骑摩托车这个偏小众偏理想化的人群特点，骑摩托车的人群其实是有情怀有梦想的，"751"在当时所展现出的工业化和钢铁的氛围也和摩托车特别相吻合，所以我们选择了"751"的动力广场。当时也有人问我，为什么一个商店不开在临街的商铺，反而是 somehow hidden。我觉得其实骑摩托的人有自己的个性，需要有一个小圈子的交流空间，不是所有人都喜欢站在大众面前。英雄总是惺惺相惜，能走遍千山万水的人其实不在乎多费点力气，找到我们这个地方。而我们是否能提供一个比较好的环境和空间，提供一个好的交流平台，才是我们需要去考虑的最有价值的问题。那么退一万步讲，你把摩托车放在街上你是心里很不踏实的，但是你放在"751"里、放在摩德威的店门口，心理上整体是比较踏实的，不会有人去乱动。其实再后来，不知道是恰好因为我们开了个头还是巧合，"751"有了更多的关于车的元素——奥迪总部的大楼、Ace Café、大众的培训中心、奔驰赞助的国际时装周。我们作为最早的跟车相关的企业，我们虽然小但是代表了很多国际一线品牌的影响力。我们的未来其实难以规划，我是没法去预测未来，但是所幸"751"有这样的魅力可以一步一步吸引更多的科技、时尚、互动体验的元素进来。实际上对于我们的客户来说，他们既是来摩德威，也是来"751"享受体验这样一个有活力的地方。"751"算是进到了一个比较良性循环的状态去了。

人文聚合的
设计新经济 | **国际企业带动产业集聚**
Industinternational Enterprises Drive Industrial Agglomeration

入驻时间
2007 年

企业名
中国服装设计师协会
China Fashion Association

企业类型
非营利性社会组织
No-profit Social Organization

中国服装设计师协会（China Fashion Association）是中华人民共和国民政部批准注册的全国性社会团体，成立于1993年，总部在北京。中国服装设计师协会是由服装及时尚业界设计师、专业人士、知名时装品牌、时尚媒体和模特经纪公司自愿组成的全国性、行业性、非营利性的社会组织。中国服装设计师协会会员分为个人会员和单位会员，合计2000多人（家）。协会下设专家委员会、时装艺术委员会、学术工作委员会、职业时装模特委员会、时装评论委员会、技术工作委员会、陈列设计专业委员会和品牌工作委员会等八个专业委员会。2010年，中国服装设计师协会通过民政部评估，获得AAAA级社会组织称号。

中国国际时装周

中国服装设计师协会从1997年开始举办中国国际时装周，每年两次，3月下旬发布品牌、设计师当年秋冬系列服装流行趋势，10月下旬发布品牌、设计师来年春夏系列服装流行趋势。中国国际时装周是一个中外知名品牌和设计师发布流行趋势、展示时尚创意、倡导设计创新、推广品牌形象的公共时尚服务平台。中国国际时装周已经成为继巴黎、米兰、伦敦、纽约、东京之外的最活跃的时尚发布会，得到国际社会的广泛关注。中国时装设计"金顶奖"和"中国时尚大奖"是中国时装设计师、时装模特、时装摄影师、时装编辑、化妆造型师和原创品牌的最高荣誉。

中国国际大学生时装周

中国国际大学生时装周是面向国内外时装院校的国际性公共服务平台，由中国服装设计师协会、中国纺织服装教育学会和中国服装协会共同主办，旨在宣传推广服装教育成果、展示大学生设计创意才华、促进大学生创业和就业，以进一步提升我国服装教育教学质量，更好地满足我国纺织服装业转型升级过程中对设计创新人才的需求。其内容包括毕业生作品发布、服装教育成果展示、服装产业专题研讨、服装设计人才交流等。

开展在职专业人员继续教育培训

在职专业人员继续教育培训

中国服装设计师协会培训中心致力于中国服装行业在职专业人员的继续教育，定期开展工业制版、立体裁剪、店铺陈列培训，还不定期开展设计管理、营销管理等国内外合作培训。为业界培养了一大批服装设计管理、服装营销管理、服装陈列设计等专业人才，满足了服装行业不同领域、不同层次的人才需求和个人的职业素质提升的需要。

开展国际交流、促进跨国合作

中国服装设计师协会积极开展国际交流与跨国合作，先后与法国、意大利、俄罗斯、日本等国时装及时尚业界建立了双边合作关系，并与日本时尚协会、韩国时装协会共同发起成立了亚洲时尚联合会。中国服装设计师协会积极促进国内企业与专业人士间在设计、工艺咨询服务、引进品牌、特许授让等方面的合作。

入驻时间
2017 年

企业名
韩国设计振兴院
KIDP China

企业类型
政府机构
Government Agency

韩国设计振兴院是促进韩国设计产业发展的政府机构。负责韩国政府推动全国设计产业发展的设计提升、设计培训、设计实施、设计战略、设计政策、设计推广等多项工作。自 1970 年成立以来，致力于韩国设计产业发展及强化国际竞争力。

2013 年 3 月，在北京市政府的大力支持下，韩国设计振兴院中国事务所正式成立。中国事务所作为韩国设计振兴院入驻中国的首个办事机构，将负责韩国设计振兴院在中国区域的一切事务。

2015 年 10 月，在浙江省义乌市政府的大力支持下，设立了韩国设计义乌中心。作为韩国设计振兴院中国事务所的所属单位，目前该中心已入驻 12 家韩国设计企业。

韩国设计振兴院中国事务所致力于建立中韩两国设计领域的友好合作关系。与北京、广州、义乌、重庆等多地政府及设计相关组织机构签署了合作框架协议和战略合作谅解备忘录。同时，每年会定期开展中韩设计领域论坛、商务洽谈会、研讨会等各种交流活动，以此为中韩企业搭建交流平台。

截至目前，韩国设计振兴院与北京市西城区政府、浙江省义乌市政府、重庆市经济和信息化委员会、浙江省宁波市对外贸易经济合作局、福建省晋江市政府、中国工业设计协会、北京工业设计促进中心、合肥工业设计城、广州市广交会产品设计与贸易促进中心、深圳工业设计企业协会包含在内的中国各地区政府及相关设计组织机构建立了友好合作关系并大力开展相关领域业务。

"751"国际设计周——韩国设计展

2017 好设计奖产品

韩国设计振兴院中国事务所是为推进两国设计发展，促进两国共同合作事业而成立的非营利性机构，通过整合双方优势资源，为两国设计公司和制造企业提供各种商业需求信息及多样化的对接平台。

为了让这一目标能够落到实处，该院正积极开展各方面事业和项目。

中韩两国设计交流合作

第一，与各级政府、组织机构建立合作关系。例如，签署双方合作框架协议和战略合作谅解备忘录，为开展设计领域具体合作项目奠定基础。

第二，举办中韩两国设计论坛。举办论坛是双方接触的第一道门槛，与设计领域相关的各权威机构人士及优秀企业代表通过论坛分享各自观点、从中获得合作需求、拓展各方事业领域，最终关系落实到合作项目中。

第三，举办以宣传 K-Design 为目的的各地区展览。通过参加中国具有代表性的设计展览，展示宣传 K-Design，同时更有利于中国受众深入了解韩国文化，也同样让韩国设计企业从中体会中国民情、了解中国人的需求，这将对日后的合作起到非常积极的作用。

第四，与研究机构及各级院校进行课题研究。引导两国设计大学和设计师间的对话合作，使两国设计领域人才交流更加活跃，加强中韩设计界 CEO 之间的交流互动，扩大人际关系网。

中韩设计领域商务对接

为了扩大中韩两国设计公司和制造企业、流通企业间的商务合作，该院将搭建中韩两国设计市场信息和全方位的商业对接平台。

第一，设立各地区韩国设计中心，为中韩双方搭建交

义博会 2014

流平台。设计中心通过提供设计作业的空间和设施、完善孵化系统、支援韩国设计公司的中国商业活动,且便于中国企业能够快速找到合适的合作方。同时,设计中心还会通过设立展示销售馆和优秀设计公司展示柜等方式构建韩国设计产品在中国的宣传渠道及销售网络。

第二,组织两国商务洽谈活动。目前,我院在韩国和中国都举办了不同规模的商务对接活动。活动包含一定期限内的定期洽谈会,不定期地根据项目出访韩国或到访中国。通过该院的官方组织,可以让中韩相关企业更顺畅地进行面对面交流,同时这也是双方拓展交易圈的机会。

第三,组织韩国好设计奖 GOOD DESIGN(GD)活动,公平、公开评选出中国优秀设计产品,助其进军国际市场。作为韩国政府直接运营的设计奖项,好设计奖通过对产品外观、性能及实用性等方面做公开评审,并对获选企业给予政府认证标志——GD。

北京设计周 K-Design

第四,组织并运营各大展会韩国设计交易展馆。通过参加中国国内各区域商品展览可深入了解中国市场,该院会对每一个展览做出性质区分,公开、公平选出参展企业,既能代表韩国优秀的创新设计又能及时抓住区域市场需求,从展览延伸到长期一对一的合作,从而扩大中韩两国设计领域的交易范围。

第五,进驻中国国内线上/线下通路运营韩国设计产品体验馆。满足目前市场 B2B 交易方式的商业模式需求,同时能够让无法及时到达现场体验韩国设计产品的需求方通过线上了解产品信息,以此扩大交易范围。通过运营线下韩国设计产品体验馆,长期宣传韩国优秀设计产品及企业。在不定期进行的宣传企划活动中,还会利用当下中国社会热点、受众需求来不断更新体验馆,让产品体验馆超越基本功能,吸引更多参观者来访,促使其成为足以诠释韩国设计发展趋势的代表性空间。

入驻时间
2009 年

企业名
奥迪中国
Audi China

企业类型
奥迪全资子公司
Audi Subsidiary

奥迪（中国）是奥迪股份公司（AUDI AG）的全资子公司，隶属于德国大众汽车集团的高端品牌，2009年在北京宣布成立，入驻"751D·PARK"时尚设计广场设计师大楼。奥迪（中国）负责协调奥迪股份公司、一汽集团和一汽－大众合资公司之间的业务合作事宜，同时为奥迪股份公司在全球的业务活动尤其是为在亚洲的项目提供支持和保障。

奥迪中国营销部

为奥迪股份公司在中国的全球品牌活动提供支持，比如旨在拓展销售网络及进行趋势探索的培训师培训课程。品牌营销部负责运营用户驾驶体验活动。

奥迪北京研发中心

北京研发团队主要负责与亚洲用户密切相关的区域产品定制和产品测试工作。此外，研发团队还负责将来自亚洲地区的创新与发展趋势研究，与奥迪股份公司未来的全球产品研发进行综合整合。

奥迪亚洲生产协调团队

奥迪（中国）团队致力于拓展亚洲地区的模具供应商，以便为奥迪股份公司的全球物流网络提供支持保障，同时为中国和其他亚洲地区提供产能提升与规划服务的支持。这其中包括对未来生产情形进行评估以及当前生产设施对新产品生产的应用。

奥迪（中国）采购

努力将亚洲供应商整合到奥迪股份公司的全球供应商网络中。

奥迪（中国）技术服务中心

对全部进口奥迪车型进行转运和技术检验。此外，该团队还为一些试驾活动和车展提供技术支持。

Audi e-tron 概念

入驻时间
2013 年

企业名
极地国际创新中心
The-Node International Innovation Centre

企业类型
创业服务孵化器型企业
Entreprenurial Services Company

极地国际创新中心（以下简称"极地"）于 2012 年年底成立，2013 年运营于北京"751"时尚设计广场 A9 楼，是"751"A9 设计师楼引入的第一个孵化器项目。极地构建了科技和文创相融合的跨界创新创业平台，为入驻企业提供完善的全生命周期服务，成为最专业、贴心、务实的创业服务家，专注于科技和文化创意领域的创新创业服务和孵化，开展了一系列富有成效的创业活动，受到了广泛关注。近年来，极地共引入、培育、孵化创业项目 500 多个，开展创业教育、项目路演、创业大赛、投融资对接、创业沙龙、极地风暴等各类创业活动 200 余场，影响人群超过 30 万人。

园区运营

极地旗下众创空间、孵化器、园区等空间载体主要服务于中小企业的孵化、辅导、扶持和培育，在其创业、成长阶段给予充分有效的服务和配套条件支撑，为推动社会和区域经济发展作出积极的贡献。极地空间致力于打造优质的中小企业服务载体，构建小企业快速发展的培育平台。

极地已形成标准化园区运营与孵化体系，一般情况下半年内完成项目筹建，开业 3 个月内基本实现项目全面入驻，根据入驻项目所处阶段开展有针对性的孵化培育。该体系使得极地拥有领先的园区运营能力和快速复制能力。

产业研究与咨询服务

极地为政府和企业提供产业规划、产业集群打造、产业空间载体运营管理等研究与咨询，为园区持续运营提供整体的解决方案，实现产业定位、产业招商、产业培育、服务体系及运营管理的全过程服务。

创业课程

机车大咖集结

创业课程 - 女性领导力

创业服务

极地为创业企业提供科技政策、人才政策等创业扶植政策解读、顾问、协助申报等咨询服务，举行多场政策解读沙龙，帮助数据公园、匙悟科技、太火鸟等多家高成长型企业申报获取政府补贴、高端商务人才奖励等；帮助创业企业对接投资机构，进行商业计划书打磨与辅导，协助企业与投资人谈判，成功帮助数据公园、有心科技、纸匠、谱时等公司获取千万级别融资。

创业服务内容包括：初创企业设立服务、企业财务服务、企业法律服务、企业融资服务、产品设计与策略咨询、企业政策及资质代理服务等。

创业教育与创业活动

极地学院成立于2013年，是极地创业生态中的重要组成部分，专注于提供创业提升培训、创业训练营、新商业模型分析及商业实践等。极地学院聚集了一批国内外创业精英和专家导师，已成为具有中国影响力的创业服务品牌。

极地中心连续创办或承办包括"极地风暴"大型跨界创业主题活动、亚洲设计管理论坛暨亚洲生活创新展（简称"ADM"）、朝阳海外学人创业大会、"海创季"创业大赛、"青创杯"创业大赛等国内外重要创业赛事，以及高端论坛、行业峰会、企业家沙龙等各种创业活动。通过连续的创业活动举办，帮助项目所在的城市或区域提升影响力，还可以帮助创业者增加曝光和项目展示的机会，链接更多资源，快速对接资本实现融资需求。

GEEKPARK
极客公园

入驻时间
2014 年

企业名
极客公园
Greek Park

企业类型
创新产品孵化企业
Innovative Product Incubation Company

极客公园成立于 2010 年，总部位于北京，是一个创业社区。极客公园聚焦互联网领域，跟踪最新的科技动态，关注极具创新精神的科技产品，是中国创新者的大本营。通过对前沿科技的观察报道、业界一流的线下活动、众筹孵化等全方位的创业服务，极客公园会聚了中国最广大的创新、创业人群。在内容媒体、会展公关、创业服务三大业务线协同发展下，极客公园帮助中国创业者更有效率地探索未来，链接更多的资源，让优秀的科技创业公司得以更快速地成长。

"极客"概念在极客公园的推动下，已经成为推动社会发展的重要力量。极客公园亦成为中国极客群体交流互助的首选平台和中国创新人群成长道路上的重要伙伴。

极客公园拥有强大的线下活动组织能力和内容策划能力，通过月度、年度活动聚集了一批具有创新精神的极客人群，为新锐创业团队和产品提供了舞台，并连续邀请了具有全球影响力的创新者为中国的科技人群进行布道，其中包括苹果联合创始人斯蒂夫·沃兹尼亚克（Steve Wozniak）、谷歌董事长埃里克·施密特（Eric Schmidt）、Tesla 创始人埃隆·马斯克（Elon Musk）、百度 CEO 李彦宏、小米科技 CEO 雷军等。

极客公园创新大会

极客公园创新大会是属于极客人群的年度狂欢，每年一月如期举办。国内外的顶级嘉宾从科技、商业、文化等多维度就未来互联网等行业的发展发表观点。自 2011 年始极客公园创新大会已经举办 9 届，是国内最具影响力的产品盛会之一。与大会同期举办的"中国互联网创新产品评选"颁奖礼，是由极客公园联合众多影响力机构发起的互联网产品评选活动，是国内创新产品领域的学院性奖项。

极客公园创新大会

奇点·极客公园创新者峰会

每一年的夏季，极客公园汇聚互联网科技领域的开拓性力量，邀请权威嘉宾，以最接近科学本源的形式，探讨最具前瞻性的话题，亲历科技创新的第一推动力。

极客公开课

活动主要邀请各领域的品牌就时下最值得关注或最具探讨性的话题进行分享与讨论，或走近知名企业聆听一线负责人讲述品牌背后的故事，解读企业产品战略，力争为极客们搭建最佳的学习平台。

未来头条

未来头条发掘最值得关注的企业，会聚最具潜力的、最HOT的新锐力量，通过极客公园月度活动，点亮未来新星的舞台。

奇点·极客公园创新者峰会

极客+

极客+是由极客公园或极客粉丝群举办的不定期、不定式活动，没有固定的形式与要求，以新鲜有趣的分享会聚科技行业的从业精英。以"锤子密谈"为代表的极客+活动会以更加灵活的形式与极客们一起分享共同成长。

极客加速计划

"The Best for the Best." ——与最棒的人一起创造，让业界最优质的资源和最优秀的公司得以高效匹配。它是极客公园旗下聚合智慧与资源、连接优秀项目并和投资人共创财富的股权众筹平台，旨在帮助创业者更有效率地探索，更高效地链接产业资源，让优秀的科技创业公司得以更快速地成长。极客加速器先后成功为700bike、小鹏汽车等数个精品项目完成众筹，各项目皆超额完成众筹计划，在实现快速对接资本的同时，更为优秀项目找到了业界最顶尖的战略投资者，帮助项目更快地发展。

极客公园创新大会 2018

入驻时间
2013 年之前

企业名
hofo

企业类型
设计策略公司
Innovative Product Incubation Company

hofo 于 1998 年成立于北京，在展览展示及体验营销领域拥有 20 余年的行业经验，坚持以超出预期的活动体验为客户创造价值。

hofo 拥有实力强大的创意设计及执行团队，能够从视觉设计、舞美搭建、视频制作、多媒体互动及数字营销等方面，为客户提供最佳的全案解决方案。

随着多年的业务增长及策略转型，hofo 已成为科技互联网品牌客户的长期合作伙伴，并已发展成为中国领先的创意营销公司。

淘宝造物节

刷新玩法，108 家脑洞神店打造属于造物者的奇市江湖，2023 年的造物节重点展现的就是"神店"，这个"神店江湖"也从上一年的 72 个店铺升级成 108 个店铺。奇市江湖分为东市、西市、南街、北街四大区域，分别代表潮人玩家、治愈美好、脑洞神店、独立设计四种不同风格。这些看似没有太多关联的店铺，都有同样一个特点，它们代表着一种新兴的专属于淘宝的创造力，拥有独一无二的小店文化。

国庆 70 周年彩车设计制作

"扬帆远航"彩车，是群众游行 70 辆彩车中最大、最高、最长、最重的一辆。车长 40 米、车高 13 米、车宽 12 米、车重 65 吨。"扬帆远航"彩车以"中国号"巨轮、错落的云帆和海浪为主体形象，为了契合新时代新航程以及两个百年的美好愿景，彩车以巨轮行进的写意方式进行展现。

2022—2023 澳门周

2022—2023　澳门周大体量巡展

由澳门特区政府发起、与内地各省市政府联合主办的大型系列巡展。以"探索澳秘之旅"作为活动主线通过呈现"奇幻街区——多元的澳门文化、精彩盛事、体育赛事等""魔力乐园——极具特色的酒店旅游产业""活力市集——葡系产品抑或澳门制造的特色产品",多角度多元化展现澳门这个充满活力、创新、奇幻的城市。

时间的朋友

2015—2023　时间的朋友

《时间的朋友》是由得到 App 出品,得到 App 创始人罗振宇主讲的跨年演讲产品品牌。《时间的朋友》首创了"知识跨年"新范式,并开创了"跨年演讲"这一原创文化产品类型。演讲中,罗振宇会分享过去一年的观察和学习心得,为终身学习者们献上"知识大餐"。该演讲已经成功举办多届,主题涵盖了从"中国式机会"到"小趋势",再到"基本盘"等,吸引了广泛的关注和好评。

2017 极客公园创新大会

2021　上海天文馆"航向火星"展厅

72 小时狂欢,40 场高浓度演讲,2000 平方米创新产品体验区,超过 500 款科技产品的展映,一场有胆有趣的万人嘉年华极客公园联手 hofo,在"751"活动胜地 79 罐举行极客公园创新大会。大会以"有胆·有趣"为主题,力邀 Uber 创始人、Google 产品负责人、苹果前 CEO、MIT 仿生机器人科学家、《火星救援》作者等海外大咖,从科技、商业、文化等多维度就未来互联网等行业的发展和创新进行交流互动和思想碰撞。

Beautyberry

入驻时间
2008 年

企业名
Beautyberry

企业类型
服装设计
Fashion Design

王钰涛于 2005 年创立的中国设计师品牌,致力于将精湛的传统手工艺同现代工业文明结合,通过创新,倡导高品质的文化追求和生活方式。

Beautyberry,直译为北美的中药材"紫珠",意译为美丽的浆果,代表开心愉悦。现代人生活节奏快,竞争激烈,很多人都想挑战自我,甚至去超越极限。其实太过于追求欲望,会增添许多负累和烦心,而崇尚"简单、自然、平和"正是 Beautyberry 对现代生活方式的诠释。Beautyberry 描述都市中的品质男女:思维充满激情,品行大胆恣意,但同时也固守传统,张扬不羁是他们价值观的体现,含蓄内敛又是其性格里的本真,他们拥有独到的眼光和鉴赏能力,无须过分渲染,只要驻足就会感受到他们的与众不同。

王钰涛:

1999 年作品《林海澜杉》获第七届"兄弟杯"国际青年设计师作品大赛银奖;

2000 年作品《胭脂扣》获第三届"益鑫泰"中国服装设计最高奖评审金奖;

2000 年被评为中国皮装十大设计师之一;

2001 年作品《彩绒花》获首届中国服装设计电视大奖赛金奖兼最佳创意奖;同年在中国服装界年度杰出人物评选中被评为"最有才华设计师";

2002 年作品《发源》获第十届"兄弟杯"国际青年服装设计师作品大赛铜奖;同时获得"事业成就奖";

2003 年荣获中国十佳时装设计师称号;

2004 年荣获中国十佳时装设计师称号;

2005 年创办 BeautyBerry.homme 男装品牌;

2009 年荣获中国国际时装周年度男装设计奖;

2010 年荣获中国国际时装周组委会、中国服装设计师协会颁发的年度最佳男装设计师称号;

王钰涛作品

2011 年荣获中国纺织服装行业十大设计师称号；

2011 年荣获中国纺织服装行业年度创新人物称号；

2011 年荣获第 15 届中国服装设计师最高奖项"金顶奖"；

2011 年荣获梅赛德斯-奔驰中国国际时装周首位先锋设计师；

2012 年荣获第七届中国设计师十大杰出青年称号；

2012 年荣获中国国际时装周组委会、中国服装设计师协会颁发的年度最佳男装设计师称号；

2013 年荣获中国国际时装周组委会、中国服装设计师协会颁发的年度最佳男装设计师称号；

2013 年荣获中国服装设计师协会二十周年"优秀会员"荣誉称号；

2013 年荣获梅赛德斯-奔驰中国国际时装周"中国时装设计师创意大奖"；

2014 年荣获亚太经合组织（APEC）会议人领导人服装样衣制作工作并作出突出贡献奖；

2014 年荣获年度哥本哈根皮草设计大师奖；

2015 年荣获冬青奖 2014 年度设计师奖提名奖；

2016 年在"传承匠心·首届中国华服设计大赛"中荣获"最佳导师奖"；

2017 年荣获斯瓦卡拉全球设计大师称号；

2017 年自创品牌 B+ 荣获中国国际时装周年度时尚品牌奖；

2017 年荣获第 21 届中国服装设计师最高奖"金顶奖"；

2018 年荣获中国国际时装周"最佳女装设计师"时尚大奖；

2020 年荣获北京 2022 冬奥会和冬残奥会制服装备视觉外观设计征集评审活动"优秀奖"；

2020 年自创品牌 Beautyberry 荣获中国国际时装周 2020 年度时尚品牌奖；

2021 年设计方案《希望》荣获北京 2022 年冬奥会和冬残奥会制服装备视觉外观设计铜奖；

2023 年自创品牌 Beautyberry 荣获中国国际时装周 2023 年度时尚品牌奖。

入驻时间
2014 年

企业名
荣麟中国原创家居
Rolling Original Furniture

企业类型
原创设计家具企业
Original Design Furniture Company

　　荣麟——中国文化的传承者、当代文化的传播者、未来文化的探索者，成立于 2000 年，是中国家居行业中一个少有的既能独树一帜、又兼备广泛传播的原创流通品牌。先后成功打造了系列原创产品"荣麟·槟榔""荣麟·京瓷""荣麟·京滟""荣麟·良辰"，产品一经推出就受到广大消费者的关注和认可，并在国内外连续获得多项大奖。

　　自成立以来，荣麟笃定地坚持以文化为核心的品牌发展战略，用家具产品表达荣麟对文化的理解和感悟。当市场普遍还在关注材质、工艺的时代，荣麟率先开创了对原创设计、文化传承的尊重，始终以满足消费者对文化、审美、生活的需求为己任，以独特的视角发掘当代生活方式的核心价值，以具象的产品呈现对精神世界的解读，以创新的方式铸就差异化的未来！

生活家项目

槟榔——青中式·漫生活·素家居

京瓷——新中式风格开创者

原创设计家具产品

荣麟在行业中率先开启了对原创设计的坚持和尊重。

荣麟矢志不渝地坚持原创设计，拥有强大而广泛的设计团队，并与国内外著名设计大师交流、合作、研发、设计，跨行业、跨领域地寻求多方合作，用原创的设计风格家具推动和促进了中国家具行业的发展！

开创性、领先性地为中国家居业和消费者源源不断地提供新的设计、新的产品用设计化、风格化的产品填补人们生活需求的空白，荣麟用原创设计走出了自己的行业路线，成为国内原创家具的代表品牌与全球第九大家居品牌的代表者。

荣麟的家具品牌

荣麟·槟榔——青中式·漫生活·素家居

荣麟·京瓷——新中式风格开创者

荣麟·京滟——温润儒雅·闲居有度

荣麟·良辰——融东方·简设计

东方生活方式

从2017年7月开始，荣麟·生活家项目通过邀请中国传统手作艺术家和文化名家以及文创领先者、现代生活达人，一年时间内在北京、西安、成都、沈阳等全国多地举办匠心传承东方生活美学体验沙龙活动，让每一位热爱生活的人可以近距离感受东方生活方式，通过实践体会创作的乐趣。

新中式研究院

新中式研究院致力于关注适合当下中国人生活方式与审美情趣的设计，寻找探索东方美学千年文化的源头。在亚洲地区经济发展迅猛的今天，东方源远流长的文化，正慢慢地影响着整个世界。

入驻时间
2007 年

企业名
城市理想
City Dream

企业类型
文化产业公司
Cultural Industrial Company

理想音乐节

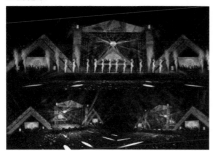

城市理想（北京）文化投资股份有限公司是一家音乐文化内容创制及音乐品牌的运营文化公司，由知名歌星解晓东创立于2009年，致力于通过音乐内容及形式打造现代化城市的理想新主张，也是2010年上海世博会的演唱会运营服务商，并创制和举办了各种大型演唱会、音乐节等多种演艺活动。2012年东区故事音乐综合体项目建立，2014年创办华北地区最大规模的户外音乐节品牌"理想音乐节"。

城市理想致力于通过音乐内容及形式打造现代化城市的理想新主张，主营音乐文化内容创制及音乐品牌的运营。公司创办和承办了各种大型演唱会、音乐节等多种演艺活动。城市理想于2014年开始创办理想音乐节，同时还经营东区故事音乐生活馆、青年先锋原创音乐扶持计划和理想音乐公园等多项音乐文投文创项目。2016年成功挂牌新三板，成为第一家挂牌的音乐演出公司。

理想音乐节

理想音乐节互联网付费流量突破500万人次，迄今为止还没有其他音乐节突破此流量，城市理想与优酷土豆达成深度战略合作，共同联手打造"理想音乐节"也是国内第一个互联网音乐节，在北京、上海、武汉、深圳等国内一线城市落地，实现音乐内容与互联网深度融合的O2O运营模式。

东区故事音乐生活馆

2015年城市理想启动文创品牌"东区故事"项目运营，并建立了位于北京著名艺术园区内的音乐文创项目"东区故事音乐生活馆"，并同时启动了D live音乐现场系列演出。3600平方米三层空间，集生活方式、音乐科技智能体验于一体，打造以用户需求为主导的主题精品Live演出，涵盖餐饮、娱乐、休闲、演艺、购物等多功能业态，打通线上线下用户权益体系，颠覆传统演出，建立真正的O2O Live体验，打造互联网智能音乐LIVE空间模板。长期自营活动项目内容包含：TED音乐家系列，Dream Sonic国内最大规模室内音乐节。

青年先锋文化发展基金

2017年城市理想与团中央中国青年创业就业基金会共同设立面对大学生以及社会青年群体的音乐创业投资基金，该基金的设立投资将给城市理想带来更多的原创音乐版权以及原创音乐人的集群；同时进入校园的选拔等活动也会得到更多大学生的关注，将来打造音乐内容线下垂直，将不仅拥有音乐演出形态的"客流发动机"，也将拥有原创音乐人创业的集群。2017年8月10日下午，作为中国青年先锋文化发展基金开展的系列活动之一，由中国青年创业就业基金会与城市理想（北京）文化投资股份有限公司联合发起并在中国演出行业协会大力支持下的"中国青年原创音乐选拔扶持计划"正式启动，通过与网易云音乐腾讯音乐等音乐平台进行合作，对原创音乐人进行全面扶持。

理想音乐公园

2018年城市理想根据已有的经验创立理想音乐公园，集合优质的原创音乐内容，落地音乐产业内容集群，打造城市音乐旅游新名片：理想音乐公园将音乐内容模式全面升级，同时也是一种产业模式的升级，是一种以原创音乐演出内容为核心，辅以"音乐+旅游""音乐+产业孵化""音乐+商业及跨界合作"的全新组织形式。理想音乐公园产业模式，能够固化音乐节场地、提高黏性，为乐迷带来更丰富的内容体验，增加对音乐产业的认知与支持；能够为音乐人提供资金扶持、提供更多创业空间、带动音乐人的创业动力；能够为城市带来税收、带动城市就业、打造音乐旅行新名片；能够提升原创音乐产业发展、打造行业成功案例，为音乐产业进行落地探索。

DONG MUSIC
www.dongmusic.com

入驻时间
2008 年

企业名
张亚东工作室
Dong Music

企业类型
个人工作室
Personal Studio

张亚东工作室于 2008 年入驻 751D·PARK 园区，为园区带来了音乐元素的文化创意产业力量。

张亚东，作曲家、华语流行音乐界最杰出的创作人和制作人之一。融合视觉、音乐的跨界创作人。

1969 年 3 月出生，山西大同人。自幼学习大提琴，20 世纪 80 年代初开始学习流行音乐。自 20 世纪 90 年代初活跃于内地乐坛，为著名歌手王菲提供作品多年，誉为"御用制作人"而盛名海内外。

作为中国著名制作人、创作人，其声誉享誉亚洲各地，曾为窦唯、麦田守望者、希莉娜依、许巍、地下婴儿、瘦人乐队、艾敬、韩红、朴树、陈琳、金海心、汪峰、郑钧、梁咏琪、林忆莲、黄耀明、许茹云、李宇春、张艺兴等中国内地及港台地区的歌手、组合创作歌曲。

除了音乐人的身份，张亚东还作为跨界艺术、影视、摄影、设计等多个领域。其作品以新锐微电影、视觉短片、图文书籍等形式，持融合的态度在不同领域寻找相同感动，在商业与艺术间融汇平衡。作品创作注重分享、感动与启发。身为内地金牌制作人，张亚东在音乐的表达方面有着无与伦比的天赋。同时，作为一个狂热的摄影爱好者，近些年来在摄影方面进行了深入的探索和尝试，也渐渐形成了属于自己的风格。就如同在音乐风格中不甘平庸的他，在影像风格上，也有着自己独特的理解。现如今，经过近些年的探索和沉淀，更期待通过各种艺术形式的跨界，呈现出不同以往的一个张亚东。

窦唯·山河水

微电影《11度青春之L.I》

图文随笔

专辑制作人

窦唯《艳阳天》《山河水》《我最中意的雪天》

张蔷《尽情摇摆》

王菲《浮躁》《唱游》《寓言》《将爱》

许巍《在别处》

麦田守望者《麦田守望者》《Save as》《我们的世界》

汪峰《花火》

朴树《我去2000年》《生如夏花》《猎户星座》

李宇春《皇后与梦想》《我的》《1987我不知会遇见你》

果味VC《伟大的复兴》

莫文蔚《宝贝》《回蔚》

田原《田原》

简迷离《落幕之舞》

GALA《追梦赤子心》

杨坤《真的很在乎》

郁可唯《温水》

张亚东《Ya Tung》《潜流》

微电影 & 短片作品

《11度青春之L.I》

《幸福59厘米之夜天使》

《I See You but Once Then Never Again》

《Infection》

图文随笔

《初见即别离》

入驻时间
2015 年

企业名
小柯剧场
Music Teather of Xiaoke

企业类型
原创戏剧剧场
Original Teather

　　小柯剧场是一个全新形式的剧场，致力于生产高品质的、改变以往观演关系的、具有强烈感官刺激的小柯形式剧，让观众成为演员，也让演员成为观众，每位观众都会融入戏剧的表演过程中，身临其境。剧场位于"751"时尚设计广场，占地约 1000 平方米，集餐饮剧场录音棚与一体的多功能小剧场。二层拥有国内高端舞美音响设备，活动座椅 200 座。小柯剧场自 2012 年试运营以来，得到业内众多好友的支持。小柯剧场依托丰富优质的原创音乐资源，立足于音乐剧市场的发展现状，契合中国文化市场化、产业化、国际化发展的趋势，主动落实首都北京文化创新示范功能，致力打造成以市场为导向，创新为支撑，品牌为落脚，打造一个剧目品牌和一个制作品牌，构建一个音乐剧商业模式。小柯剧场每年演出超过 240 场，2014 年、2015 年连续两年获得北京市小型音乐剧场馆最具活力的小剧场。经过近几年的发展已成为首都市民一个重点文化消费区域，共同带动北京文化产业积极发展。

《因为爱情2》剧照

《因为爱情2》

"爱情三部曲"之二，已经连续几年上演了数场，更在2015年、2016年连续两年荣获"中国新创小剧场音乐剧票房三强""中国小剧场音乐剧票房五强"荣誉称号。小柯老师将亲自饰演老秦一角。同时，在《因为爱情2》中，贯穿着由小柯老师亲自打造的歌曲，包括《因为爱情》《北京欢迎你》《遥望》《轻轻地放下》等这样耳熟能详、传唱度极高的经典歌曲，同时也收录了小柯早期的一些音乐作品。

《因为爱情2》是一种情感沉淀和一种深厚的思想底蕴的交织。用舞台结合音乐、音乐去抒发情感、情感传达的故事，将这个故事以音乐剧的形式引起与观众的共鸣，让大家感受音乐剧的另一面。

《百万约定》剧照

《你说我容易吗》之《百万约定》

这部剧由桑大夫和他未来的老丈人老程之间一个百万彩礼的约定为导火索，引发了一系列爆笑且曲折的故事。真实接地气，讲述了当代青年人所面对的生活、爱情、事业等现实问题。医学博士毕业的桑大夫高智商、低情商，买房父母付首付，自己月供，每月工资5400元，这样的他是如何挣够一百万娶了程诺的？桑大夫的同班女同学唐敏跟男友吴鑫分手，选择跟老程在一起，是为了金钱还是爱情？吴鑫放弃自己热爱的医学专业，选择了高薪资的金融行业，他的生活又有怎样的变化？所有的一切，年青的一代人应该能从中看到自己的影子。

《你说我容易吗》系列剧主要关注于普通百姓的生活，而不是只让爱情贯穿整个剧情。

AceGear

入驻时间
2014 年

企业名
知为文化传媒有限公司
ZHIWEI Cuture and Media LTD

企业类型
文化传媒公司
Cuture and Media Company

　　知为文化传媒（北京）有限公司成立于 2016 年，是一个多维度新媒体矩阵，旗下不仅有专注于汽车、摩托车以及精品类的全新媒体聚合平台——AceGear 尚隐 App，同时还拥有 Ace Kol 广告平台、Ace Space、梦想加 Ace 孵化器以及 Ace club 等集合了线上、线下的多重资源；已与百余家媒体达成战略合作，拥有千万级资源推广，不管是线上还是线下，都可以跨屏协同，打通用户媒介接触闭环；致力于为中高端车主提供高调性内容，并打造一个具有影响力的媒体及 KOL 平台。同时，公司打造多个自主车文化、车生活 IP 活动，配套优质产业及跨界资源，帮助汽车厂商及相关客户提供精准的广告投放及媒体推广服务，帮助车主俱乐部的发展提供线上、线下整体解决方案。

"751·AceGear" 车文化节（1）

iAcro 潮流车文化俱乐部

iAcro 潮流车文化俱乐部活动

活动内容

目前公司关于活动内容分为：车运动/车文化/车生活自主 IP 运营，参与打造跨领域车运动/车文化/车生活自主 IP 活动等。

1. AceGear 车文化节

每年与"751""798"合作的大型车文化活动。

英国赛车节&中英汽车文化论坛。

英国政府授权冠名的汽车嘉年华活动及赛事，运营公司同时运营中英汽车文化产业论坛。

2. AceCafe&DGR 文化节

英国老牌机车俱乐部的年度聚会活动及国际 DGR 公益活动。

3. NGR 金卡纳赛事

与中汽联合作的娱乐化汽车赛事，运营公司同时运营京津冀卡丁车锦标赛。

4. 杜卡迪赛事

组织奥迪旗下杜卡迪机车官方培训及品牌赛事。

5. 越野大会

与国内最大捷豹路虎连锁经销商合作，在其已作 6 年的路虎大会的基础上做跨品牌 SUV 汽车文化活动。

6. iAcro 潮流车文化俱乐部

国内最大的改装车群体，年度聚会超 1500 辆车 5000 人。

2018 年 4 月主办的"751·AceGear 车文化节"活动，通过平台进行活动报名、审核、现场签到。共促成十大核心俱乐部深度合作，50 家俱乐部参与，现场 10 万人次参与，传播 1000 万次的大型车文化节活动。

与绕桩赛车 NGR 俱乐部进行深度合作，参与全年全国 6 场比赛线上宣传、车手报名、活动直播、赛后传播等全媒体平台流量传播。

场景实验室

入驻时间
2018 年

企业名
场景实验室——首发空间
Scene Laboratory — Launch Space

企业类型
企业战略咨询公司
Corporate Strategy Consulting Company

  场景实验室创办于 2015 年 10 月，由 IDG 资本、钟鼎资本、真格基金等多家机构投资。作为研究驱动的创新服务平台，场景实验室倡导"具体的智慧"（Small but Smart），凭借新物种发现及战略能力的引领性在中国新商业领域享有盛誉，每年主办的《新物种爆炸·吴声商业方法发布》已成为新商业趋势年度大赏。

  场景实验室长期为中国互联网及新经济企业提供"品牌战略咨询服务"，是国内极具特色的"品牌战略 IP"解决方案提供商，涵盖场景研究、品牌策略、议题设计、势能传播等创新型咨询服务。

2018年，国内知名品牌战略服务机构"场景实验室"入驻751园区，工作室位于A21号楼南侧。一层成为了现在的"LAUNCH SPACE 首发空间"。

场景改造升级后的"LAUNCH SPACE 首发空间"成为"场景实验室"研究理念的空间载体，以策展式空间为容器、以编辑力为方法，从精品咖啡到灵感办公、从观念沙龙到新品发布，持续尝试新观念首发、新品首发的可能形态。"LAUNCH SPACE 首发空间"以呼吸感的空间设计，高品质的杂志书籍，兼容休闲、办公、学习、小型会议等多元需求，不断升级场景提案与空间体验，与园区打卡胜地火车头广场、时尚回廊、动力广场等构成流畅的体验动线，共同传递751园区所营造的美学日常和创新观念。

场景实验室"751"办公空间

首发空间内部

中国原创商业方法发布会

2017年至今，连续举办的新商业知识 Talk。吴声以独立演讲的方式，对过去一年的商业世界进行揭秘和梳理，并发布年度新物种商业方法与趋势预测。《新物种爆炸·吴声商业方法发布》被业界誉为"了解中国互联网商业发展趋势必听盛会"。

LAUNCH 首发

场景实验室专注于新商业议题首发的研究品牌，从新物种首发、新商业观察的持续探索，集结场景实验室商业研究能量。《LAUNCH 首发》MOOK 为核心产品。

原创商业方法发布会

新物种研究院

新物种研究院由《财经》杂志与场景实验室共同发起，商业思想家吴伯凡出任院长。新物种研究院致力发现与研究战略专注、技术驱动、发挥特色、开创品类的新物种，记录生生不息的商业创新力量，展开与时俱进的中国创新全景。

人文聚合的设计新经济

园区多元企业集聚
Cluster Of Diversified Enterprises In The Park

文化艺术类企业

北京概念动力影视文化有限公司
2007.06.13 成立
文化艺术

广播电视节目制作；从事互联网文化活动；组织文化艺术交流活动（不含演出）；影视策划；企业形象策划；设计、制作、代理、发布广告；会议及展览服务；经济贸易咨询；销售服装、化妆品。

北京金航通宝文化传播有限公司
2013.01.31 成立
文化艺术

组织文化艺术交流活动；技术推广服务；设计、制作、代理、发布广告；承办展览活动；影视策划；电脑动画设计；基础软件服务；应用软件服务；数据处理等。

北京乐之昂文化传媒有限公司
2008.11.27 成立
文化艺术

零售音像制品；组织文化艺术交流活动（不含演出）；声乐技术培训；会议及展览服务；设计、制作、代理、发布广告；技术推广服务；经济贸易咨询；票务代理；销售日用品、工艺美术品、文具用品、电子产品、五金交电、体育用品。

知间（北京）文化传媒有限公司
2020.06.11 成立
文化艺术

一般项目；组织文化艺术交流活动；广告发布；广告设计、代理；广告制作；会议及展览服务；文艺创作；企业形象策划；企业管理；图文设计制作等。

嘿黑有馅文化艺术（北京）有限公司
2019.11.08 成立
文化艺术

组织文化艺术交流活动（不含演出）；销售家具、工艺品、电子产品、日用品、针纺织品、灯具、文具用品、家用电器、厨房用具、卫生间用具、服装、体育用品、钟表、玩具等。

北京新饰觉欧尚文化发展有限公司
2014.03.21 成立
文化艺术

工程设计；组织文化艺术交流活动（不含演出）；文艺创作；设计、制作、代理、发布广告；会议服务；承办展览活动；电脑图文设计；经济贸易咨询；教育咨询服务；计算机技术培训等。

北京星夜时代文化传媒有限公司
2013.01.28 成立
文化艺术

组织文化艺术交流活动；会议及展览服务；设计、制作、代理、发布广告；技术推广服务；经济贸易咨询；企业管理咨询；投资咨询；市场调查；文艺表演；演出经纪。

及第智造（北京）文化传播有限公司
2016.05.05 成立
文化艺术

组织文化艺术交流活动（不含演出）；产品设计；工艺美术设计；企业策划；设计、制作、代理、发布广告；公共关系服务；经济贸易咨询；文艺创作；承办展览展示活动。

北京诚斋茶工坊文化传播有限责任公司
2010.09.20 成立
文化艺术

批发兼零售预包装食品、散装食品；组织文化艺术交流活动（不含演出）；承办展览展示活动；经济贸易咨询；家居装饰及设计；投资咨询；企业策划；销售日用品、工艺品。

北京吉祥大地文化传播有限公司
2008.11.26 成立
文化艺术

一般项目；组织文化艺术交流活动；广告设计、代理；广告制作；广告发布；平面设计；会议及展览服务；社会经济咨询服务；信息咨询服务（不含许可类信息咨询服务）；企业形象策划等。

北京花间小筑文化发展有限公司
2014.03.25 成立
文化艺术

组织文化艺术交流活动（不含演出）；承办展览展示活动；会议服务；礼仪服务；销售花卉（不含芦荟）、日用品、文具用品、体育用品、工艺品、机械设备、计算机、软件及辅助设备等。

北京常青画廊有限公司
2005.04.01 成立
文化艺术

一般项目；文艺创作；艺术品代理；会议及展览服务；组织文化艺术交流活动；工艺美术品及收藏品批发（象牙及其制品除外）；工艺美术品及收藏品零售（象牙及其制品除外）；专业设计服务；货物进出口；离岸贸易经营；贸易经纪。

北京治图天下文化传媒有限公司

2012.09.12 成立

文化艺术

组织文化艺术交流活动（不含演出）；文艺创作；电脑动画设计；黄金、白银制品（不含银币）、珠宝首饰、工艺品；礼仪服务；设计、制作、代理、发布广告；舞台灯光音响设计等。

北京了望塔文化艺术有限公司

2004.07.20 成立

文化艺术

组织文化交流活动（演出除外）；经济贸易咨询；电脑图文设计、制作；工艺品和当代艺术品的批发及佣金代理（拍卖除外）；承办展览展示活动。

北京霈年仕投资顾问有限公司

2008.01.17 成立

文化艺术

销售食品；餐饮服务；投资咨询；经济贸易咨询；企业策划；公共关系服务；组织文化艺术交流活动（不含演出）；会议及展览服务；销售工艺品、收藏品、文具用品、体育用品、日用品、机械设备、五金交电、电子产品、建材、化工产品（不含危险化学品）。

迪克（北京）国际会展有限公司

2000.04.03 成立

文化艺术

一般项目；会议及展览服务；组织文化艺术交流活动；图文设计制作；社会经济咨询服务；劳务服务（不含劳务派遣）；专业设计；互联网销售（除销售需要许可的商品外）；珠宝首饰零售；工艺美术品及礼仪用品销售（象牙及其制品除外）；旅行社服务网点旅游招徕、咨询服务。

北京艺源世纪文化艺术有限公司

2008.05.14 成立

文化艺术

组织文化艺术交流活动（不含演出）；教育咨询（不含出国留学咨询及中介服务）；会议及展览服务；企业形象策划；广告设计；电脑图文设计；园林绿化设计；影视策划；舞台灯光音响；经济贸易咨询；代理进出口；技术推广服务；销售工艺品、日用品、文具用品、针纺织品、服装、珠宝首饰；美术技术培训。

世品文化发展（北京）有限公司

2009.09.17 成立

文化艺术

组织文化艺术交流活动（不含演出）；电脑图文设计；翻译服务；设计、制作、代理、发布广告；会议及展览服务；企业策划；家庭服务；经济贸易咨询；销售工艺品；出租商业用房；物业管理；餐饮管理。

北京东之拂晓文化发展有限公司

2013.01.25 成立

文化艺术

组织文化艺术交流活动（不含演出）；设计、制作、代理、发布广告；承办展览展示活动；企业策划；经济贸易咨询；技术推广服务；市场调查；企业管理咨询；销售计算机、软件及辅助设备、机械设备、电子产品、五金交电、文具用品、工艺品。

北京新世纪九艺术有限公司

2007.04.03 成立

文化艺术

组织文化艺术交流活动（不含演出）；展览服务；广告设计、制作；销售工艺品、收藏品、日用品；裱字画。

北京宁心文化艺术有限公司

2009.07.27 成立

文化艺术

组织文化艺术交流活动（不含演出）；承办展览展示活动；销售工艺品、家具、服装；企业策划；市场调查；经济贸易咨询。

北京艺文力文化发展有限公司

2016.01.28 成立

文化艺术

组织文化艺术交流活动（不含演出）；设计、制作、代理、发布广告；电脑图文设计；工艺美术设计；电脑动画设计；会议服务；承办展览展示活动；技术开发、技术转让、技术咨询、技术推广、技术服务；计算机系统服务等。

睿迪（北京）文化发展有限公司

2019.01.23 成立

文化艺术

组织文化艺术交流活动（不含演出）；文艺创作；技术推广服务；计算机系统服务；基础软件服务；软件开发；应用软件服务（不含医用软件）；产品设计；模型设计；工艺美术设计；教育咨询；经济贸易咨询；公共关系服务；电脑图文设计、制作等。

闳约艺美（北京）文化艺术发展有限公司

2012.05.08 成立

文创艺术

一般项目；组织文化艺术交流活动；专业设计服务；会议及展览服务；广告设计、代理；文艺创作；图文设计制作；新鲜蔬菜零售；日用陶瓷制品销售；食用农产品零售；家具销售；鞋帽零售；灯具销售；日用杂品销售。

艺术设计类企业

北京玫瑰坊时尚文化发展有限公司

2010.04.06 成立

服装时尚

经营范围包括设计、制造服装；销售百货、针纺织品、服装辅料等。

北京玫瑰黛薇服装有限公司

2002.04.02 成立

服装时尚

经营范围包括销售服装、纺织品、工艺品；服装设计；技术推广服务等。

北京在时服装服饰有限公司

2008.04.22 成立

服装时尚

主营加工服装；销售服装、日用品、针纺织品、工艺品；服装裁剪、设计。

贝迪百瑞商贸（北京）有限责任公司

2010.08.23 成立

服装时尚

销售日用品、服装、鞋帽、文具用品、办公用机械、电子产品、工艺品、针纺织品、体育用品、花卉绿植、化妆品；加工、裁剪服装；时装设计服务；个人形象设计；摄影服务；企业管理咨询；承办展览展示；组织文化艺术交流活动（不含演出）；设计、制作、发布广告；美容美发。

金盛汇建筑设计咨询有限公司

2015.06.11 成立

建筑设计

经营范围包括工程咨询；城市园林绿化施工，工程勘察、设计；建筑工程项目管理；技术咨询。

北京兰莲花坊装饰艺术设计有限公司

2003.04.16 成立

装饰设计

致力于成为西城区地区家居行业中的优秀企业。经营范围：装饰设计；信息咨询（不含中介服务）；电脑图文设计；零售工艺美术品、家具、百货、日用杂品。

北京权然企业管理有限公司

2009.03.06 成立

设计咨询

经营范围包括企业管理服务；经济信息咨询；服装设计；加工服装；办公服务；电脑动画设计；室内装饰设计；摄影服务；销售服装、针纺织品、日用品、工艺品。

数库（北京）科技有限公司

2014.05.19 成立

设计咨询

又名数据公园，是驱动设计和创新发展的智库，提供关于建筑、室内、时尚、产品、品牌和互联网行业创新设计趋势和商业决策数据分析和研究支持，以帮助设计和商业创新者发展具有竞争力的想法、创意和创新结果。

北京桨叶新力科技有限公司

2016.11.03 成立

工业设计

技术开发、技术咨询、技术服务、技术转让（人体干细胞、基因诊断与治疗技术开发和应用除外）；产品设计；包装装潢设计；电脑图文设计、制作；企业策划；企业管理咨询；批发日用品、箱包、电子产品；货物进出口；技术进出口；代理进出口。

北京中视上善影像文化传媒有限公司

2010.06.25 成立

视觉艺术

组织文化艺术交流活动（不含演出）；承办展览展示活动；设计、制作、代理、发布广告；电脑动画设计；企业策划；文艺创作；舞台灯光音响设计；租赁舞台灯光音响设备；企业管理咨询；会议服务；礼仪服务；经济贸易咨询；电脑图文设计、制作；市场调查；技术推广服务等。

北京三浅装饰设计有限公司

2010.01.06 成立

装饰设计

工程勘察设计；家居装修及设计；风景园林工程设计；设计广告；园林绿化服务；经济贸易咨询；摄影、扩印服务；电脑图文设计、制作；服装设计；销售建筑材料、文具用品。

北京薄荷品牌设计有限公司

2014.02.26 成立

品牌设计

企业策划；会议及展览服务；礼仪服务；经济贸易咨询；计算机技术培训；电脑图文设计制作、电脑图文设计、制作、代理、发布广告；市场调查；摄影服务；投资咨询；销售日用品、五金交电（不从事实体店铺经营、不含电动自行车）、灯具、工艺品。

北京卓拉国际时装有限公司

2008.07.15 成立

服装时尚

主要经营女装羽绒服、女装风衣、女装皮衣等,致力于打造中国最专业的女装羽绒服、女装风衣、辅料企业。

北京论兰晟服装有限公司

2014.07.14 成立

服装时尚

销售服装、鞋帽、箱包;技术开发、技术服务;服装设计。

北京科纺科技有限公司

2010.04.15 成立

服装时尚

经营范围包括技术推广、服装设计、设计服装,针纺织品。

北京宽堂云鼎装饰设计有限公司

2015.05.27 成立

装饰设计

工程勘察;工程设计;专业承包;销售建筑材料、装饰材料、家具、五金交电、家用电器、仪器仪表、电子产品、计算机、软件及辅助设备、日用品、针纺织品;技术咨询。

北京中文嘉视演艺文化有限公司

2000.12.21 成立

影视文化

组织文化艺术交流;组织展览展示;影视策划;设计、制作、代理、发布广告;工艺品设计;舞台艺术设计;艺术培训;从事文化经纪业务;婚姻服务;婚庆服务;销售服装等。

北京雅庄建筑设计咨询有限公司

2004.05.19 成立

建筑设计

工程勘察设计;工程监理;经济贸易咨询;园林绿化。

北京斯帝欧科技有限公司

2014.02.28 成立

产品设计

技术开发、服务、咨询;计算机系统服务;产品设计;会议服务;承办展览展示;设计、制作、代理、发布广告;销售电子产品、机械设备、计算机、软件及辅助设备。

北京博威艺龙文化传播有限公司

2009.03.19 成立

展览设计

以展览设计、会议、演出整体策划及大型公关活动,提供全系列服务的国际公司。

北京海森林文化发展有限公司

2009.07.15 成立

舞台设计

组织文化艺术交流(不含演出);设计、制作、代理、发布广告;承办展览展示活动;平面设计;摄影扩印服务;企业形象策划;信息咨询(不含中介服务);舞台美术设计;安装灯光、音响、舞台设备;销售舞台灯光设备、音响设备;工程勘察;工程设计。

北京典地文化科技有限公司

2016.04.21 成立

科技推广

致力于独立设计师发展的公司,经常组织线上、线下设计交流活动。经营的"艺滴"网站是一个创意家的经纪人平台,是一个汇集艺术和设计信息以及好物的线上、线下平台;是设计艺术创作者和爱好者最爱的交流空间;同时销售来自全球的好设计和好创意。

北京观点数字技术有限公司

2012.02.08 成立

数字技术

技术推广;电脑动画设计;设计广告;图文制作;货物进出口、技术进出口、代理进出口。

北京建协装饰工程有限公司

1996.03.19 成立

建筑装饰

可承担单位工程造价1200万元及以下建筑室内、室外装修装饰工程(建筑幕墙工程除外)的施工;房地产信息咨询;设备安装;装饰设计;销售建筑材料、五金交电、机械设备、电子产品。

投资管理类企业

北京云驿管理顾问有限公司
2003.04.08 成立

投资管理

主要经营投资咨询；企业管理咨询；科技、经济信息咨询；商务咨询。

城市理想（北京）文化投资股份有限公司
2005.06.24 成立

投资管理

项目投资；投资管理；投资咨询；投资顾问；信息咨询；企业形象设计；技术服务；培训；咨询；市场调查；承办展览展示；组织文化艺术交流活动；广告设计、制作（仅限使用计算机进行制作）；电影摄制；演出经纪；文艺表演；广播电视节目制作。

北京天谷盈信息咨询有限公司
2006.09.29 成立

企业咨询

经济贸易咨询；技术推广服务；广告设计；公共关系服务；会议服务；企业形象策划；组织文化艺术交流活动（不含演出）。

传媒类企业

珍爱时刻文化传播（北京）有限公司
2014.07.08 成立

文化服务

组织文化交流活动（演出除外）；经济信息咨询；会议服务；电脑图文及平面设计；营销策划；企业形象策划；展厅布置设计；服装设计；装饰设计；包装装潢设计；工艺美术设计；策划宴会；婚纱设计等。

北京新声娱乐有限公司
2016.04.22 成立

音乐传媒

室内游乐设施运营（不含电子游艺）；组织文化艺术交流活动（不含演出）；影视策划；从事文化经纪业务；公共关系服务；会议服务；设计、制作、代理、发布广告；企业管理咨询；承办展览展示活动；企业策划等。

北京柯音剧场文化传媒有限公司
2011.11.15 成立

音乐剧场

演出及经纪业务；餐饮服务；演出场所经营；组织文化艺术交流活动（不含演出）；声乐技术培训；会议及展览服务；设计、制作、代理、发布广告；技术推广服务；经济贸易咨询；企业管理咨询；投资咨询；市场调查。

互联网类企业

北京艾可欧体育文化传播有限公司
2017.03.28 成立

互联网文化

从事互联网文化活动；互联网信息服务；组织文化艺术交流活动（不含演出）；承办展览展示；设计、制作、代理、发布广告；会议服务；企业策划；组织体育赛事；销售日用品、服装、鞋帽、体育用品。

北京加意都市网络有限公司
2013.05.15 成立

互联网服务

经营范围包括计算机软件及网络技术研发；技术咨询、技术服务等。

北京乐之云文化传媒有限公司
2012.01.31 成立

无线互联网业务

文艺表演；演出经纪；组织文化艺术交流活动（不含演出）；音乐技术培训；声乐技术培训；个人形象包装及设计；票务代理；礼仪服务；会议及展览服务；设计、制作、代理、发布广告；技术推广服务；经济贸易咨询；打字、复印。

北京极地加科技有限公司

2013.06.05 成立

投资管理

经营范围为物业管理；技术推广服务；投资管理；资产管理；投资咨询；经济贸易咨询；企业策划；市场调查；承办展览活动；企业管理咨询；组织文化艺术交流活动（不含演出）；会议服务；设计、制作、代理、发布广告。

大启勤和（北京）投资有限公司

2014.09.24 成立

投资咨询

主要经营：项目投资；投资咨询；投资管理；出租商业用房；物业管理。

知为创客（北京）投资有限公司

2015.11.27 成立

投资与管理

项目投资；资产管理；投资管理；企业管理；经济贸易咨询；餐饮管理；市场调查；承办展览展示活动；设计、制作、代理、发布广告；体育运动项目经营（高危险性体育项目除外）；组织文化艺术交流活动（不含演出）；技术推广服务；出租商业用房；销售日用品、文具用品、体育用品、化妆品、服装、鞋帽、针纺织品、工艺品、电子产品、计算机、软件及辅助设备。

北京华乐成盟音乐有限公司

2014.08.29 成立

音乐传媒

文艺创作；经济贸易咨询；版权贸易；组织文化艺术交流活动（不含演出）；会议及展览展示服务。

因来国际影业有限公司

2018.05.10 成立

传媒影视

广播电视节目制作。

北京星际动力管理咨询有限公司

2008.04.24 成立

传媒展会

业承办大型商业活动及项目发展的私营公司。是在中国赛车运动娱乐推广业中的领导者之一。与此同时，冬季运动也是星际文化承办的专业赛事之一。主要从事企业管理咨询；投资咨询；技术推广服务。

北京车托帮网络技术有限公司

2013.07.16 成立

互联网服务

研发计算机软件、网络技术、通信技术；提供自有技术转让、技术咨询、技术服务、技术培训；数据处理；经济贸易咨询；企业管理咨询；设计、制作、代理、发布广告；组织文化艺术交流活动（不含演出中介服务）；技术开发；计算机系统服务；应用软件服务（不含医用软件）；基础软件服务等。

北京智诚天泽网络技术有限责任公司

2004.06.01 成立

互联网服务

技术推广服务；会议及展览服务；组织文化艺术交流活动（不含演出）；设计广告；电脑图文设计；经济贸易咨询；代理进出口；计算机系统服务；公共软件服务（不含医用软件）；维修计算机；销售电子产品、五金交电、日用品、机械设备、化工产品（不含危险化学品）、矿产品、金属材料、建材、纺织品、工艺美术品、计算机、软件及辅助设备。

其他类型

北京信息职业技术学院

1954 成立

职业技术教育

时为华北第四工业学校；1999年，北京市成人电子信息大学、北京无线电工业学校合并升格为北京信息职业技术学院。是公办全日制普通高等职业学院，为国家骨干高职学院、北京市示范性高职院校。

中国服装设计师协会

1992.06.22 成立

社会团体

中华人民共和国民政部批准注册的全国性社会团体，成立于1993年，总部在北京。中国服装设计师协会由服装及时尚业界设计师、专业人士、知名时装品牌、时尚媒体和模特经纪公司自愿组成的全国性、行业性、非营利性的社会组织。

北京太火红鸟科技有限公司

2014.03.24 成立

创新孵化机构

经营范围包括技术推广服务；计算机技术培训（不得面向全国招生）等。

庆余堂（北京）养老服务有限公司

2020.04.17 成立

社会工作

集中养老服务；基础软件服务；应用软件服务（不含医用软件）；计算机系统服务；设计、制作、代理、发布广告；承办展览展示活动；会议服务；包装装潢设计；模型设计；技术咨询、技术转让、技术推广、技术服务、技术开发；软件开发；组织文化艺术交流活动（不含演出）。

北京墨神广告有限公司

2007.12.20 成立

广告传媒

主营设计、制作、代理、发布广告；技术推广服务；计算机技术培训；组织文化艺术交流活动（不含演出）；会议及展览服务；翻译服务；企业形象策划；影视策划；市场调查；企业管理咨询；电脑图文设计。

北京敦豪快捷规划咨询有限公司

1995.03.17 成立

法务咨询

经营范围为规划咨询，法律咨询，环保咨询，经济信息咨询，家居装饰，劳务服务，出租商业用房。

宽泛（北京）建筑规划设计有限公司

2007.07.03 成立

科技推广

工程设计；工程勘察；科技开发、咨询、转让；网络技术服务；专业承包；销售计算机、软件及辅助设备、家用电器、电子产品、家庭用品、文具用品、体育用品、服装、通信设备、工艺美术品；组织文化艺术交流活动（不含演出）；承办展览展示；企业形象策划；企业管理；经济贸易咨询；园林景观设计；产品设计；装饰设计；工艺美术设计；电脑动画设计等。

北京摩德威摩托车有限公司

2013.10.09 成立

摩托车销售

销售摩托车及零配件（不含三轮摩托车）、日用品、体育用品、服装、鞋帽等。

克莉丝汀国际策划（北京）有限公司

2007.11.21 成立

传媒展会

企业营销策划；策划宴会；平面设计；礼品设计；婚纱设计；喜帖邀请卡设计；花卉设计；道具、婚纱、鲜花（不含芦荟）、日用品、五金交电、工艺品、电子产品、新鲜水果、新鲜蔬菜、食用农产品、服装、计算机、软件及辅助设备、机械设备的批发、零售；货物进出口；组织文化交流活动（不含演出）；经济贸易咨询；会议服务；企业策划等。

艾仕餐饮管理（北京）有限公司

2015.08.31 成立

餐饮服务

主营餐饮管理；企业管理咨询；会议及展览服务；经济贸易咨询；投资咨询；市场调查；组织文化艺术交流活动（不含演出）；产品设计；技术推广服务；销售日用品、食品；餐饮服务。

北京旁观者文化有限责任公司

2003.11.06 成立

餐饮服务

茶艺服务；零售图书、报纸、期刊、电子出版物；组织文化艺术交流活动（不含演出）。

北京平白餐饮管理有限公司

2014.07.22 成立

餐饮服务

一般项目：餐饮管理、礼品花卉销售（除依法须经批准的项目外，凭营业执照依法自主开展经营活动）；许可项目：餐饮服务；食品销售。

人文聚合的
设计新经济

第十四章 国际化产业资源集聚
AGGLOMERATION OF INTERNATIONAL INDUSTRIAL RESOURCES

城市的活力来源于聚合效应，设计的活力来自于同一事物不同领域的新诉求。作为生态环境的一个创建者，园区的经营者们清晰地认识到设计聚能的关键因素之一就是引领性活动。融参与、分享和交流传播于一体的各类设计专业活动交相辉映，相得益彰。国内外以及不同设计专业的资源对接，已经将园区的张力转变成城市的张力，将设计的张力转变成产业的张力。在这里，当代设计发展的路径得到了新的拓展和注释。当代中国设计的生态方式和存在方式获得了不一样的探究与实践。国际最具影响力的设计专题会议、国内最具号召力的设计专业交流，以及各种设计创业创新的企业发布活动填满了全年的每一个工作日。设计的活力和聚合的能量在这里获得了定义和注解。

"751"已成为北京国际文化交流的"动静"结合交流的重要平台

"751D·PARK"利用改造后的工业空间资源，经营各类文化创意活动，为品牌展示发布提供场馆场地。坚持以设计为核心，"国际化、高端化、时尚化、产业化"的发展目标，短短几年已形成集聚大型品牌活动、时装周、时尚及科技类品牌发布活动、文化研讨交流活动、演出活动、公益活动的文化创意产业生态。园区每年举办的文化创意活动达到500余场，参与人数200余万人次。

年度固定品牌活动

中国国际时装周（3月、10月）、中国国际大学生时装周（5月）、北京国际设计周——"751"国际设计节（9月）、"751"·车谷小镇文化嘉年华（5月）、"LOOK751"·漫游生活节（5月）、"751"科技文化节（12月）。

国际时尚高端品牌发布会首选地

每年有500余场高端品牌国际会展及新品发布活动，包括：国际一流时尚品牌，如爱马仕、万宝龙、阿玛尼、古奇、卡地亚、伯爵皮尔卡丹等；知名汽车品牌奥迪、奔驰等；IT科技创新品牌发布，如苹果、三星、联想、亚马逊、小米等。

国际交流研讨活动

中韩文化交流、中意文化外交和创意产业大会、中外跨界设计师交流研讨、建筑双年展、中荷城市未来研讨、中意建筑论坛、国际设计品牌 B2B 论坛。

科技创新类活动

极客创新大会、亚洲智能硬件大赛——北京分赛区等。

这些活动的举办使园区形成了动静的结合,以服装服饰设计为引领的设计产品展示、时尚生活体验、国际创意设计产业以及科技创新产业交流的平台。

人文聚合的
设计新经济

"设计之都"新态势

The New Situation Of "City Of Design"

从"十一五"到"十四五",园区活动增加近 3 倍

"十二五"初期,"751D·PARK"北京时尚设计广场举办的活动场次一年不足 200 场,到"十二五"末的 2015 年,全年举办 407 场活动,同比翻一番。这不仅为园区带来经济收益,也说明了"751"知名度与影响力在不断扩大。截至 2023 年,园区在"十四五"规划的指导下,加快数字化转型,引入更多的高科技企业,活动属性也由单一的设计类活动,扩展到艺术与科技相融的多元化方向发展,全年举办 500 多场活动,同比增加近 3 倍。

在公司"十一五"规划的指导下,园区积极地从地产经营向内容经营的方向转变。通过一系列自主经营的实践,锻炼文创团队自主经营的能力。经过前几年的初步尝试与锻炼,团队于 2011 年首次参与大型活动的策划与组织,即 2011 北京设计周——"751"设计之旅。该展览的面积将近 10 000 平方米。同时团队积极整合园区内外的资源,组织了园区的工作室开放以及策划了"751"设计之夜,与北京服装学院及 PECHAKCH 合作,为嘉宾及观众呈现了一场视觉与智慧的盛宴。作为园区重点打造的设计盛会,"751"国际设计节已经成为园区实践自主策划最重要的平台口,从最初的场地合作方,到 2013 年内容策划方,园区一步一步积极地转化自身角色。从 2011 年的工作室开放、设计之夜,到 2012 年的论坛互动,再到 2014 年的设计私房课、D·Lab 青年设计师助推计划、"751"设计品商店、"751"设计图书馆、系列论坛、大师讲座、颁奖活动,团队在结合园区优势的基础上,不断丰富设计节的内容,在静态的展览之余,自主策划更多的互动活动。2013 年,"751"国际设计节的项目体量约占北京国际设计周"设计之旅"项目总量的 1/3,超过 20 万观众从四面八方会聚于"751D·PARK"。经过 5 年的锻炼,团队的搭建已经完成,各小组分工明确、相互配合,团队的自主策划能力得到明显提升。同时园区还积极地与服装协会合作,承办 2013 年和 2014 年两年中国大学生时装周的时尚互动环节,通过邀请设计大师、买手店代表、科技达人等行业代表与大学生进行面对面的交流。在自主内容策划取得突破的同

时，园区也在积极探索空间经营的特色模式。时尚回廊作为园区重点打造的时尚与交流空间，承载着园区空间经营突破的使命。时尚回廊的经营不再是简单的租赁合约，而是采取平台合作的模式与合作方一起经营和推广产品，通过引进国际时尚产品及其设计理念，搭建国际化时尚设计产品展示和交易的平台。

2010年，在集团公司"十二五"规划的指导下成立信息媒体服务中心，开展基于互联网的信息服务，先后搭建了信息发布平台（751info.com）、数字"751"、公共网络服务平台，紧紧围绕时尚设计发展主题，不断探索适合园区发展的商业形态，构建平台＋服务的发展新模式，到了"十二五"末期，已为园区带来近50家入驻企业。

2020年，在"十四五"规划指导下，园区开办了常态化系列活动——宇宙工厂，致力于用文化赋能高质量发展，坚持以园区故事为源头、以中华优秀传统文化为积淀、以先进的产业、数字化产业为引领，不断提升园区创意氛围和文化活力，促进产业和消费双升级。

2023年园区开办首届751科技文化节，旨在推动文化与科技融合发展，助力北京国际科技创新中心、全球数字经济标杆城市建设。

"十四五"期间：自主策划活动表

年份	活动内容	年份	活动内容
2011	2011年北京设计周——"751"设计节	2021	2021年中国国际大学生时装周 2021年北京国际设计周——"751"设计节 2021年751宇宙工厂活动 2021年"仲夏雅集——751汉文化节"
2012	2012年北京设计周——"751"设计节
2013—2019	中国国际大学生时装周 北京国际设计周——"751"设计节	2023	2023年中国国际大学生时装周 2023年北京国际设计周——"751"设计节 2023年首届"751"科技文化节 2023年首届LOOK751·慢游生活节 北京"751"车文化嘉年华 "早C晚A"醒春市集
2020	2020年中国国际大学生时装周 2020年北京国际设计周——"751"设计节 2020年"751"宇宙工厂活动

人文聚合的
设计新经济

年度固定品牌活动
Annual Fixed Brand Activities

北京国际设计周——设计展

北京国际设计周——设计师之夜

北京国际设计周——创意集市

北京国际设计周"751"国际设计节

"751"国际设计节到2023年已连续成功举办13届，是北京国际设计周最重要的项目之一，该项目由"751"自主策划，旨在为中外创意设计主体提供展示、交易、交流的平台，打造具有国际化、高水准、专业性强、开放创新的设计盛会。来自荷兰、英国、意大利、法国、丹麦、美国、西班牙、韩国等10余个国家和地区的50余家品牌参展商前来设展，覆盖面超过2万平方米，内容涉及建筑、服装、新材料、工业设计、数字科技、儿童设计教育、家具、食品设计、书籍出版等领域，其中不乏世界一流品牌如宾利、大众、奥迪、施华乐世奇、乐高、乐尚、五指鞋等。越来越多的品牌商开始认识到"751"这个平台的价值：不仅在于展示最新产品，更是一次传达品牌理念、讲述品牌故事的绝好机会。

大师论坛和互动活动依旧是"751"国际设计节在展览主轴之外最具人气的两个重要板块。"751"主办方及各参与方精心策划一系列面向公众、面向专业群体的课题以丰富大家畅通交流、互通有无的需求。国内外设计领军人物及最具潜力设计师将成为名师讲座的重要嘉宾。"751"设计私房课，鼓励参与者重拾传统手工艺的美好。开幕式、设计之夜颁奖盛典、设计市集、"751D·LAB"、设计图书馆等持续不断的精彩活动将给所有设计爱好者搭建交流的平台，给大家留下最开心、最难忘的设计节印象。

随着"751"国际设计节的社会影响力日益增强：近百家知名媒体争相给予报道，数百位引领全球设计的国际名师与贵宾及数十万公众，在这里一同感受设计的魅力，碰撞创意思想，让设计的活力无处不在。

中国国际时装周——秀场之一

高级定制

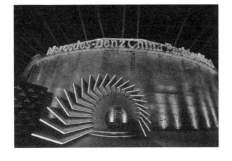

梅赛德斯-奔驰国际时装周在79罐举行

中国国际时装周

中国国际时装周创立于1997年，每年3月25—31日、10月25—31日分春夏和秋冬两季在北京"751D·PARK"举办，活动内容由专场发布、设计大赛、专项展览、专题论坛、专业评选等主要业务单元组成。

自从2007年中国国际时装周落户"751"以来，每年3月的秋冬时装发布会和每年10月的春夏时装发布会的举办会聚了中国（含港澳台）、日本、韩国、新加坡、法国、意大利、美国、俄罗斯、英国、瑞士、德国等十余个国家和地区的设计师、品牌和机构举办了近千场发布会；同时，还举办了专项大赛和专项评选以及中国时尚大奖颁奖盛典，每届中国国际时装周都吸引数百家中外媒体采访报道。中国国际时装周已成为中国服装界年度最受欢迎和最具影响力的时尚盛事。"751D·PARK"北京时尚设计广场时装展示发布平台的专业化程度已大幅提高。

经过20多年的发展与完善，中国国际时装周现已成为时装、成衣、饰品、箱包、化妆造型等新设计、新产品、新技术的国内顶级的专业发布平台，成为中外知名品牌和设计师推广形象、展示创意、传播流行的国际化服务平台。在信息化、数字化、智能化的新时代，时装周着眼于以中国时尚产业组织模式、以中国时尚产业运行体系去探索如何形成中国的时尚影响力。

"751"与时装周的合作搭建了极具专业化的设计时尚平台，为园区内各文化产业提供了跨界、合作、融入全球时尚产业的大语境的平台。

"751"国际设计节特别展——《虚无》

该展览提供了全新的设计及艺术性体验，在技术的多样和特定的空间中构建纯粹感官体验。《虚无》，一个由时间、空间与光构成的作品。在现代的视频与声音的艺术中，加入空间，通过这个冲动直抵你的内心虚空。

展览期间，慕名前来的观众在展览入口处排起了长队，成为本届"751"国际设计节最受瞩目的展览之一。

摄影作者：南滋

唤醒实验场《虚无》是一个关于声光电的实验场。展览综合设计、艺术、多媒体技术，带来多重感官刺激。就如策展人田璐所说："这是一次唤醒的旅程，与自己、与空间、与体验、与想象……"创作人丁东这样评价《虚无》作品："在现代的视与声音的艺术中，一个管道 / 一个空间 / 一个孔隙 / 一个洞穴，你窥向或是进入那里的时候，那是什么，无须问我，每人心底虚空各不相同。"

该展览由策展人田璐策展，视觉创作人丁东和独立音乐人李霄云共同创作。

设计大赛

作品发布

"751"设计专场招聘会

中国国际大学生时装周

中国国际大学生时装周于2013年创办,是经中国纺织工业联合会批准,由中国服装设计师协会、中国服装协会、中国纺织服装教育学会共同联合主办,每年5月中旬在北京"751D·PARK"时尚设计广场举办。活动由作品发布、设计大赛、新闻发布、专项展览、专题论坛、专业评选等单元板块组成。其中,由"751D·PARK"北京时尚设计广场联合中国国际大学生时装周组委会、中国服装设计师协会培训中心共同打造的为时尚设计企业及求职者提供一个相互选择的就业服务平台。"751"设计专场招聘会涵盖服装设计、陈列设计、时尚买手、展示设计、包装设计、平面设计、室内设计、产品设计、公关传播等众多岗位门类,在企业和大学生间搭建了就业的平台。

中国服装设计师协会借助举办20余年中国国际时装周所积累的成功经验和资源,与其他主办机构一道,着力将中国国际大学生时装周打造成为国内外知名时装院校宣传和推广教学成果的窗口,成为促进校企间产学研用结合的桥梁,成为展示大学生设计创意才华的舞台,成为推动大学生创业和就业的有效平台。近几年来,已有来自国内外的61所时装院校4699位优秀应届毕业生参加并举办了223场专项活动,吸引了200多家境内外媒体参与采访报道。以应届优秀毕业生为参评对象的中国时装设计"新人奖"评选活动作为闭幕颁奖典礼,为每届大学生时装周画上完美的句号。中国国际大学生时装周已然成为继中国国际时装周之后,中国服装设计界的又一个亮丽舞台。

中国国际时装周

极客公园创新大会

"AMAZING""751"体验展区

"751"设计专场招聘会

极客公园创新大会

极客公园创新大会创立于2011年1月,是由极客公园发起的年度科技文化节,以"751D·PARK"北京时尚设计广场作为常态举办地,成为"751"的科技创新资源及平台的代表力量。

作为中国最大的创新者社区之一,极客公园每年都会邀请来自国内外近百名在科技、科学、商业、文化、艺术、创造力等领域里的科技主义者们,分享他们在过去一年中、在各自领域里的创新实验与成就。

极客公园已不仅是每年中国科技圈内必须关注的活动之一,更是在逐渐成为以科技为内核的青年潮流文化聚集地。

1. 主题演讲

与全球科技大咖分享的主题演讲,如2018年极客公开课Pro(We Learn)、前沿思考论坛(We Think)、创造力论坛(We Create)、改变力论坛(We Change),分别对应技术派实践分享、企业家前沿思考分享、创新思维分享和科技主义者行动指南分享。

2. 互动体验

超大科技互动体验空间,"有态度""有状态""有享法"三大主打展区,可以进行多种最新科技体验的互动体验区。

3. 年度盘点

盘点在企业服务、生产力工具、生活服务等领域中在推动社会效益方面作出勇敢尝试的,值得被铭记的科技产品与企业。

4. 前沿社

为优秀企业家开办的前沿社冬令营,提供最新技术潮流、产业前沿势能的年度集中释放以及最有效率的深度交流探讨。

极客公园创新大会

"751·AceGear"车文化节在老炉区广场举行

机车大咖集结

英国赛车节

"751·AceGear"车文化节

"751·AceGear"车文化节是由"751D·PARK"北京时尚设计广场与AceGear车主俱乐部平台联合主办、中国汽车流通协会汽车俱乐部分会指导的国内首个车文化节。文化节为期5天,内容涵盖从俱乐部公开日、车文化市集、亲子车文化互动以及电动车生活和吃喝玩乐联动优惠等,为车友、车迷以及游客带来了一场别开生面的车文化嘉年华。

俱乐部集结日

在车文化节上,iAcro、Ace Cafe Club、越玩越野、The LowDown、瓦罐态度、中国中古车俱乐部、SMART北京HISA俱乐部、门罗车友会等多个俱乐部集结在"751D·PARK"火车头广场和煤仓,低趴、旅行车、经典老车、机车等各自领域的大咖、达人都与他们的俱乐部成员现身分享来自大咖的热爱。

车文化市集

车文化并不拘泥于整车,除了梅赛德斯-奔驰、北汽鹏元、国门杜卡迪、SWM北京极道征成大贸店、宗申赛科龙等整车之外,周边装备、改装件和模型等有趣的车文化部分也涵盖其中。

小车迷亲子互动

亲子互动环节是为改车文化的未来——小车迷们提供的互动游戏环节,包括NGR小摩王儿童ATV体验、汽车王国小木车、童颜手作体验、圈圈屋等多种亲子互动游戏帮助他们发散想象力。有些属于未来的生活,是这样开始的,这一系列的关于儿童与车的活动,润物细无声的滋养着这些小车迷的车文化,对于车文化的底蕴培养也就此拉开帷幕,中国车文化的未来必定多姿多彩。

车文化节的引入,为"751D·PARK"时尚设计广场凝聚了热爱汽车文化的人、产业及资源,丰富了"751"的文化产业业态。

"751·AceGear"车文化节

人文聚合的
设计新经济

国际品牌发布会
International Brand Conference

2017 芭莎珠宝国际设计师沙龙、极品珠宝夜宴

2017 芭莎珠宝国际设计师沙龙、极品珠宝夜宴

《芭莎珠宝》在"751D·PARK"北京时尚设计广场园区 79 罐隆重开启 2017 芭莎珠宝国际设计师沙龙精品展及 2017 BAZAAR JEWELRY 极品珠宝夜宴,吾美珠宝高级珠宝定制品牌,再度走向时尚圈,与国际一线品牌同台竞技,共同见证了新时代中国珠宝行业的创者荣耀,获得众多时尚界、演艺界名流的认可。每一件珠宝背后都有一个传奇故事,承载着时代的光辉印记。国际设计师沙龙精品展向人们呈现了 21 世纪最具创新、创造的荣耀之作,对中国乃至全球时尚珠宝行业的发展具有里程碑的意义。

倾心倾城 2017 梅赛德斯 - 奔驰——风尚之夜

倾心倾城 2017 梅赛德斯 - 奔驰——风尚之夜

"倾心倾城"2017 梅赛德斯 - 奔驰——风尚之夜在极具后现代工业风格的"751D·PARK"时尚设计广场盛大举办。作为中国国际时装周的冠名赞助商,梅赛德斯 - 奔驰携旗下的全新 GLC 轿跑 SUV 及 GLE 轿跑 SUV 闪耀亮相,凭借创新非凡的时尚设计,绽放汽车工艺与艺术美学的完美结合。第六届梅赛德斯 - 奔驰先锋设计奖得主陈安琪女士,展示了中国新锐设计师的独特美学及亚文化理念。

2017 奥迪品牌新闻年会暨年度答谢会

2017 奥迪品牌新闻发布会暨年度答谢会在"751D·PARK"北京时尚设计广场 79 罐举行。发布会发布 2017 年将完善体系布局,实现高增长,以及 2016 奥迪销售业绩、生产、物流等方面的布局优化及成果,奥迪新车型的发布以及品牌矩阵优化。

除发布会外,还举行了 2017 奥迪品牌新春音乐会,邀请众明星献唱,共祝奥迪品牌 2016 年取得圆满成功。

2017 奥迪品牌新闻年会暨年度答谢会

北京国际设计周——设计展

壳牌签约中超发布会

2017年壳牌中超联赛官方合作伙伴签约仪式在北京"751D·PARK"时尚设计广场隆重举行。自2014年起，壳牌已经携手中超走过了三年的旅程，双方奠定了坚实的合作基础。此次，壳牌中国旗下的润滑油事业部携手零售事业部与中超全新签约，展开更加深入及广泛的合作。壳牌希望通过与中国顶级体育赛事的合作为中国足球乃至体育事业作出自己的贡献。壳牌将与中超携手并进，强强联合激发赛场激情，与亿万球迷共同"壳"动未来。

美纳万象——阿斯顿·马丁品牌活动暨DB系列私享品鉴

美纳万象——阿斯顿·马丁品牌活动暨DB系列私享品鉴

英国超豪华汽车品牌阿斯顿·马丁在北京成功举办"美纳万象——阿斯顿·马丁全新品牌主张发布暨DB系列私享品鉴"活动。在品鉴会上，阿斯顿·马丁经典车型DB4和另一款神秘全新车型震撼亮相，向现场贵宾展现阿斯顿·马丁超脱尘俗的设计理念、卓越的动态性能与深入骨髓的英伦风度。同时，阿斯顿·马丁的"客户至上"服务理念全面升级。

Tokyo TDC Selected Artwork 2016—2017

Tokyo TDC Selected Artwork 2016—2017

2017年11月，东京字体指导俱乐部北京选作展，在"751"北京时尚设计广场A18时尚回廊举办。作为一个涵盖所有平面设计类别的国际设计大赛，Tokyo TDC成立于1987年，至今已有30多年历史。Tokyo TDC的获奖者，在设计方面的卓越能力特别是差异性，表现在探寻形式的边际性、挖掘语言的多样性上。由此使得奖项本身具有极强的实验性和可贵的前瞻性。

国际交流研讨活动
INTERNATIONAL EXCHANGE SEMINAR

展望 2050 中荷城市未来研讨

展望 2050 中荷城市未来研讨

中国和荷兰在城市化和空间布局方面都有着较为复杂的问题。经济发展、人口、流动性、居住、资源、能源、环境、水资源，以及总体生活质量方面的挑战都与空间规划相关。为了应对这些挑战，研讨会将荷兰和中国来自私营和政府相关组织的城市发展专家们聚集到一起，探讨出将这些挑战转化成机遇以达到可持续城市发展的方案和典型。研讨会探寻 2050 未来方案和一些可以在目前实施的重点项目，同时展开包括演讲、讨论和方案展示等公共活动。

中意文化外交和创意产业大会

中意文化外交和创意产业大会

2014 年首届"中意文化外交和创意产业大会"在北京"751D·PARK"举行。大会由中国公共外交协会、中国对外文化交流协会、意大利文化优先协会、意大利驻华大使馆共同举办。中国公共外交协会会长李肇星、外交部部长助理刘建超、意大利前副总理弗朗西斯科·鲁泰利、意大利驻华大使白达宁等 200 多人出席大会。大会是在中意两国签署经济合作协议的背景下举办的文化活动，旨在加强两国在文化和创意产业方面的交流与合作。

首尔·智慧城市、智慧设计、智慧生活

国际设计周——主宾城市韩国

首尔市作为韩国拥有先进设计理念的代表城市，应北京国际设计周的邀请，成为 2016 年北京国际设计周的主宾城市。首尔市政府委托首尔设计财团，在北京国际设计周分会场——"751"时尚设计广场内的 4 处展馆场地，举办以"首尔·智慧城市、智慧设计、智慧生活"为主题的设计专题展设计论坛及相关活动，全面展现首尔市的特色风貌。

国际设计品牌 B2B 大会

国际设计品牌 B2B 大会

国际设计品牌 B2B 大会致力于在品牌与分销商之间、品牌与发展商之间建立一个解决问题、达成互信的桥梁，帮助国际设计品牌用全新的思路寻找合作伙伴和机会。活动主题为"RETAIL 设计品牌开店套餐"，来自家具、厨房、照明等行业的国际设计品牌，结合自身经验，向潜在的中国代理商讲解了他们的开店案例。在以"CONTRACT 设计品牌样板案例"为主题的活动中，来自国内房地产行业的诸多知名开发商和建筑设计师共同学习和分享了在世界各地实践成功的设计品牌和室内设计公司的经验。

中意建筑论坛

中意建筑论坛

由中国公共外交协会与中国对外文化交流协会以及意大利文化优先协会共同主办。"城市的未来"建筑师对话主要关注城市规划过程中的建筑设计，以及人的元素在建筑设计中的体现。出席活动的意大利驻华大使严农祺说，随着时代的发展，中意两国在未来城市建设的过程中应该加强交流与合作，设计和建造出更适合人类居住和生存的城市建筑。

国际设计周——主宾城市丹麦

国际设计周——主宾城市丹麦

丹麦哥本哈根市政府与丹麦王国驻华大使馆共同举办走进丹麦生活创意展览活动，为 2018 年北京设计周——哥本哈根主宾城市进行盛大预热。Kopenhagen Fur 作为北欧及丹麦极为重要的支柱品牌受邀参与了此次盛事，带来了兼具创意设计及高品质生活方式的新季设计师联合作品展售活动。此次活动得到丹麦王室及北京市政府的高度关注与支持。

亚洲智能硬件大赛——北京分赛区

亚洲智能硬件大赛——北京分赛区

亚洲，作为全世界人口最多的一个洲，其"硬件"公司的密度也不容小觑。从"创业之国"以色列到科技发达的日本，再到"万众创新"的中国，亚洲硬件力量的崛起一定程度上也象征着其旺盛的生命力。

亚洲智能硬件大赛聚集了来自中国、日本、韩国、以色列、泰国、新加坡等地的亚洲创业项目和团队。

2017XPwn 未来安全探索盛会

2017XPwn 未来安全探索盛会

XPwn 未来安全探索盛会是由 XCon 组委会和北京未来安全信息技术有限公司联合主办，针对智能生活产品安全问题研究成果的汇报大会。在发现问题、解决问题之后，同样能够在破解突破的同时探索更深层次的技术发展，在突破中进行创新，将技术研究发展到极致，创造更大更多的新价值。鼓励研究人员通过对安全问题和漏洞的深入研究和挖掘，进而研究出更好的安全机制和措施，提高安全性能和保障，最终将此项研究成果汇总成《安全白皮书》，为不同安全领域作出卓越贡献。

阿里巴巴人工智能实验室 2018 春季发布会

阿里巴巴人工智能实验室 2018 春季发布会

阿里巴巴人工智能实验室在"751D·PARK"东区故事发布了搭载 AliGenie 2.0 系统的天猫精灵火眼，除语音交互外，增添了图像识别，物体检测和人脸识别等功能。此次发布了 AliGeni 2.0 和天猫精灵火眼。AliGenie 2.0 的视觉认知能力包括图像识别、物体检测、人脸识别等，拥有语音、图像、触摸等多种交互形态。

中新科技创新大会

中新科技创新大会

由新加坡国际企业发展局和凯德集团联合主办的"中新科技创新大会"在北京"751D·PARK"北京时尚设计广场举行。新加坡财政部部长王瑞杰、新加坡国家发展部兼贸工部高级政务部长许宝琨、新加坡驻华大使罗家良、中国科技部火炬中心主任张志宏、新加坡国际企业发展局中国司司长何致轩、凯德集团中国区首席执行官罗臻毓和凯德集团首席数码官黄国祥,以及横跨实体经济与科创领域近20个行业的企业高层、创投机构、高校及媒体等各界嘉宾近300人莅临现场。

青年志青年文化趋势与商业创新大会

青年志青年文化趋势与商业创新大会

举办青年志青年文化趋势与商业创新大会,广邀逾400位来自国内/国际商业品牌、资本创投机构、商业及文化媒体、年轻新锐品牌等界别的星际伙伴,同观青年趋势、共思商业创新、前瞻商业未来,发起蘑菇星际趴,1000多位来自不同领域的年轻人们在沉浸式的文化场域里联结、体验、社交、玩乐,用力感知这个年轻时代。期望通过展示青年文化的新变化、新趋势与新创造,帮助商业与青年同行,帮助前瞻文化和商业的迭变与创新。

2017 中国设计创想论坛

2017 中国设计创想论坛

由创想公益基金会主办的2017中国设计创想论坛在"751D·PARK"北京时尚设计广场第一车间浓情盛放。中国设计创想论坛,是创基金"创想"系列活动之一,论坛围绕"设计·生活"主题展开,为公益人、设计师和大众带来了一场对生活、设计富有启发意义的思想盛宴。作为中国设计界第一家自发性公益基金会,致力打造中国设计界的"黄埔军校"。

人文聚合的设计新经济

园区平台型活动集聚
Platform Based Activity Aggregation In The Park

品牌类活动

中国国际大学生时装周

5月中旬

设计类

经中国纺织工业联合会批准，由中国服装设计师协会、中国服装协会、中国纺织服装教育学会共同联合主办，每年5月中旬在北京举办。活动由作品发布、设计大赛、新闻发布等单元板块组成。

中国国际时装周

3月、10月

设计类

中国国际时装周创立于1997年，每年3月25—31日、10月25—31日分春夏和秋冬两季在北京举办，活动内容由专场发布、设计大赛、专项展览、专题论坛、专业评选等主要业务单元组成。

北京国际设计周

10月

设计类

"751"国际设计节是北京国际设计周——中国最具国际影响力的大型设计类文化项目的核心内容之一。定位于打造具有国际化、高水准、专业性强、开放的展示交易、创新设计、文化交流的平台。

751 国际设计节

9月、10月

设计类

751国际设计节作为751园区主导自主策划的品牌活动，作为751园区由空间发展转型为内容＋服务发展的重要节点，同时开启了751园区自主品牌建设之路。

Time Out "早C晚A" 醒春市集

2023年3月

设计类论坛

市集给大家带来一场复古工业风与现代潮流并存的醒春party，活动内容包括但不限于互动市集、分享会、户外活动……

"共·续" 展览

2022年11月

设计类

以沉浸式体验、动态交互为主呈现的设计x艺术跨界共续环保展，为艺术、设计领域焕发出新的活力。展览打破传统展览或音乐的形式，用在场的环境音乐与来访的客人交互，进行再创作，将对话植入到艺术展览中，给城市群体创造6小时的悬浮时间，一同大声探索自我与环境的关系。

文化类活动

---

751 汉服文化节

2024年5月1日

文化类

全方位、多层次地呈现汉文化的精髓，让人们在欢乐的氛围中感受到中华优秀传统文化的博大精深。无论是汉服爱好者、历史文化爱好者还是普通市民游客，都能在这里找到属于自己的文化乐趣，共同见证这一场穿越千年的历史文化之旅。

751 科技文化节

2023年12月14、17日

文化类

首届"751科技文化节"于12月14日至17日在751园区举办，该活动推动文化与科技融合发展，助力北京国际科技创新中心、全球数字经济标杆城市建设。看时代的创新者们如何从内容序列、科技序列、城市序列等方向解读科技文化的未来。

仲夏雅集

2021年6月

文化节

箭阵表演、花灯会、非遗私房课、三日集、风雅会——游园……沉浸式文化场景体验每日精彩不停歇。

bilibili 超级科学晚

2023年12月28日

文化类

10月28日晚，B站在751园区79罐举办首届科学盛世"bilibili超级科学晚"，B站邀请了6位知识区、科技区的UP主们，用实验的方式验证生活中的科学问题。

《乐队的夏天》第三季开播派对

2023年9月7日

文化类

9—10月每周五19—20时助演乐队现场表演，20时开播观影，大家坐在一起聊看《乐队的夏天3》，一起享受751园区独特工业化的火车街区特色，享受着《乐队的夏天3》带来的全新舞台，尽情享受乐队和音乐的魅力。

第 15 届亚洲户外展

2021 年 6 月

设计展览类

休展一年的亚展卷土重来，带着新户外、新生活、新内容、新行业、新品牌、新产品、新社交、新商业。

751 设计节私房课

2020 年 10 月

设计类

在本次 751 设计私房课中，现场打印制作最喜爱的照片。让体验者亲手放入拾光相盒，并挑选喜爱的干花制作相框。无论是体验者和爱人的合影，还是萌宠萌娃的照片……我们人生中每一个重要时刻的记录，都值得储存留念。

751× 践谈 APT 设计论坛

2021 年 7 月 24 日

设计类论坛

"小建筑 大能量"，本次论坛是一场关于新时代建筑的盛会，是一场新时代建筑思想的碰撞。

LOOK751·慢游生活节

2017 年 7 月 16 日

社区活动类

751 联合北京 LOOK、叁拾 OurThirties 共同推出"LOOK751·慢游生活节"，由此捕捉生活的碎片，探索他人的生活方式，跨越生活的认知广度。

卤猫"没有窗户的房间"主题沙龙

2023 年 7 月

文化沙龙

卤猫、著名导演侯祖辛和展览策展人白唐三位嘉宾，将带我们走进卤猫的"房间"，一起探寻藏在画面背后的内心世界，探寻每个人心中最动人的风景。

梵高 普辣斯——完全沉浸式·光影展

2023 年 7 月

文化展览

本次展览以梵高自画像和对应时期所创作的代表作展开，利用 AI 技术让观众与不同时期的梵高对话。结合当代科技手段的展示，使观众置身沉浸于梵高的世界中，寻觅艺术的精神和信仰。

《遇见未来》主题展

2023 年 1 月

文化展览

本次展览布展面积 2000 平方米，以"遇见未来"为主题，以科技、文化、艺术、教育融合为策展理念，共有 18 个展项，从"遇见"中出发，进而探索、破困、畅游、追寻"未来"生活，将科学家与艺术家对未来世界的科学畅想与价值观念融汇其中。

设计类活动

极客公园创新大会

1月

设计类

作为中国最大的创新者社区之一，极客公园每年都会邀请来自国内外近百名在科技、科学、商业、文化、艺术、创造力等领域里的科技主义者们，分享他们在过去一年中、在各自领域里的创新实验与成就。

极客公园创新大会 IF 2024

2023 年 12 月 16 日

设计类

2023 年，邀请站在时代前列的 AI 技术推动者，剖析这场革命对企业、社会和个人的意义，帮创业者找到大模型带来的时代机遇。

"你好，BOE" 收官站

2023 年 10 月 19 日

科技类

BOE（京东方）年度标杆性品牌巡展活动"你好 BOE·2023"收官站重磅落地北京 751 火车头广场，携手国民公路 G318 以科技之屏映四季之美。

我爱我家大地艺术展

2023 年 5 月

设计类

2000 平方米的梦想集散地，生活里每一种幸福，通过艺术化的场景体验全然绽放。

751 光影科技艺术体验馆

2021 年

科技类

本次展览由三个单元构成："时间没有开端，空间没有边界"动态灯光装置、"持续·热岛·UNIBIRDS 系列"展、"24 小时的未来"展。每个展示部分使用高新科技装置或产品作为载体，内容则由艺术家建立起一种新的感知与启示，从而延伸到对视觉文化与社会的思考。

"你好，BOE"展览

2021 年

科技类

在 751 园区 A23 楼一层，BOE 打造了一座融科技感、艺术感、潮流风尚于一体的智慧生活体验馆，融合领先的显示、传感、人工智能、物联网等软硬件融合的前沿科技，展示了人们一天生活"十二时辰"中的智慧家居、智慧办公、智慧交通、智慧文博、智慧健康等多种创新场景，尽显未来科技生活的奇幻。

发布会类活动

无限行走 / 连接

2021 年 9 月 28 日

秀场活动

主题为"超级链接 Hyper_Connection"的 2021 北京国际设计周 -751 国际设计节，以艺术和设计作为"链接点"展开一场跨学科、跨领域的互联实验，探讨艺术家和设计师如何在一个充满变革和危机的时代中发挥新价值的问题，重新审视和发掘设计与科技、与社会各领域的链接力。

DAMOWANG·韩磊发布会

2021 年 9 月 5 日

品牌发布类

9 月 5 日，中国国际时装周第三天，DAMOWANG·韩磊发布会在 751 园区 751 罐举办。

《屏之物联》新书发布会

2023 年 12 月 5 日

发布会

12 月 5 日，由连界创新、中信出版集团共同出品的以京东方科技集团为范本案例的专著《屏之物联》新书发布会在北京 751 图书馆隆重举办。

Beautyberry·王钰涛 20 周年大秀

2022 年 9 月 11 日

产品发布会

设计师王钰涛以 PEAK/ 顶峰为主题将童装融入时光交错的憧憬中，零时"长大后，我就成了你"。用童装与主线时装的呼应重导叙事，在童真的纯粹与虚拟的未来中呈现属于王钰涛的 20 年。

《谈·香·形》装置现代舞剧主题论坛

2023 年 8 月 16 日

文化类

著名演员、导演、跨界艺术家黄渤和著名编导、舞蹈家高艳津子合作创作"谈·香·形"Fragrance 装置现代舞剧首次现场于 751 园区成功举办，此次现场演绎为大家带来了新概念艺术方式的体验，整场效果让人仿佛感觉时间在静止，沉浸在力与美的震撼中。

DRAMA-夏·2023 北京戏剧嘉年华

2023 年 8 月

文化类

以戏剧开始，不止戏剧。与 DRAMA 同频，探索戏剧内核，从戏剧、舞剧、喜剧、音乐、装置、活动延展开来。

活的 3D 博物馆

2021 年 10 月

设计类

751 LIVETANK 活的 3D 博物馆、HI CYCLE 联合顽鹿打造"智能体育＋艺术体验"的跨界骑行活动，参加活动体验者完美体验了"艺术、科技、体育"三者结合的时尚动感旋律，科技赋能、艺术感知、智能体育，同时专业赛车手对抗赛引爆全场热情，掀起参赛狂潮。

其他类型活动

地球快乐·拾荒跑

2022 年 11 月 5 日

公益类活动

751 国际设计节携手 BOTTLOOP 抱朴，举办"地球快乐·拾荒跑"活动，招募热爱可持续的达人们在园区周边慢跑，同时捡拾垃圾，最终将塑料瓶投入现场的回收机进入再生流程，为"BEFORE 2060 为可持续发展设计"这一主题献出一份充满趣味的"绿色力量"。

"我是创益人"创益嘉年华

2017 年 8 月 15 日

公益类活动

"我是创益人"创益嘉年华暨 2017 公益广告大赛启动仪式在"751D·PARK"北京时尚设计广场东区故事举办，嘉年华现场集结了 2017 年戛纳摘狮的国内外创意人、中国最具代表性的创意圈、公益圈代表人物登场演讲。

珍爱跨年夜

2021 年 12 月 31 日

音乐会

珍爱时刻邀请到 8 位年少有为的音乐家，他们用青春活力和对音乐的执着，为珍爱时刻的好友和家人们带来一场 2022 跨年夜的视听盛宴。俯仰之间，沉醉其中。

腾讯视频 NBA 季后赛嘉年华

2021 年 6 月 26—27 日

嘉年华

盛夏已至，狂欢不止。今年夏天最燃的一团火注定是属于篮球，属于 2021 年 NBA 季后赛的。腾讯视频携手 NBA 官方，为广大球迷朋友打造了一场超燃球迷盛夏。

017 NGR 新车赛年终总决赛

2017 年 12 月 16 日

车赛

2017 NGR 新车赛第三站暨年终总决赛在"751D·PARK"北京时尚设计广场圆满落幕。80 多位车手辗转腾挪经过一天鏖战，献上了一场弯道艺术的视觉盛宴。

2017 商业演化论颁奖盛典

2017 年 7 月 16 日

颁奖典礼

一汽-大众全新一代迈腾携手时尚集团，共同打造的"2017 商业演化论颁奖盛典"正式启幕，来自国内 300 多位行业领袖、商界大咖、新锐精英等共聚一堂，共同见证了一场规模盛大的商界精英会。

"2017 粉丝嘉年华"盛典

2017 年 8 月 26 日

粉丝见面会

由微博和新浪娱乐主办的"2017 粉丝嘉年华"盛典火爆举行，杨幂、陈伟霆、家族等近百位明星及艺人到场与粉丝亲密互动。"2017 粉丝嘉年华"是目前国内最大的线上线下一体的明星和粉丝互动活动。

人文聚合的
设计新经济

第十五章 751D·PARK 设计生态

751D·PARK Design Ecology

  751D·PARK 的设计创新生态系统是在"798 艺术区"的艺术生态系统之上进一步发展进化而来,可谓同根,但不同枝。"798 艺术区"的生态系统前期经过艺术家自发更新形成的"自下而上"的艺术生态体系,再到 2013 年后,由 798 文化管理公司统一管理后,转变为不完全的"自上而下"生态体系。这种不完全是指"798 艺术区"在实施整体战略规划的同时,其因为存在物理空间的零散化、"二房东"模式、市场化、商业化基因的历史原因,导致业态的控制和园区的成分被打散成小单元,园区管理方对其管理需要更高灵活度,不是单纯"自上而下"制定机制和规范就可以的。所以,"798 艺术区"形成了"以商养学""以学养商""多业态并存"多管齐下的促进和管理机制以适应该类型的园区形态。而"751D·PARK"则不存在类似"798 艺术区"的历史遗留问题,其更新和运营机制搭建自始至终就是有策略、有规划、有框架、有目标的,其更新机制是由政府和七星集团管理部门牵头邀请专业规划机构设计而成,是"自上而下"的更新机制,其运营体系的搭建目标明确,由初期的以时尚设计为主题,涵盖服装设计、音乐设计、汽车设计、视觉设计及高端家居陈设等门类,到现如今的以"文化"与"科技"融合发展,打造北京"全球数字文化标杆园区",推进文化产业人才链、创新链、服务链与消费链的融合发展。园区产业链搭建的策略方式是"引标杆,建生态",维持园区生态活性,促进可持续发展的方式也是"稳准狠"的"两板斧",以"活动"和"国内外资源"的导入促进园区内个体间的相互作用和生态活力。"751D·PARK"这种"引标杆,建生态"的策略和"活动"加"资源"导入的方式路径清晰,可供新兴的文化创意产业园区借鉴,这里笔者称其为设计创新产业生态 2.0 版本。

  下面以组织生态理论的视角来阐释"751D·PARK"为代表的设计创新产业生态 2.0 的形成机制、系统结构、产业链以及系统中的个体间关系。

设计创新生态2.0版——"751D·PARK"设计生态图

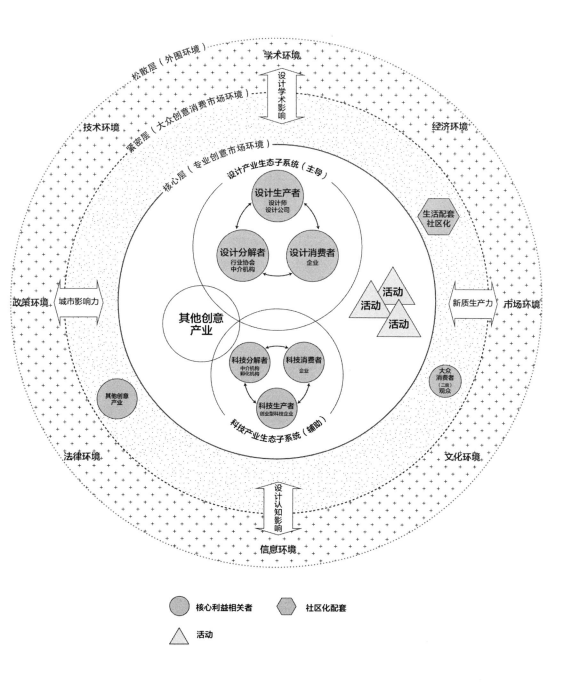

"引标杆，建生态"的策略机制

"751D·PARK"初期是以时尚设计为主题，为搭建设计生态产业链，751管委会对企业的引入方面搭建了设计生产者、设计分解者、设计消费者的产业链，招商过程中并没有刻意去限制企业类型，而是尽量找产业链上下游企业，为园区内入驻企业搭建良性供需平衡。这种思路其实就是在搭建产业链进而形成设计产业的生态系统。比如园区2007年挂牌成立初期，考虑文化创意产业链的搭建，751管理层率先引入中国服装设计师协会，其作为中国国际时装周的主办方，为园区带来了服装设计领域的明显集聚效应。中国服装设计师协会全年举办2次中国国际时装周、中国国际大学生时装周，以及各类服装设计大赛和模特大赛，并开展在职专业人员继续教育培训，开展国际交流、跨国合作项目，并建立中国时尚知识产权保护中心。中国服装设计师协会激活了整个园区时尚设计产业链。这一个头部标杆个体的引入又为"751艺术区"带来了优质的设计生产者，即多位知名设计师，如亚洲首位且中国唯一的法国巴黎高级时装公会会员高级设计师郭培、中国著名服装设计师王钰涛等。设计师们是设计创意产业生产力的源头。郭培作为中国高级定制第一人，其作品多次出现在国际高级定制的舞台上，单件售价高达500万元，这些设计师为园区设计产业生态所带来不只是实际的经济价值，更多的是文化影响力，这对于园区内的设计产业生态的持续发展也会形成新的凝聚力。设计的消费者在园区搭建其他产业链时也自然被引入，互为产业链，如奥迪中国总部、知名音乐人工作室等都是高端时尚设计的消费者，同时也承担了园区内其他产业链的生产者的功能。由此"751"这种将设计创意产业链各环节中的标杆个体引入产业链中，自然形成完整的产业链条的路径也持续在园区内的科技产业链生态中如法炮制。在对科技产业搭建过程中，园区于2013年、2014年先后引入了产业链分解者国际创新孵化器——极地创新中心、太火鸟——互联网基因的创新智能硬件孵化平台——太火鸟以及极客公园创业社区。孵化器内又入驻了多家科技硬件和设计创意企业，为科技创新产业链提供源源不断的创新力。同时，751设计品商店、铟立方等以线下店和创新产品销售平台方式为创新产品提供销售渠道，搭建了完整的科技创新产业链。

设计创新生态系统 3 体 3 层结构

751 园区内的创新生态系统分为 3 个主要子系统，即设计创新产业子系统、科技创新产业子系统和其他文化创意产业子系统，形成以设计创新产业为主，科技创新为辅，其他文化创意产业为配套的 3 体创新产业结构。3 个子系统间通过服务和相互作用进行创新产物交换、创新信息交换和创新能量交换。整个系统又在 751 园区通过活动资源的导入与外界形成物质、信息、能量的交换进而形成一个开放的创新生态系统。这个系统根据与生态主体产业链的链接程度、专业化程度和社会影响度划分为 3 个环境层次，即核心层（专业创新市场环境）、紧密层（大众消费市场环境）和松散层（外围环境）。

1. 核心层（专业设计创新市场环境）

设计本来与科技就是相辅相成的，设计是科学技术商品化的载体。而科技的发展为设计提供新的工艺、手段、材料和课题。在"751D·PARK"内设计与科技相辅相成的共生关系是自然发生的，科技作为创意产业的先导动力不断地为创意产业的商业化增值提供技术支持，同时，设计也赋能科技的商业化落地。除此之外，园区内还有其他门类的创意产业，如音乐、家居、戏剧、花艺等，与设计产业和科技产业碰撞形成辅助促进作用。由此主导"产业+辅助产业+配套产业"形成设计创新生态的 3 体产业结构。其中主导产业和辅助产业主要在核心层，配套产业覆盖其他创意产业以及生活配套产业在核心层及紧密层都存在。

2. 紧密层（大众消费市场环境）

设计创意产业产出的产品一方面是虚拟的知识产品和服务，另一方面是产生可以直接销售给消费者的实体产品，在创意园内存在很多核心层的设计创新公司，直接将其产生的创意产品在园区内进行自营销售或者通过园区搭建的销售平台、门店或园区内下游个体的销售渠道进行销售。如园区内，郭培、王玉涛等设计师的服装设计工作室也是 VIP 销售中心；"厌式房间"由设计师张厌戈创立的原创家具和生活空间设计师品牌，"厌式房间"工作室在"751"就是设计师工作室与家具体验生活空间的集合。这种模式下设计师可以更直接地与消费者接触，也是促进设计创新更人性化的路径。除了设计创意产业链的下游销售环节有部分延伸至大众消费市场环境外，园区内还有大量为设计师、大众消费者等匹配的生活化配套，如餐厅、咖啡、剧院、居住空间等，让这里成为设计创意工作者们可以长期驻留的创作社区。同时更多的大众消费也来到园区参观游玩，大众消费者的消费链条变长，为园区创造更高的经济效益。

3. 松散层（外围环境）

设计产业的发展离不开政治、经济、文化、学术、科学技术、市场环境的综合作用，但这种作用是松散地围绕在核心层和紧密层之外的，目前没有完善的机制将这些影响环境因素直接作用于设计创意产业生态的核心层。只能在政策和市场环境引导和文化、学术、科技环境辅助下，让园区内的创意产业生态发展良好，但若要有质变性的发展，由创新产业力转化为新质生产力，创新动能更上一层楼，则需要完善的促进机制，有的放矢地将这些促进力渗透到产业生态的核心层。首先，政策环境的引导作用是我国产业发展的核心。其次，科技环境决定了设计的发展走向，科学技术对设计创新产业的影响不仅仅是工具和技术的改变，更涉及设计的理念、方法和应用领域的扩展。

多维产业链融合发展促新质生产力

"751D·PARK"的设计创新生态系统内的产业链是多维复合的，设计创新链、科技创新链、消费链相互融合，消费链这里不作为重点阐述，设计创新链和科技创新链具体路径如下：

1. 设计创新链

设计创新生产者因产生产品和变现途径不同，其路径有所区别。

（1）设计创新资本 → 设计服务 → 设计消费者（B端企业）

（2）设计创新资本 → 设计服务 → 平台（设计分解者）→ 设计消费者（B端企业）

（3）设计创新资本 → 设计产品 → 设计消费者（B端企业）

（4）设计创新资本 → 设计产品 → 平台（设计分解者）→ 设计消费者（B端

客户）

（5）设计创新资本 → 设计产品 → 设计消费者（C端客户）

（6）设计创新资本 → 设计产品 → 平台（设计分解者）→ 设计消费者（C端客户）

传统设计创新企业常作为乙方，为甲方提供专业设计服务（路径1），此类服务轻资产但链条短、附加值低。随着互联网平台兴起，设计企业需通过平台获客，面临中介佣金扣除和低价竞争，进一步降低服务附加值（路径2）。因此，许多设计咨询企业在传统业务基础上拉长产业链。一种方法是直接提供完整产品解决方案，如hofo从展示设计咨询公司转型为设计工程公司，自建工厂，提供从设计到制作、数字技术、活动落地的全套服务。另一种方法是开展自研产品，创立自主品牌直接销售，以此加深科技、市场需求、品牌塑造的把控，提升产品和品牌附加值。全产业链搭建能力是设计创新者或创业者的必备能力，也是激活科技新质生产力的未来路径。大量设计师以全产业链为核心竞争力，将高新技术转化为产品、品牌为商品，使创新产品和品牌的大规模出现，摆脱传统经济增长方式，推进符合新发展理念的先进生产力质态。

2. 科技创新链

笔者认为科技创新链条基本呈现以下几种类型，但设计创新园区内居多且对设计产业链有辅助作用的链条为（1），园区内设计创新企业或消费者角色企业作为科技服务方。典型例子为澜景科技，作为一家数字媒体技术公司，为园区内设计师、设计师企业，以及奥迪等大型企业提供数字媒体技术和产品打包服务。

（1）科技创新资本 → 科技服务 → 科技消费者（B端企业）

（2）科技创新资本 → 科技服务 → 平台（科技分解者）→ 科技消费者（B端企业）

（3）科技创新资本 → 科技产品 → 科技消费者（B端企业）

（4）科技创新资本 → 科技产品 → 科技消费者（C端客户）

（5）科技创新资本 → 科技产品 → 平台（科技分解者）→ 科技消费者（C端

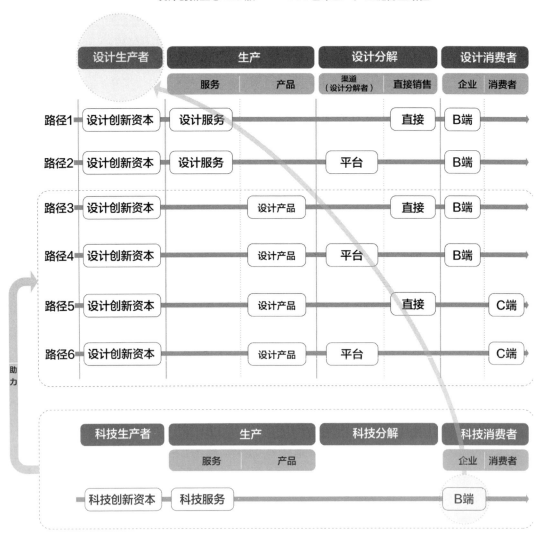

客户）

（6）科技创新资本 → 科技产品 → 平台（科技分解者）→ 科技消费者（B端企业）

创新园区内设计创新生态的种群关系及特征

序号	关系名称	关系特征
1	竞争关系	彼此相互抑制，比如园区内画廊间、设计公司间的相互竞争
2	捕食关系	收购与被收购，比如公司间的收购兼并
3	互惠关系	彼此间相互有利，兼容。比如产业链上下游个体间的合作
4	偏利关系	对种群1有利，对种群2无影响。比如资金贷款、税收、奖励等优惠政策。但这些优惠政策是有一定条件的，达不到条件的企业无法享受，那相关政策对他来说属于偏害一方而对其他企业不造成影响。
5	偏害关系	对种群1有害，对种群2无影响。相对偏利企业，其他企业是偏害。
6	中性关系	彼此互不影响，没有交集的企业。若园区内中性关系过多，园区的活力和生命力会受到影响。

设计创新生态系统中的个体间关系

种群生态理论从一个新的视角来观察和阐释组织间相互竞争关系。竞争源自于种群种内或种间对于生态位的竞争，竞争分为正向、负向和重型三种作用。有学者将组织间的关系用种群生态理论来进行类比和加以替换，分类为八种关系，即竞争、捕食、寄生、中性、共生、互惠、偏利、偏害。但这种跟自然生态完全对应的方式，对创新生态中组织个体间的关系并不完全适用。首先，创新主体中组织个体的种群种类及关系并不完全相同，如寄生关系，代表种群甲寄生于乙，并有害于乙；共生关系，彼此互相专性有利。这种关系在常规的创新个体间很难存在。此外，在运行机制方面也不相同。自然种群与创新种群都具有资源占有和产出功能，自然种群是对通过捕食获得能量，再将能量供给天敌，企业或创新个体是购买上游产业产品并向下游产业提供产品。但在对资源占有和能量的产出方面，自然种群与创新种群的偏重不同。自然种群偏重于占有资源，避免产出资源。创新主体偏重于产出资源进而获得利益回报，避免过多占用资源而付出成本。基于以上差异，创新生态内的种群关系与自然生态的种群关系不能完全等同。

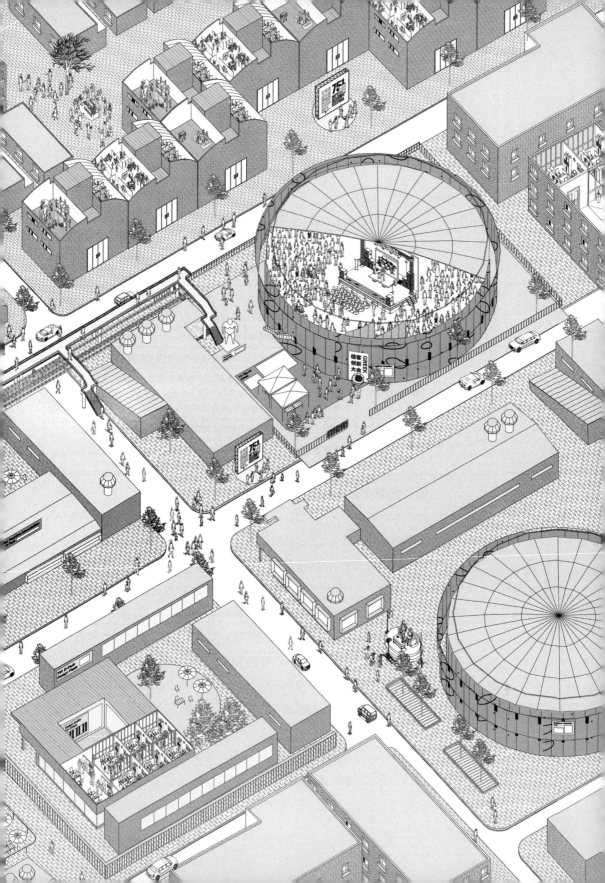

第四部分　PART IV
设计创新的新生态

十余年来，中国设计产业实现了飞跃式的成长，这一显著成就首先得益于国家政策的坚实支撑与多维度布局，构筑了一个有利于设计产业发展的政策沃土与社会氛围，使得设计迅速崛起为经济增长的关键驱动力。设计园区作为这一进程中的核心阵地，不仅在数量上激增，更在经济效益上实现了质的飞跃，成为区域经济转型升级的强劲引擎。

在设计园区内部，设计创新作为新质生产力的核心要素，经历了从 1.0 到 3.0 的阶段性飞跃，构建起日益成熟的设计创新生态系统。这一升级过程不仅彰显了设计园区自身的蓬勃生机，更深刻影响了产业链的重构与城市发展的轨迹。设计创新生态 3.0 阶段，以打造新型设计创新高地为目标，聚焦于城市的全面创新转型，通过跨界整合与协同合作，促进设计与制造业、服务业等行业的深度融合，催生出具有全球竞争力的城市产业集群。

"设计之都"作为城市转型的璀璨明珠，通过设计创新的引领，成功优化了城市经济结构，提升了城市的国际竞争力和全球影响力。北京、上海、深圳、武汉、重庆这五大"设计之都"的发展路径与成功经验，为其他城市提供了宝贵的启示与借鉴，展示了设计创新在推动城市现代化进程中的巨大潜力。

综上所述，设计创新已成为国家发展战略中的重要一环，是推动产业升级、促进城市转型不可或缺的关键力量。展望未来，随着设计创新生态的持续进化与完善，中国设计产业将开启更加辉煌的发展篇章，为全球设计文化的繁荣贡献更多中国智慧与力量。

设计创新的新生态

第十六章 国家发展的战略生态
THE STRATEGIC ECOLOGY OF NATIONAL DEVELOPMENT

随着时代的演进，中国的发展战略不断适应国家发展的需求，逐步构建起一个稳固的战略生态基础，以推动经济社会的高质量发展。从"一五"计划的初步工业化布局，到"十四五"规划中对创新、协调、绿色、开放、共享发展理念的深入贯彻，再到最新提出的发展新质生产力，推进中国式现代化，这一系列战略规划的调整不仅体现了国家对于未来发展的深思熟虑，也深刻影响着文化、设计产业和设计园区的成长轨迹。

中国国家发展战略的演变与战略生态基础的形成

自"一五"计划起，中国便开始了有计划的经济建设，着重发展重工业，以期为国家的工业化奠定坚实基础。这一时期，虽然文化与设计产业尚未成为发展的重点，但已经在国家的长远规划中占有一定的位置。随后的几个五年计划，特别是改革开放后的战略规划，更加注重经济的全面协调发展，文化产业与设计产业也逐渐被纳入国家发展的战略视野。

进入 21 世纪，中国的发展战略更加注重创新和可持续发展。"十一五"规划明确提出了自主创新的重要性，为设计产业等创新型行业的发展提供了政策支持。随后的"十二五"和"十三五"规划进一步强调了创新驱动的发展战略，推动经济结构调整和产业升级。在这一过程中，设计产业作为创新型产业的重要组成部分，获得了前所未有的发展机遇。

到了"十四五"规划时期，中国的发展战略已经形成了一个促进高质量发展的战略生态基础。这一基础不仅包括了完善的政策体系、丰富的资源储备，还包括了创新能力的持续提升和产业结构的不断优化。在这一战略生态基础的支撑下，文化、设计产业和设计园区得以快速发展，成为推动经济社会高质量发展的重要力量。

文化、设计产业与设计园区的发展

在中国国家发展战略的推动下，文化、设计产业和设计园区得到了显著的发展。文化产业作为国家软实力的重要组成部分,不仅丰富了人们的精神文化生活,也成为国民经济的重要支柱。设计产业作为文化产业的子领域,通过不断创新和提升设计能力,为中国制造向中国创造转变提供了有力支撑。

设计园区作为设计产业的集聚地,汇聚了大量的设计人才和企业,形成了设计创新的重要平台。这些园区通过提供优惠政策、完善的服务体系和创新的环境,吸引了众多设计机构和创意人才入驻,推动了设计产业的集群化发展。同时,设计园区也成为文化交流与传承的重要场所,为国内外设计界提供了交流与合作的平台。

新质生产力的注入与高质量发展的激活

尽管我们已经建立了一个相对完善的战略生态基础,但要实现高质量发展,仍需注入新的动力。新质生产力,特别是科技创新和人才资源的开发,将是激活高质量发展的关键。科技创新是推动设计产业持续发展的重要引擎,只有通过不断的创新和技术研发,才能进一步提升设计产业的竞争力和市场地位。

因此,人才资源的开发至关重要。设计产业是一个高度依赖人才的行业,优秀的设计人才是推动设计创新的核心力量。需要大力加强设计人才的培养和引进工作,建立完善的人才激励机制,为设计产业的持续发展提供坚实的人才保障。

推进中国式现代化的到来

随着"十四五"规划的深入实施和未来"十五五"发展规划的制定,我们有理由期待一个更加繁荣和充满活力的设计产业。新质生产力的注入将为设计产业带来新的发展机遇和挑战,推动其向更高端、更智能化的方向发展。同时,设计园区也将继续发挥其平台作用,促进国内外设计资源的交流与合作,推动中国设计的国际化和现代化进程。

在这一过程中,我们需要继续加强政策引导和支持力度,完善设计产业的生态环境和服务体系。同时,还要加强与国际设计界的交流与合作,引进国际先进的设计理念和技术手段,推动中国设计的国际化发展。通过这些努力,进一步激活高质量发展动力,推进中国式现代化的到来。

设计创新的新生态

国家促进设计产业发展的政策研究
Research On National Policies To Promote The Development Of The Design Industry

国家对文化和设计产业的促进政策在近5年快速发展,形成了一个协同、动态、开放和适应性的战略生态。这个生态体系通过优化资源配置、鼓励创新、促进竞争与合作以及推动国际化发展等多种方式,为文化设计产业的繁荣和经济增长提供了有力的支持。本节通过整理2017—2023年国家出台的有关文化产业、设计产业的相关政策文件,总结得出目前国家对促进文化产业和设计产业发展的政策支持已经初步形成多维构建的战略生态,从产业发展规划、财政税收、技术创新与研发、人才培养与引进、国际交流与合作、知识产权保护6个层面形成全方位、多维度的综合提升战略生态。

产业发展规划
1. 促进供需两端结构优化

国家政策从文化产业供需两端进行结构优化调整,促进文化产业体系和市场体系更加健全、文化产业结构布局更加优化,进而对国民经济增长起到支撑和带动作用。如《"十四五"文化产业发展规划》提出,从产业结构优化升级、供给体系质量提升、产业布局更合理、发展环境更优化角度,扩大优质文化产品供给、畅通设计产品传播流通、释放设计消费潜力、改善设计消费环境,促进文化产业供需两端结构优化升级。这有助于提升文化产业的市场竞争力,满足人民群众多样化的文化需求。

2. 优化设计产业空间布局

国家出台政策促进中心城市与城市群在设计产业上的高质量转移与承接,旨在优化城市布局,增强设计产业集聚与创新力,构建设计产业高地,辐射周边发展。如《中共中央、国务院关于新时代推动中部地区高质量发展的意见》指出,中部地区将依托产业集群建设工业设计中心与工业互联网平台,融合大数据、物联网、人工智能等新技术于制造业,发展现代服务业与服务型制造业,形成数字经济优势。同时,规划中部产业集群发展,如武汉光谷、合肥声谷等,并推动文

国家文化及设计产业的战略生态

化与旅游产业融合,提升文化产业竞争力。

此外,《关于推动文化产业赋能乡村振兴的意见》强调创意设计赋能乡村,鼓励设计企业向乡村拓展,为乡村提供设计服务,参与乡村建设,打造特色美丽乡村,促进城乡融合与产业均衡发展。

3. 推动设计产业融合发展

政策文件强调培育壮大数字文化企业集群,加快发展线上演播、数字创意、数字艺术、数字娱乐、沉浸式体验等新业态。这有助于推动设计产业与数字技术的融合,提升设计产业的创新能力和市场竞争力。如 2014 年《关于推进文化创意和设计服务与相关产业融合发展的若干意见》中提出,促进文化创意和设计服务与制造业、建筑业、旅游业、农业、体育产业等相关产业的深度融合，从而推动设计产业的发展。2023 年，国家相关部门进一步完善了《关于推进文化数字化建设的指导意见》，明确了文化产业与数字产业融合发展的主要方向和目标。

4. 未来产业新质生产力发展展望

国家对未来产业展望的政策中，设计产业往往被作为推动创新、提升产业竞争力的重要力量之一。《关于推动未来产业创新发展的实施意见》指出，未来产业由前沿技术驱动，当前处于孕育萌发阶段或产业化初期，是具有显著战略性、引领性、颠覆性和不确定性的前瞻性新兴产业。分为未来制造、未来信息、未来材料、未来能源、未来空间、未来健康等六大重点方向。其标志性产品为人形机器人、量子计算机、新型显示、脑机接口、6G 网络设备等。设计产业是这些前沿产业产业化落地的纽带和引擎，其作用主要体现在以下几个方面：第一，推动创新。设计产业是创新的重要源泉，通过提供创新的设计理念和解决方案，能够推动未来产业在技术创新和产品创新方面取得突破。第二，提升产业竞争力。设计产业能够提升产品的附加值和品牌形象，增强企业的品牌影响力和市场竞争力，从而推动未来产业的快速发展。第三，促进产业融合。设计产业作为连接制造业和服务业的桥梁，能够促进未来产业与其他产业的融合发展，形成新的产业生态和竞争优势。

财政税收

国家在财政税收方面力挺文化和设计产业：发布《"十四五"文化规划》明确财政支持方向；实施《中小企业竞争力措施》推动工业设计，创新设计服务；延续图书批发零售等宣传文化增值税优惠。总体支持涵盖财政资助与税收优惠两大方面。

财政支持政策包括以下三个方面。

设立专项资金。政府设立专项资金用于支持文化产业和设计产业的发展。这些资金可以用于项目研发、人才培养、市场推广等方面，以促进产业的创新和发展。

贷款和担保支持。政府鼓励金融机构为文化产业和设计产业提供贷款和担保支持。这有助于解决企业在发展过程中遇到的资金问题，推动产业的快速增长。

工业和信息化部出台的文化产业相关政策文件

序号	时间	文号	文件名
1	2016年11月	工信部规〔2016〕333号	《工业和信息化部关于印发信息化和工业化融合发展规划（2016—2020年）的通知》
2	2017年1月	工信部联产业〔2016〕446号	《两部门关于推进工业文化发展的指导意见》
3	2017年1月	工信部企业〔2016〕445号	工业和信息化部《关于进一步推进中小企业信息化的指导意见》
4	2017年1月	工信部联节〔2016〕440号	三部委《关于加快推进再生资源产业发展的指导意见》
5	2017年3月	银发〔2017〕58号	五部门《关于金融支持制造强国建设的指导意见》
6	2017年4月	工信部联装〔2017〕53号	三部委关于印发《汽车产业中长期发展规划》的通知
7	2017年6月	工信厅通信函〔2017〕351号	工业和信息化部办公厅《关于全面推进移动物联网（NB-IoT）建设发展的通知》
8	2017年7月	工信部联信软〔2017〕155号	三部门《关于深入推进信息化和工业化融合管理体系的指导意见》
9	2017年7月	工信部联节〔2017〕178号	五部委《关于加强长江经济带工业绿色发展的指导意见》
10	2017年2月		《信息产业发展指南》
11	2018年3月	工信厅科函〔2018〕83号	《关于做好2018年工业质量品牌建设工作的通知》
12	2018年3月		《智能制造综合标准化与新模式应用项目管理工作细则》
13	2018年5月	工信厅消费〔2018〕35号	《工业和信息化部办公厅关于印发2018年消费品工业"三品"专项行动重点工作安排的通知》
14	2018年6月	工信部联安全〔2018〕111号	四部委《关于加快安全产业发展的指导意见》
15	2018年11月	工信部科〔2018〕231号	《关于工业通信业标准化工作服务于"一带一路"建设的实施意见》
16	2018年11月	工信部联节〔2018〕247号	《关于推进金融支持县域工业绿色发展工作的通知》
17	2018年11月	工信部联企业〔2018〕248号	《促进大中小企业融通发展三年行动计划》
18	2019年8月	工信部联网安〔2019〕168号	《关于印发加强工业互联网安全工作的指导意见的通知》
19	2019年9月	工信部科〔2019〕188号	《关于促进制造业产品和服务质量提升的实施意见》
20	2019年10月	工信部联产业〔2019〕226号	《关于加快培育共享制造新模式新业态促进制造业高质量发展的指导意见》
21	2019年10月	工信部联产业〔2019〕218号	《关于印发制造业设计能力提升专项行动计划（2019—2022年）的通知》
22	2020年3月	工信部通信〔2020〕49号	《关于推动5G加快发展的通知》
23	2020年5月	工信厅通信〔2020〕25号	《关于深入推进移动物联网全面发展的通知》
24	2020年7月	工信部联政法〔2020〕101号	《关于进一步促进服务型制造发展的指导意见》
25	2020年7月	工信部联企业〔2020〕108号	《关于健全支持中小企业发展制度的若干意见》
26	2021年5月11日	工信部联政法〔2021〕54号	《推进工业文化发展实施方案（2021—2025年）》
27	2021年6月1日	工信部联政法〔2021〕70号	《关于加快培育发展制造业优质企业的指导意见》
28	2021年12月21日	工信部联规〔2021〕207号	《"十四五"智能制造发展规划》
29	2021年12月25日	工信部联政法〔2021〕215号	《关于促进制造业有序转移的指导意见》
30	2022年1月11日	工信厅通装函〔2022〕4号	《工业和信息化部办公厅关于成立智能制造专家咨询委员会的通知》
31	2022年1月13日	工信部联节〔2021〕237号	《环保装备制造业高质量发展行动计划（2022—2025年）》
32	2022年6月1日	工信部企业〔2022〕63号	《优质中小企业梯度培育管理暂行办法》
33	2022年8月22日	工信部联通信〔2022〕103号	《信息通信行业绿色低碳发展行动计划（2022—2025年）》
34	2023年1月17日	国标委联〔2023〕1号	《关于下达2022年度智能制造标准应用试点项目的通知》
35	2023年3月2日	工信部政法〔2023〕24号	《国家工业遗产管理办法》
36	2023年3月30日	工信部联装〔2023〕40号	《关于推动铸造和锻压行业高质量发展的指导意见》
37	2023年6月2日	工信部联科〔2023〕77号	《制造业可靠性提升实施意见》
38	2023年7月7日	工信部政法〔2023〕93号	《国家级工业设计中心认定管理办法》
39	2023年7月19日	工信部联消费〔2023〕101号	《轻工业稳增长工作方案（2023—2024年）》
40	2023年8月10日	工信部联电子〔2023〕132号	《电子信息制造业2023—2024年稳增长行动方案》
41	2023年8月15日	工信部科〔2023〕122号	《制造业技术创新体系建设和应用实施意见》
42	2023年9月	工信厅科〔2023〕55号	《钢铁行业智能制造标准体系建设指南（2023年版）》
43	2023年12月11日	工信部联节〔2021〕237号	《国家鼓励发展的重大环保技术装备目录（2023年版）》
44	2023年12月12日	工信部联科〔2023〕249号	《制造业卓越质量工程实施意见》
45	2023年12月14日		《关于公布第一批快递业与制造业融合发展典型项目和试点先行区的通知》
46	2023年12月26日	工信部联重装〔2023〕254号	《船舶制造业绿色发展行动纲要（2024—2030年）》
47	2023年12月28日	工信部联规〔2023〕258号	《关于加快传统制造业转型升级的指导意见》
48	2024年1月16日	工信部联科〔2024〕11号	《制造业中试创新发展实施意见》
49	2024年1月31日	工信部联科〔2024〕12号	《关于推动未来产业创新发展的实施意见》

政府购买服务。政府通过购买文化产品和服务的方式，支持文化产业和设计产业的发展。这不仅为产业提供了市场需求，还促进了产业的良性循环。

税收优惠政策包括以下三个方面。

增值税优惠。国家对文化与设计产业实施增值税减免政策，涵盖图书批发零售、古旧图书及达标文化活动门票等，旨在减半企业运营成本，增强市场竞争力。

所得税优惠。政府对文化企业和设计企业给予所得税优惠。这可能包括减免税率、延长亏损结转年限等，以鼓励企业加大投入和创新力度。

其他税收优惠。除了增值税和所得税优惠外，政府还可能提供其他类型的税收优惠，如关税减免、消费税减免等，以进一步促进文化产业和设计产业的发展。

技术创新与研发

政策强调技术创新在设计产业发展中的核心地位，以及设计产业对科技产业发展各阶段的促进作用。如《"十四五"文化和旅游科技创新规划》提到新一轮科技革命和产业变革深入推进，文化和旅游科技创新，集成应用、跨界协同特征进一步凸显，以云计算、物联网、人工智能、大数据等为代表的新一代信息技术为文化和旅游科技创新提供了不竭动力，正在全面提升文化和旅游运行效率和消费体验，加速推动文化和旅游发展方式变革。如2024年出台的《制造业中试创新发展实施意见》指出，要健全服务平台体系，创新发展中试产业，优化中试发展生态，这为设计产业参与制造业中试创新提供了具体指导和支持。设计产业是制造业中试创新发展的重要组成部分。中试是将处在试制阶段的新产品转化到生产过程的过渡性试验，这个过程中，设计产业提供了从概念到实体的桥梁。设计产业通过创新设计，将新技术、新材料、新工艺等应用于产品开发中，从而推动产品升级换代和产业升级。

人才培养与引进

国家对于文化和设计产业人才培养的直接政策相对较少，但其对制造业、文化产业的整体提升政策中都涉及人才培养、高端人才引进方面的政策。如关于印发《制造业设计能力提升专项行动计划（2019—2022年）》明确，争取用4年左右的时间，推动制造业短板领域设计问题有效改善，工业设计基础研究体系逐

国务院出台的文化产业相关政策文件

序号	时间	文号	文件名
1	2017年1月15日		《关于促进移动互联网健康有序发展的意见》
2	2017年1月20日	国办发〔2017〕4号	《关于创新管理优化服务培育壮大经济发展新动能加快新旧动能接续转换的意见》
3	2017年5月7日		《国家"十三五"时期文化发展改革规划纲要》
4	2017年7月11日	国函〔2017〕86号	《关于深化改革推进北京市服务业扩大开放综合试点工作方案的批复》
5	2017年9月5日		《关于开展质量提升行动的指导意见》
6	2017年9月12日		《关于开展质量提升行动的指导意见》
7	2017年11月23日	国办发〔2017〕90号	《关于创建"中国制造2025"国家级示范区的通知》
8	2017年11月27日		《关于深化"互联网+先进制造业"发展工业互联网的指导意见》
9	2018年1月31日	国发〔2018〕4号	《关于全面加强基础科学研究的若干意见》
10	2018年2月4日		《关于实施乡村振兴战略的意见》
11	2018年5月8日	国发〔2018〕11号	《关于推行终身职业技能培训制度的意见》
12	2018年9月20日		《关于完善促进消费体制机制进一步激发居民消费潜力的若干意见》
13	2018年11月23日	国发〔2018〕38号	《关于支持自由贸易试验区深化改革创新若干措施的通知》
14	2019年2月18日		《粤港澳大湾区发展规划纲要》
15	2019年4月7日		《关于促进中小企业健康发展的指导意见》
16	2019年5月16日		《数字乡村发展战略纲要》
17	2019年5月28日	国发〔2019〕11号	《关于推进国家级经济技术开发区创新提升打造改革开放新高地的意见》
18	2019年11月19日		《关于推进贸易高质量发展的指导意见》
19	2019年12月1日		《长江三角洲区域一体化发展规划纲要》
20	2020年1月17日	国办发〔2019〕58号	《关于支持国家级新区深化改革创新加快推动高质量发展的指导意见》
21	2020年5月17日		《关于新时代推进西部大开发形成新格局的指导意见》
22	2020年5月18日		《关于新时代加快完善社会主义市场经济体制的意见》
23	2020年7月30日	国办发〔2020〕26号	《关于提升大众创业万众创新示范基地带动作用进一步促改革稳就业强动能的实施意见》
24	2020年8月4日	国发〔2020〕8号	《关于印发新时期促进集成电路产业和软件产业高质量发展若干政策的通知》
25	2020年9月15日		《关于加强新时代民营经济统战工作的意见》
26	2020年9月25日	国办发〔2020〕33号	国务院办公厅转发国家发展改革委《关于促进特色小镇规范健康发展意见的通知》
27	2020年11月2日		《关于印发新能源汽车产业发展规划（2021—2035年）的通知》
28	2020年11月3日		《关于制定国民经济和社会发展第十四个五年规划和二〇三五年远景目标的建议》
29	2020年11月9日	国办发〔2020〕40号	《关于推进对外贸易创新发展的实施意见》
30	2021年1月4日		《关于全面推进乡村振兴加快农业农村现代化的意见》
31	2021年2月22日	国发〔2021〕4号	《关于加快建立健全绿色低碳循环发展经济体系的指导意见》
32	2021年2月24日		《国家综合立体交通网规划纲要》
33	2021年4月23日		《关于新时代推动中部地区高质量发展的意见》
34	2021年5月20日		《关于支持浙江高质量发展建设共同富裕示范区的意见》
35	2021年9月5日		《横琴粤澳深度合作区建设总体方案》
36	2021年9月6日		《全面深化前海深港现代服务业合作区改革开放方案》
37	2021年10月8日		《黄河流域生态保护和高质量发展规划纲要》
38	2021年10月10日		《国家标准化发展纲要》

步完备，公共服务能力大幅提升，人才培养模式创新发展。创建 10 个左右以设计服务为特色的服务型制造示范城市，发展壮大 200 家以上国家级工业设计中心，打造设计创新骨干力量，引领工业设计发展趋势。推广工业设计"新工科"教育模式，创新设计人才培养方式，创建 100 个左右制造业设计培训基地。

国际交流与合作

国家积极推动文化和设计产业的国际交流与合作。商务部等 27 部门于 2022 年《关于推进对外文化贸易高质量发展的意见》指出：加强与世界各国、各地区创意设计机构和人才的交流合作，推动中华文化符号的时尚表达、国际表达。发挥文化文物单位资源优势，加大文化创意产品开发力度，扩大文化创意产品出口。发挥建筑设计、工业设计、专业设计优势，支持原创设计开拓国际市场。推动将文化元素嵌入创意设计环节，提高出口产品和服务的文化内涵。由文化和旅游部发布的《"十四五"文化产业发展规划》提出，实施文化产业和旅游产业国际合作三年行动计划，积极构建务实高效的多层次政府间产业政策协调对话机制，加强与共建"一带一路"国家的政策、资源、平台和标准对接，拓展国际市场。

知识产权保护

国家开始多维布局知识产权保护政策，为文化产业发展保驾护航。《关于强化知识产权保护的意见》强调，高标准落实知识产权保护，坚持严格保护、统筹协调、重点突破、同等保护，以提高保护能力和水平，支撑知识产权强国建设。中共中央、国务院印发的《知识产权强国建设纲要（2021—2035 年）》为全面加强知识产权保护工作，激发创新活力，推动构建新发展格局提供了重要的政策指引。《关于规范申请专利行为的若干规定》旨在规范申请专利的行为，确保知识产权的合法性和有效性。

这些政策文件体现了国家对文化产业知识产权保护的重视，通过制定相关政策和规划，加强知识产权的创造、运用和保护，以推动文化产业的健康发展和创新。

国家发展和改革委员会出台的文化产业相关政策文件

序号	时间	文号	文件名
1	2019年2月	发改规划〔2019〕328号	《关于培育发展现代化都市圈的指导意见》
2	2019年10月	发改产业〔2019〕1602号	《关于新时代服务业高质量发展的指导意见》
3	2019年11月	发改产业〔2019〕1762号	《关于推动先进制造业和现代服务业深度融合发展的实施意见》
4	2020年2月	发改就业〔2020〕293号	《关于促进消费扩容提质加快形成强大国内市场的实施意见》
5	2021年3月	发改产业〔2021〕372号	《关于加快推动制造服务业高质量发展的意见》
6	2021年3月	发改办高技〔2021〕244号	《关于深入组织实施创业带动就业示范行动的通知》
7	2021年10月	国办函〔2021〕103号	《关于推动生活性服务业补短板上水平提高人民生活品质若干意见的通知》
8	2021年10月		《关于完整准确全面贯彻新发展理念做好碳达峰中和工作的意见》
9	2021年12月	发改高技〔2021〕1872号	《关于推动平台经济规范健康持续发展的若干意见》
10	2022年1月	国办函〔2022〕7号	《关于加快推进城镇环境基础设施建设指导意见的通知》
11	2022年1月		《加快平台企业全球化发展更好服务和融入新发展格局》
12	2022年3月	发改开放〔2022〕408号	《关于推进共建"一带一路"绿色发展的意见》
13	2022年5月	国办函〔2022〕39号	《关于促进新时代新能源高质量发展实施方案的通知》
14	2022年7月	发改产业〔2022〕1183号	《关于新时代推进品牌建设的指导意见》
15	2022年9月	发改办运行〔2022〕788号	《关于促进光伏产业链健康发展有关事项的通知》
16	2022年10月	发改投资〔2022〕1652号	《关于进一步完善政策环境加大力度支持民间投资发展的意见》
17	2022年12月		《"十四五"扩大内需战略实施方案》
18	2022年12月		《关于推动大型易地扶贫搬迁安置区融入新型城镇化实现高质量发展的指导意见》
19	2023年10月	发改环资〔2023〕1409号	《国家碳达峰试点建设方案》

文化和旅游部出台的文化产业相关政策文件

序号	时间	文号	文件名
1	2019年3月1日	中华人民共和国文化和旅游部令第1号	《国家级文化生态保护区管理办法》
2	2020年3月1日	中华人民共和国文化和旅游部令第3号	《国家级非物质文化遗产代表性传承人认定与管理办法》
3	2020年11月18日	文旅产业发〔2020〕78号	《关于推动数字文化产业高质量发展的意见》
4	2021年7月12日	办资源发〔2021〕124号	《关于推进旅游商品创意提升工作的通知》
5	2021年12月27日	文旅产业发〔2021〕131号	《关于推动国家级文化产业园区高质量发展的意见》
6	2022年3月21日	文旅产业发〔2022〕	《关于推动文化产业赋能乡村振兴的意见》
7	2022年7月20日	文旅产业发〔2022〕77号	《关于促进乡村民宿高质量发展的指导意见》

其他部委出台的文化产业相关政策文件

序号	时间	文件名	文号
1	2022年6月10日	人社部发〔2022〕33号	《农业农村部发布2022年重点强农惠农政策》
2	2022年6月2日	商服贸发〔2023〕302号	《制造业技能根基工程实施方案》
3	2023年12月15日	文物科发〔2023〕32号	《关于加快生活服务数字化赋能的指导意见》
4	2023年10月26日		《关于加强文物科技创新的意见》

设计创新的新生态

中国设计园区近十年发展基本情况
Basic Development Of Chinese Design Parks In The Past Decade

关于设计园区的概念

设计园区是个外延比较宽泛的概念。这里，我们从以下几个维度予以描述。

（1）设计，作为当今社会主体经济的有机组成部分，形成以物理社区为载体的聚集型社会区域，并具有一定数量的建筑空间形态。

（2）具有独立的经营许可，以经济实体的组织机构或法人单位组织营运。

（3）各成员单位，通过设计类活动与生产关系关联并集聚，在文化、专业内容和组织方式等方面与社会发展内涵相一致。

（4）由于其活动的卓越性和典型性，与该地区的经济发展、文化生活、城市建设等内容建立起良好的关联。社会影响力正在或已经成为该区域的文化地标性空间。

以设计为核心理念汇聚而成的事业模式，主要兴起于现代工业产业快速发展所催生的设计领域社会分工之中，涵盖建筑设计、平面设计、产品设计及交互设计等多个企业创新前沿。这种模式不仅体现在以设计经济实体为核心的经济活动中，还涵盖了围绕设计与企业创新经济所构建的社会资源组织活动。具体而言，它包括了为设计深化而进行的基础研究，服务于产品研发的数据采集与分析工作，针对设计工作者群体的专业培训与发展计划，以及整合产业上下游资源、促进投资的社会生产组织创新等多元化聚合行动。

国际主要设计先进国的设计园区发展基本情况

国际上主要的设计先进国集中在欧洲和北美地区。这里选择几个典型国家和地区，概略地描述出它们各自发展特征。

美国作为当今世界的创新强国，设计的园区形态与设计创业、创新人才基地相连接。自"二战"后跃居设计强国，美国设计与企业经济深度融合，创新人才与科技精英的活跃参与，及其在社会化创新中的贡献，共同铸就了设计发展的坚实基础。在美国，设计园区几乎是个泛概念，它往往隐没在以设计创新、创业为核心的社会交流和城市生态中。譬如美国东海岸的纽约州，以及五大湖地区的几个知名城市，设计园区就是创业园区。一般不专门命名或划定出固定区域作为设计园区来运营。西海岸亦基本如此，以旧金山为核心的极具创业底蕴的大学所在地是最活跃的设计园地。设计主要表现为设计者与企业集团之间的有机联合，园地或园区的物理空间整体呈现为开放式。西部地区主要以大学研究所和创业、创新企业群为主体。这些创新型企业聚集在一起，似乎具有了园区的性质。比如旧金山的"八号码头"等，且这些初创企业为了降低成本，利用废弃的码头仓库或闲置的厂房进行改造，形成了别具风格的码头创意园地。

在欧洲，设计园区显著地展现出以城市为核心的文化园区特质，尤以英国伦敦为典型代表。伦敦巧妙地将城市文化、国家影响力与设计活动融为一体，其中"百分百"设计奖等多元化设计活动贯穿全年大半时光，营造出浓厚的创新设计氛围。这种氛围不仅增强了城市的凝聚力，更赋予了伦敦独特的城市魅力。伦敦全城即设计园区，设计元素无处不在。欧洲多国效仿英国，借设计活动推动文化发展，增强国际影响力。德国红点奖、意大利金圆规奖等活动，将鲁尔、米兰、巴黎等城市推上全球设计舞台，尤其是鲁尔尤为显著，成为由工业重镇转型为设计复兴的典范。上西里西亚与鲁尔等老工业区，战后转向知识密集型经济，工业遗产与现代生产融合，孕育出设计园区的雏形。在设计素养良好的北欧斯堪的纳维亚地区，由于城市规模和设计人员规模均没有西欧、中欧那么大而密，设计园区的形态多为一种以商业综合体为主要方式的市场化窗口形态。其中最典型的就是综合商场里的设计专层，集中了几百个创新品牌，同时进行展示和贩卖。

日本设计园区堪称亚洲典范，其特色在于以街区为单位，形成由设计事务机构组成的紧密集群，如东京银座的建筑事务所集群。涉谷、上野等地更是设计之都，高密度的事务所汇聚，构建了一个高效沟通的专业行业体系。这些行业化的地标，展现了日本设计园区的独特风貌，其发展历程深深植根于日本历史，自20世纪中期以来，持续成为日本社会经济的坚实支柱。

中国设计园区的发展概况

中国设计园区的发展大致可以分为三个大的阶段。

第一个阶段,始于 2000 年前后的六七年间。在北京、上海、广州、深圳等主要城市,以及几个沿海经济快速发展区的典型城市中建立起若干个"基地型"的设计园区或设计中心。它们依托强大的制造业背景,由政府出资主导,或受政府政策支持建设而成。进而将北京、上海、广州、深圳等地设计人才的事业形态有效激活,并涌现出今天依然活跃着的知名园,如广州"tit"创意园、北京"设计促进中心",无锡"中国设计创新园区"和宁波"和丰广场"等区。

第二个阶段,2005—2010 年。该阶段中,地方政府经济科技部门强化设计与地方产业融合,积极促进设计园区落地。此阶段,设计园区紧密关联地方产业创新升级,其构建围绕设计服务资源为核心,吸引优质设计公司、创业项目、平台及教育资源汇聚,显著推动产业升级转型。这一阶段设计园区两大特色显著:一是设计资源成为企业新动力,政府高度重视其推广展示,促进设计公司与本土企业合作开发;二是城市工业遗存被改造为设计园区基石,融合设计文化与城市文化,构建综合型、城市化功能的集聚地,营造浓厚的城市设计氛围。

第三个阶段,2011 年至今。此阶段设计园区的外延开始拓展,设计与文化、设计与创业、设计与人才转化等功能大量汇合。受各地经济和信息化委员会以及文化产业管理部门的推动,城市区域经济发展的目标亦开始融入园区的功能之中。高新技术产业和城市新功能的投入,设计园区融入文化、创业、创新等内涵,形成政策推动的新抓手。

1. 环渤海地区主要设计园区发展情况

环渤海地区,作为我国围绕首都为核心,紧密联结东北与华北,并向胶东半岛辐射的关键经济区域,其设计园区的发展态势呈现出一种鲜明的对比现象:一边是首都北京设计园区的繁荣兴旺,独领风骚;另一边则是周边城市设计园区相对平缓的发展状态。

这一现状凸显了环渤海地区设计产业发展的一个显著特征,即高度集中的首都活力与周边城市小规模平台之间的鲜明对比。北京作为设计园区的领头羊,其强劲的发展势头构成了环渤海地区设计园区发展的基本底色。

在 2015 年前后,随着京津冀协同发展战略的全面铺开与深入实施,京津冀地区的创新创业环境得到了显著强化。这一战略部署促进设计资源在更广阔的空间内自由流动与优化配置，进而加强设计资源与周边城市功能的深度融合，为环渤海地区设计园区带来新的发展机遇与活力，推动其实现更加均衡、全面的发展。

2. 长三角地区主要设计园区发展情况

长三角地区是中国设计园区发展最早的地区。由于工业生产能量巨大，以江浙沪为核心的城市群都在不同程度上建有设计类园区。最明显的特点是各地的设计园区与当地的城市形态高度融合。

该地区的设计园区围绕着上海、苏州、无锡、南京、杭州、宁波等城市资源展开，在设计与产业联系的层面上则不受地方产业的局限，表现出跨城市的挂钩式联动面貌。以城市新型功能区域或文化型地标来塑造园区是这一地区设计园区建设的特质所在。

3. 中西部地区主要设计园区发展情况

中西部地区的主要设计园区在 2010 年前后开始发展。在西南部地区经济走廊上的几个重要城市，如长沙、武汉、重庆和成都先后有由政府支持、民营主导的园区出现。

随着近年中国发起的"一带一路"倡议，另一个重要的发展因素也已经被注入设计园区的目标中。2013—2020 年间，设计园区进一步受到社会各界的高度重视，打破了中西部地区相对滞后的面貌和格局，发挥设计园区与城市、产业功能定位之间的稳健连接是中西部地区未来设计园区发展的重要趋势。

4. 珠三角地区主要设计园区发展情况

珠三角地区也是中国改革开放以来最早的经济带。以深圳、广州、佛山和顺德等城市和地区为核心的设计园区建设十分密集。

深圳表现尤为突出，它融城市功能、创新创业功能和文化功能于一体，将设计创新人才转化为当地产业人才。多样性地导入艺术、文化和设计资源，综合为本地区经济建设服务。

顺德、东莞等以镇街为单元，区域为基础的建设规划也是这一地区设计园区发展的特质。由于深度联系当地产业发展要素，因此创新需求上高度对应当地企业，并从中获得生机，因地制宜，规模务实。融专业、行业和产业于一体，善于在当地形成设计行业地标，配套当地产业，开展协同发展。

从近十年的发展情况来看，将设计创新机能注入传统企业，依然会对广东地区的产业升级和企业创新起到深远的影响。

中国近五年来设计园区发展的政策效益与成果分析

近五年的中国设计园区发展表明，设计园区极具设计文化的推广性，对推动当地企业发展和创新具有深远的价值，在城市发展和文化建设方面亦极具战略效益和基础意义。2014年前后是地方政策的爆发期。设计的相关推动政策已经从中央、省市，转入地方和区县，并呈现出许多新颖的、符合中国设计自身事业发展规律与要求的、更为具体和密集的推动方略。

这里列举两个典型政策维度的内容，分别呈现以城市发展为定位为目标的政策指引和以省级专项事宜为定位的政策指引。正是由于这些政策的引领与推动，设计才在相关领域获得长足进步。

1. 以首都北京为背景，列举《北京市文化创意产业提升规划（2014年—2020年）》的关键要领

（1）塑造"设计之都"品牌，利用北京作为"设计之都"的优势，对接国际资源，举办设计品牌活动如中国创新设计红星奖、设计之旅、中国设计节等，持续办好北京国际设计周，汇聚全球设计资源，推动设计成果转化，扩大中国设计国际影响力。

（2）培育和吸引设计主体，支持龙头设计企业壮大，推出设计百强，扶持知名品牌机构，激发中小微企业及个人设计师创意，吸引国际设计组织和机构入驻，促进国际合作与人才交流，鼓励设立独立设计机构，支持以设计知识产权创办企业。

（3）搭建产业创新平台，加强设计项目和市场建设，设立国家级设计中心，建立资源共享平台促进设计成果转化，推动设计行业协会联合，促进跨界合作与产业联盟，鼓励在重点行业开展设计提升示范项目，支持龙头企业在京建立设计创新中心，引导社会资本投入，重点发展多领域设计，提升整体设计水平。

（4）加强设计教育培训，支持行业协会与院校合作，建立实训基地，推动理论与实践结合，完善再教育机制，提升设计人才技能与素养，健全职业资格认定制度，促进工业设计向高端综合设计服务转变，提升制造业文化附加值，实现"北京制造"向"北京创造"的飞跃。

2. 列举广东省经济和信息化委员会、广东省财政厅《关于组织申报 2014 年省级工业设计发展专项资金的通知》〔2014〕982 号的关键要领

为进一步促进我省工业设计发展，推动产业转型升级，根据我省专项资金有关规定，现就 2014 年省级工业设计发展专项资金申报工作通知。支持对象为在广东省境内登记注册、具有独立法人资格的企事业单位、行业组织或工业设计机构（获得国家、省级工业设计中心或示范单位的优先支持）。

（1）工业设计交流与推广。支持领域为第七届"省长杯"工业设计大赛和工业设计活动周。具体按照省政府印发的《第七届"省长杯"工业设计大赛和工业设计活动周工作方案》办理。

（2）工业设计专业化提升。本专题支持三个领域。领域一：购买正版专业设计软件。在建项目购买造型、渲染、平面设计、模流分析等类正版专业设计软件总金额不低于 10 万元，按 50% 的标准给予一次性补贴（最高不超过 50 万元）。领域二：购买工业设计成果或服务。在 2014 年期间（以发票时间或合同时间为准），购买工业设计成果或服务总金额不低于 50 万元，按 50% 的标准予以补贴（最高不超过 100 万元）。领域三：工业设计基础研究和应用研究。重点面向具有产业共性的通用性、前瞻性工业设计基础研究课题，以及基于新技术、新工艺、新装备、新材料、新需求的设计应用研究，最高补贴金额不超过 50 万元。

（3）工业设计公共平台建设。重点支持面向重大基地、集群、园区的工业设计公共平台项目。申报项目应具有工业设计公共服务功能，具有较好的建设基础和较大的发展潜力，影响力和辐射力较强，申报项目总投资原则上不低于 1000 万元。

以上两个政策。支持工业设计内容已经十分具体和专门化。无论是定位还是鼓励，都高度细致地对应着本地区发展的目标。这一方面表明，此时的工业设计政策指引已经非常细致和指向明确，另一方面，客观上反映出工业设计已经成为本地区发展机制的一个重要部分。

设计创新的
新生态

第十七章 城市转型的创新生态

THE INNOVATION ECOLOGY OF URBAN TRANSFORMATION

新中国成立 70 多年以来，中国城市经历了天翻地覆的变革。作为评价国家经济发展状况的基本单元，城市不仅是经济活动的聚集地，更是创新思想的摇篮。为了全面、客观地研究和评价城市创新生态系统的构建水平及其发展机制，进行了深入的分析和研究。这一研究不仅是对创新驱动发展水平和城市竞争力的度量，更是为了洞察城市创新发展过程中的难点和痛点，从而为国家经济发展提供有力的参考。

本节将对国内城市创新生态研究相关的文献进行综合性研究和统计。为了确保研究的准确性和客观性，我们采用了基于 Java 平台开发的先进数据分析工具——Citespace。通过这一工具，对研究关键词、研究时间脉络、发文机构、发文作者等多个维度对国内研究文献进行了定量分析和数据解读。这一分析过程不仅揭示了城市创新生态系统的发展动态和趋势，也为以创新生态学角度理解城市转型升级提供了坚实的理论研究基础。

在深入研究的过程中，特别选取了中国最具代表性和国际影响力的城市——中国五大"设计之都"作为研究对象。这些城市包括北京、上海、深圳、武汉和重庆，它们在设计领域具有显著的成就和影响力。详细探求了这些城市在申请设计之都前后，城市转型发展的策略以及具有代表性的城市创新生态发展机制。

北京和上海，这两座具有深厚文化底蕴的城市，正逐步向文化与科技多元产业协同发展的国际化都市转型。在这一过程中，设计产业发挥了不可或缺的作用，推动了城市的创新发展和产业升级。深圳，这座从零开始发展文化产业的城市，通过文化产业赋能制造业，实现了城市的快速发展和转型升级。而武汉和重庆，这两座具有中国特色的传统重工业城市，也在积极推动向先进制造业的转型，设计创新在这一过程中同样发挥了重要的作用。

本章对这些"设计之都"的申都过程及其设计产业近几年的发展情况进行了

详细的解读和分析。研究发现，设计创新对城市转型升级具有显著的推动作用，能够有效地助力城市传统产业向新质生产力产业转型。这不仅体现在产品设计的创新上，更体现在城市空间规划、服务设计等多个方面。设计创新为城市带来了新的发展机遇和活力，使得这些城市能够在全球竞争中占据有利的地位。

综上所述，中国城市创新生态系统的构建与发展是一个复杂而系统的过程，需要政府、企业、学术界和社会各界的共同努力。设计创新作为其中的重要一环，为城市的转型升级和持续发展提供了有力的支持。

此外，每个城市都有其独特的历史、文化和经济基础，因此在推动城市创新生态发展的过程中，需要因地制宜，制定符合城市实际的发展战略。例如，对于文化底蕴深厚的城市，可以依托其丰富的文化资源，推动文化创意产业的发展；对于制造业基础雄厚的城市，则可以通过设计创新提升产品的附加值和市场竞争力。

同时，城市创新生态的构建并非一蹴而就，而是一个长期的过程。这需要保持耐心和定力，持续投入资源和精力，不断完善创新环境和服务体系，激发企业和个人的创新活力，需要更多的城市能够加入创新发展的行列。只有这样，才能真正推动城市的创新发展，实现经济的高质量发展。

城市创新生态国内研究情况——基于 Citespace 分析

Research On Urban Innovation Ecology In China - Based On Citespace Analysis

当今世界正处于百年未有之大变局，中国在变局中推进中国式现代化。经济现代化是世界范围内现代化经济体最为明显的共性特征，科技创新和制度创新的现代化带来的是经济效率的提高，经济结构升级，进而实现经济现代化（较高的经济发展水平）。工业设计作为伴随工业时代诞生，连接科技创新与商业发展的创新学科，创新一直是工业设计研究的关键词。2015 年，国际设计组织（WDO）发布了工业设计的新定义。"战略性""体验性"和"系统性"被进一步强调，使得工业设计的范畴从有形的产品延伸至无形的服务，又进一步延伸到创新活动的组织方式、创新生态的搭建等制度创新层面。由此，设计成为推动一个城市、一个国家、一个民族实现科技创新和制度创新，进而实现经济现代化的重要力量。城市是评价一个国家经济发展的单元，客观和全面的研究评价城市创新生态系统的构建水平，研究其发展机制，即是评价创新驱动发展水平以及城市竞争力的度量，也是洞悉城市创新发展过程中的难点和痛点，为国家经济发展提供蓝本。

自 20 世纪以来，在创新方面的研究开始涌现出大量有价值的研究，随着创新范式的更新优化，学者将创新与自然界生态系统进行类比，并提出创新生态系统的概念。21 世纪以来，创新生态系统逐渐成为创新领域的研究热点，其研究的重要分支之一是城市创新生态系统的研究，其强调以城市为单元，城市创新主体、创新资源与创新环境相互作用，促进物质、能量和信息的流动，网络创新系统动态演化和相互依存的生态有机系统。国内对于城市创新系统的研究有很多，但基本都是基于经济管理学、城市规划学、地理学等角度，而从设计学的角度，基于设计创新理论、设计创新主体、设计创新活动等方面对城市创新生态促进的研究相对缺乏。因此将设计创新与城市创新生态研究成果进行梳理，进一步掌握其国内外最新的研究动向，为设计学科在城市创新领域的后续研究提供拓展空间，是十分有必要的。本章节使用基于 Java 平台开发的 Citespace 作为数据分析工具，从研究关键词、研究时间脉络、发文机构、发文作者等方面对国内研究文献进行定量分析和数据解读，梳理设计创新与城市创新生态系统的国内研究现状、研究热点和研究趋势等，以更好地为进一步研究提供基础。

概念界定

1. 生态系统

在生物学中，"生态系统"是一个非平衡热力学系统，用于描述生态群落或组合及其所在的特定物理环境，以及生态系统参与者之间的能量处理、分配和消散以及随之而来的相互依赖性。生态系统与尺度无关，在任何有生物、物理环境和他们之间的相互作用的尺度上都可存在。因此，"生态系统"的概念也被广泛延伸至不同学科。例如，"工业生态系统"专注于特定地理区域内工业组织之间的能源和材料流动。同样，"城市生态系统"考虑了城市环境参与者之间的相互依赖性。经济学将"生态系统服务"定义为人类从城市和生物生态系统中获取的利益。管理学将生态系统描述为在经济活动场所中，多利益相关者之间知识与价值的流动产生产品和服务，进而获取利益。学科与生态系

生态系统与各学科交叉研究系统

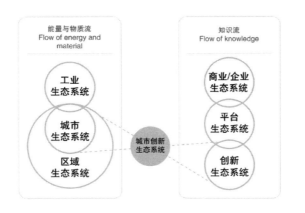

统的交叉延伸众多，但基本可以通过其核心价值流向因素分类为能量和物质流、知识流、价值流三类，进而将各类型生态系统及本文研究的几个生态系统概念进行逻辑划分。

2. 创新生态系统

战略和组织理论学者将创新机制引入生态系统，创新生态系统由 Adner（2006）提出，指企业协作将产品组合成面向客户的解决方案，包含核心企业、上游组件与下游补充品。Carayannis 和 Campbell（2009）强调资本、文化、技术的聚集与共同发展，价值主张依赖于补充品。Gomes 等（2018）认为其是共同创造价值的网络，成员合作竞争并存，经历共同进化。Bogers（2019）及 Granstrand 和 Holgersson（2020）进一步系统化定义，指出创新生态系统是行为者网络，强调相互依存与合作创造价值，且不断变化。Klimas 和 Czakon（2022）通过文献分析，确定了 34 种创新生态系统类型，并依据 14 个标准分为 5 类，包括生命周期、结构、创新重点、范围和性能，其中范围标准涉及技术、空间或物理活动的广度。

国内学者总结创新生态系统包含主体、服务、环境等要素，通过互动融合形成动态开放系统。该系统类似生物群落，吸纳多样成员，促进资源共享与价值共创，实现共生演化。陈健等（2016）指出，创新生态系统以创新为驱动，由多要素和产业架构组成，旨在培育新生态与开发新市场。Klimas 和 Czakon（2022）进一步分类了创新生态系统的多种类型和标准，深化了对该概念的理解。

3. 区域创新生态系统

20 世纪 90 年代，基于国家创新系统分析模型，Cooke 和 Braczky 提出"区域创新系统"概念。区域创新生态系统为社会科学领域，将地理学的区域概念引入创新管理和区域经济发展的研究中，指在特定地理区域内，各种创新相关主体之间相互作用、合作和竞争的复杂网络结构。这些主体可能包括企业、初创企业、高等教育机构、研究机构、政府部门以及其他创新相关的组织和个人。这种生态系统的目标是促进创新活动、知识共享和价值创造，从而推动该地区的经济增长和发展。

4. 城市创新生态系统

城市创新生态系统目前没有统一的定义，而是基于创新生态视角，以"城市"作为区域边界，是指在城市范围内形成的多元化组织、机构和个体之间的互动网络，旨在促进创新、知识共享和经济繁荣。这些生态系统通常由企业、初创企业、高等教育机构、研究机构、政府部门，以及居民社区等组成，它们共同合作、竞争和创造价值，以推动城市的创新发展和经济增长。

城市创新生态系统的概念在城市规划、创新管理和区域发展等领域得到广泛讨论和研究。这些生态系统为城市提供了一个创新的环境，促进了科技成果的转化和应用，吸引了人才和投资，推动了城市经济的发展和产业的升级。

5. 设计创新生态系统

国内外针以上创新系统的相关性研究相对较多，但针对设计创新生态系统的相关研究相对较少，特别是设计创新生态系统的模型建构方面相对较少。边宏雷（2009）学者从国家宏观的角度提出了国家工业设计创新系统，主要从两方面进行阐述：企业主体的创新、工业设计创新系统平台的创新，并从宏观的视角构建设计创新系统。

研究方法和数据来源

1. 研究方法

本节借助 Citespace 软件作为数据分析工具，进行聚类分析，从关键词、发文机构、发文作者等方面对 448 篇中文文献进行定量分析，即关键词共现得到国内研究团队的研究热点，通过热点与研究时间线挖掘研究脉络，再通过对比分析，发现国内研究的差异，指明城市创新领域的研究的发展方向。

2. 数据来源

为保证搜集数据的可信度和说服力，国内文献选择中国知网数学期刊网络出版总库，以"设计创新""城市创新生态""社会创新""区域创新生态系统""区域创新系统"为检索关键词，检索到的 688 篇文献，获得 448 篇高质量期刊论文，时间跨度为 1999—2024 年。

国内团队研究热点分析

高中心度和高频率的关键是学者普遍关心的课题,即研究热点。通过对国内研究文献内容关键词进行统计,去除了主题关联度较低的词频,选取国内研究文献中前15个重要节点形成表(城市创新生态系统研究高频关键词),并通过 Ciiespace 得到国内城市创新生态系统研究热点贡献图谱。其中,国内热点共现图谱中节点共 407 个,连线 695 个,密度为 0.0084,可看出国内学者研究之间有着一定程度的关联和交互,但整体网络的连通性和集中度相对较低。

从研究热点关键词来看,国内学者着重于探讨与城市创新生态系统相关的生态系统、创新生态系统、城市群、绿色创新等概念的理论探究和应用理论框架和评估框架做实证研究,特别是独角兽企业的创新模式方面,虽然在创新体制、制度和模式方面的研究起步较早,但发展不成熟。这与国内创新研究起步早,同时在"大众创新,万众创新"的政策激励下,国内创业氛围高涨有关,但整体的研究还主要停留在企业和城市应用层面,上升到制度管理层面理论提炼不成熟。

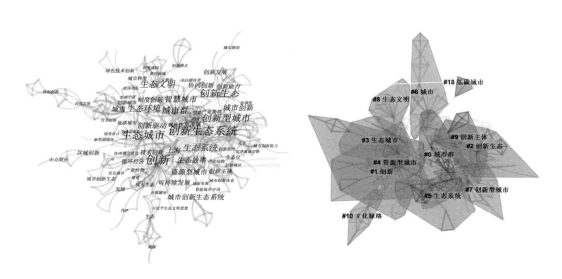

城市创新生态系统新关键词共现分析图   **城市创新生态系统新关键词聚类分析图**

城市创新生态系统研究高频关键词

序号	关键词	中心度	频次
1	创新	0.33	36
2	创新生态系统	0.13	25
3	生态城市	0.19	23
4	创新生态	0.12	15
5	创新型城市	0.13	14
6	生态文明	0.09	12
7	城市群	0.09	11
8	生态系统	0.06	10
9	生态环境	0.07	10
10	智慧城市	0.07	9
11	城市创新	0.04	8
12	资源型城市	0.04	7
13	创新驱动	0.04	7
14	生态效率	0.05	7
15	城市	0.11	6
16	上海	0.04	6
17	城市创新生态系统	0.03	6
18	可持续发展	0.03	5
19	制度创新	0.03	5
20	协同创新	0.04	5
21	创新主体	0.03	4
22	循环经济	0.01	4
23	技术创新	0.01	4
24	创新设计	0	4
25	创新能力	0	4
26	创新发展	0.02	4
27	区域创新	0.03	4

研究概况梳理及对比

关键词聚类时间线图将各聚类的关键词通过时间线连接起来，节点代表关键词出现的时间；关键词凸显分析代表研究前沿的变化，展示了国内城市创新生态相关的研究领域曾关注的研究主题及其出现的起始时间。通过分析可知城市创新生态系统国内研究的开端时间，以及经历的发展历程和研究方向的细分情况。

国内对创新生态系统的研究自 2003 年起首次以可持续发展观建设城市的城市思维开始，方向发展为从理论探究发展到应用研究，从对单独区域的研究发展到对城市群的研究，从评估模型到实证检测。根据前文对发文情况的分析，大体可分为 3 个研究方向：宏观理论框架研究、评价模型研究、其他延伸领域研究。前两个方向作为城市创新生态系统的主要研究方向，其中对宏观理论框架的研究从 2003 年到 2017 年为主，对评价模型的研究从 2017 年至今。对于其他相关领域的研究分散于主线研究之间。

Top 25 Keywords with the Strongest Citation Bursts

Keywords	Year	Strength	Begin	End	2000 - 2024
循环经济	2000	2.3	2006	2010	
城市建设	2000	1.28	2007	2008	
体制创新	2000	1.13	2008	2011	
生态	2000	1.21	2009	2010	
低碳经济	2000	1.14	2011	2013	
生态位	2000	1.56	2012	2015	
生态城市	2000	2.48	2013	2015	
城市转型	2000	1.5	2013	2016	
创业	2000	1.17	2015	2016	
创新能力	2000	2.07	2016	2018	
创新发展	2000	2.07	2016	2018	
上海	2000	1.72	2016	2018	
生态系统	2000	1.56	2016	2017	
创新	2000	3.25	2017	2019	
生态环境	2000	2.6	2019	2020	
健康性	2000	1.13	2019	2022	
智慧城市	2000	2.78	2020	2022	
创新生态系统	2000	2.55	2020	2021	
区域创新	2000	1.48	2020	2021	
生态效率	2000	2.39	2021	2022	
创新生态	2000	2.29	2021	2022	
京津冀	2000	1.72	2021	2024	
资源型城市	2000	1.69	2021	2022	
城市群	2000	2.09	2022	2024	
中介效应	2000	1.65	2022	2024	

1. 宏观理论框架研究（2003—2014年）

经过20世纪90年代的快速发展后，中国城市面临环境恶化、成本上升等问题，转型成焦点。城市创新生态系统被提出，作为解决之道引发学界关注。初期研究多聚焦于资源型城市转型，提出理论框架与实施路径。李长安（2003）指出中国城市病的原因是按照传统思维模式建设，可持续发展思维是城市建设创新生态系统避免城市病的关键。隋映辉（2004）提出城市创新系统是独特的科技、经济、社会结构的自组织创新体系和相互依赖的战略生态系统，其影响城市创新力和城市创新圈的形成。还有学者刘轶（2006）等提出发展循环经济将资源型城市进行新工业化转型等方案。在众多研究引领下，城市创新生态系统的建立是城市发展转型和落实国家创新战略的基石。城市创新生态系统的研究开始进入应用探索阶段。龙如银（2007）提出资源型城市在循环经济体系下技术创新路径的选择策略，进而构建可持续创新型城市。许正权（2008）提出创新型城市建设的点—线—面模型。文小才（2008）、李守林（2008）分别从构建可持续创新区域角度和加快城乡一体化、调整产业结构角度提出政策体制调整策略。朱骏（2009）提出人文物质环境和生态环境与城市建设发展的平衡是城市创新发展的重点。陈亮（2014）、苏章宏（2013）从规划设计和园林设计角度研究城市创新发展理念。陆小成（2013）从低碳经济角度对发展理念、空间格局、产业结构、生产方式、生活方式等方面提出相应的策略建议。这一阶段对于理论构架的探究也在同步展开，汪东敬（2012）将生态位理论引入城市创新的研究中，指出生态化发展障碍，并针对性提出具体策略。王智敏（2017）以硅谷为例，提炼国际创新枢纽城市的制度建设方案。巫英（2017）以上海为例，从横纵两个维度对创新体系建设提出建议。

2. 评价模型的研究（2017—2024年）

对于评价模型和评价指标的研究是该领域近年来的研究热点，学者基本通过实证方法，基于不同的测算模型以单一城市群或多城市群为实证研究对象验证评价模型。评价模型研究细分为动态评价模型、创新指标评价模型、构架模型。

1）动态评价模型研究

刘浩轩（2018）引入生态环境视角构建创新型城市动态评价体系。张永凯（2018）基于创新生态系统构架及评价系统，提出城市创新生态系统的构架和

城市创新生态系统研究热点时间线图

Timeline Chart Of Hotspots In Urban Innovation Ecosystem Research

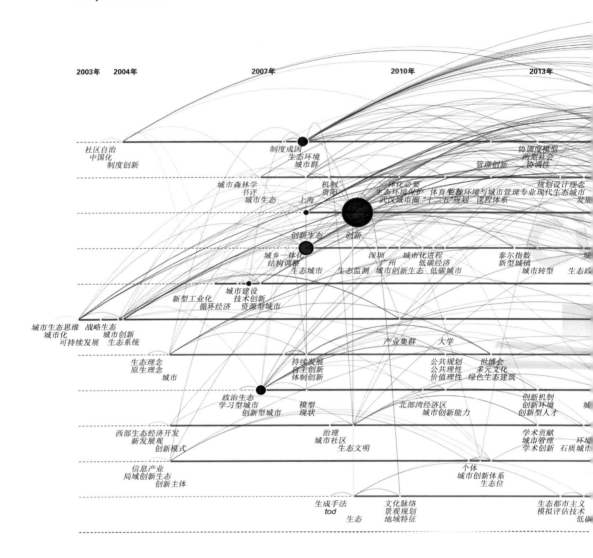

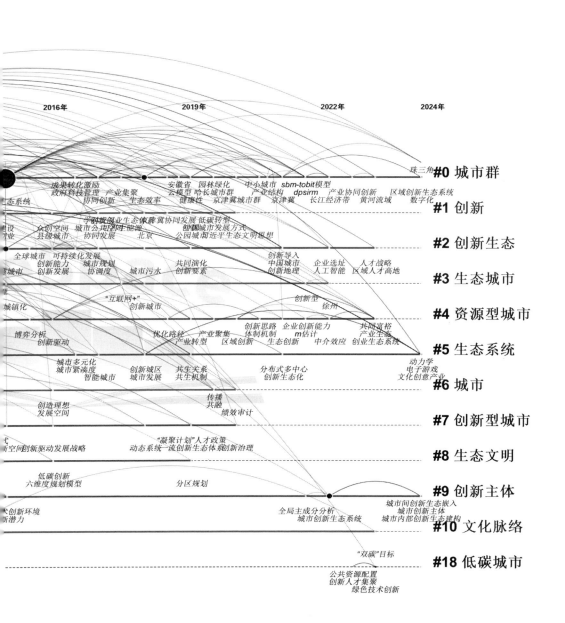

评价体系，采用层次分析法，对北京和上海进行对比分析提出优化建议。徐君（2020）从生态学视角提出资源型城市创新生态系统的4个驱动因子，即创新主体、创新内容、创新资源、创新环境，并分析城市演化过程的4个阶段，进而揭示资源型城市创新生态系统的构架和实现机制。白鸥（2021）通过研究浙江省3个智慧城市案例，提出智慧城市创新生态系统的动态能力分析框架，为智慧城市创新研究增加新的维度。

大量学者对资源型城市创新生态系统进行了研究。武英凯（2021）探讨资源型城市创新生态动态演化及动力机制。杨秀丽（2022）以大庆为例，用系统动力学分析经济脆弱性，提出创新生态系统构建、动力及运行机制。韩庚君（2020）从区域整合角度探讨京津冀创新生态构建原则。张秋风（2022）等用非期望产出SBM模型分析五大城市群生态效率演变，并通过Tobit模型提炼影响因素。刘云强（2018）运用非径向DEA模型测算长江经济带城市群生态效率，Tobit模型分析绿色技术创新及产业集聚对生态效率的影响。这些研究揭示了城市群创新生态与生态效率的关系及提升路径。

2）创新指标评价模型

段进军（2017）通过成熟度测算模型对江苏13市、上海、杭州、深圳等城市做实证研究评价。祝影（2019）基于系统耦合协调模型对23个中国科技创新城市进行创新要素耦合评价。史竹生（2019）运用云模型方法定量分析安徽省16个地级市的创新生态发展健康性水平，进而优化城市创新生态系统的评价指标体系。颜靖艺（2021）以知识生态系统遵循的DICE分析框架优化重构3级评价指标对9个中小城市国家高新区进行创新评价。吕晓静（2021）利用改进熵权TOPSIS模型和障碍度模型计算京津冀区域创新生态系统活力指数，并识别障碍因子。华岳（2021）使用广义双重差分方法分析中国188个地级及以上城市的导向型创新政策及对城市生态效率的影响，发现结构效应和绿色技术效应是创新型城市促进城市生态效率提升的主要渠道。彭定洪（2022）提出城市创新生态系统的DPSIRM框架评价指标体系，并以长江经济带五大城市为例进行案例实证。蔡红（2022）构建创新环境、创新支付、创新动能、发展趋势、开放水平5个维度20个指标的城市创新生态系统评价指标体系，以全国919个重点城市为例，进行聚类分析，并提出提升建议。柳卸林（2022，2024）建立三层级立体化评价体系，分析试验区及百城创新竞争力。以上都是对整体评价指标的研究。此外，空间溢出性、创新任性等单一评价指标也受关注。罗能生（2018）

分析空间溢出对生态效率的影响。陈超凡（2021）运用空间计量模型检验创新对生态效率的多维影响。刘静（2022）建立韧性测算模型评估城市创新生态系统的抵御与恢复能力。这些研究为提升城市创新生态系统提供了多维度的理论支持与实践指导。

3）创新生态构架模型

卢超（2016）从战略导向、核心内容、关键抓手3方面构建创新驱动发展城市建设理论路径，并应用路径评价了上海2006—2014年再创新型城市建设中的问题。叶堂林（2024）围绕以"研发—中介—应用"为核心群落的创新生态系统，构建京津冀和珠三角城市群协同创新网络并比较其特征和差异。张珂（2021）以"平台—功能—场所"为研究框架，厘清创新城区空间功能化和场所化过程及特征。周蕾（2022）以康奈尔理工学院为例，指出理工科大学在城市创新生态中承载并赋能人力、经济、物质及网络资源，促进系统构建。杨博旭（2024）基于创新生态与地理学理论，构建了"工业化—城市化—创新极化"模型，分析中国城市化历程，提出生态位错位发展、产业集群促创新集群、数字技术融合创新、利用城市优势抗虹吸等战略。

其他延伸领域研究

随着学者对城市创新生态系统的研究逐渐深入，也有学者将其外延和内涵继续扩展，从知识产权对创新生态构建的影响角度，以及科技服务协同创新生态系统、绿色技术创新、低碳试点政策对创新生态系统的提升等。

郑述招（2016）从知识产权角度分析城市创新能力和创新生态的构建。李健楠（2018）界定智能城市绿色创新系统模型的基本框架，包含城市基础层、绿色城市层、互联层、仪表层、开放式集成层、应用层、创新层。姜红（2020）以哈长城市群为例，基于协同创新和创新生态理论提出科技服务协同创新生态系统的机制。杜曼（2022）采用包含非期望产出的超效率SBM-DEA模型测算我国270个地级及以上城市2003—2019年的生态效率，利用空间计量模型和门槛回归模型分析绿色技术创新对城市生态效率的影响。邓荣荣（2022）运用空间双重差分模型评估了209个城市2007—2019年的低碳试点政策对城市生态效率带来的本地效应和空间溢出效应，得出低碳试点政策作为中介机制通过技术创新效应和产业结构效应促进了试点城市生态效率的提升。

设计创新的新生态

"设计之都"申都之路，即城市转型之路
Applying For The City Of Design, The Road Of Urban Transformation

"设计之都"隶属于联合国教科文组织"创意城市网络"，该网络于2004年建立，是世界创意产业领域最高层次的非政府组织，旨在提升发达国家和发展中国家城市的社会、经济和文化发展。2023年全球创意城市网络最新一次评选，全球被授予"设计之都"称号的49个城市中，中国占5个，分别为深圳（2008年）、上海（2010年）、北京（2012年）、武汉（2017年）、重庆（2023年）。设计之都的评选是从设计创新的角度评价一座城市的竞争力，未来10年是中国制造业实现由大到强的关键时刻，是实现由"中国制造"到"中国创造"和"中国智造"提升的重要时期，而设计是促进创新的重要手段。一个城市的设计创新能力也反映了一个城市未来10年的发展潜力。入选设计之都的城市须经过严格的评审程序，并须符合7项条件：一是已经形成一定规模和水平的设计产业；二是具有一定数量的设计学校和较高的师资水平、教学质量；三是具有成功举办国际级设计交易会、活动和展览的经验；四是具有设计特色的城市形象；五是设计人才、设计企业聚集度高和设计行业活动充满活力；六是设计产业发展环境良好；七是设计产业能够带动城市创意产业的发展。满足以上要求则代表该城市高度重视设计产业发展，其设计产业已经达到了世界级水平。

本节对中国五大"设计之都"的申都历程进行比较分析，总结"设计之都"申请要点；同时跟踪5个"设计之都"近几年的设计产业发展情况，分析其各自"设计之都"建设的进程和设计产业成熟度。中国需要有更多的城市站在世界舞台上发声，将设计创新作为城市可持续发展的推动力。所以，对"设计之都"申都情况和中国"设计之都"的设计产业发展水平研究对其他省市设计创新方面的发展有一定的借鉴意义，有助于更好地推动全国范围内设计创新的可持续发展。

中国五大"设计之都"申都历程

1. 深圳

1) 申都时期产业概况

深圳是中国首个获批联合国教科文组织全球"创意城市网络"之"设计之都"称号的中国城市,全球第 6 个。全球创意城市网络官方网站这样介绍深圳:"深圳是中国主要的设计中心和领先的设计城市之一,中国现代设计的理念逐渐在深圳萌芽,并日益融入城市及其居民的生活中。"2008 年深圳申请"设计之都"时,深圳设计师的作品遍及全国的大型企业集团和文化机构,几乎获得世界所有的顶级设计赛事和国际展览的奖项,有 6000 多家设计公司,员工 10 万人,年产值约 110 亿元人民币(15.4 亿美元)。深圳的设计师涵盖平面设计、工业设计、室内建筑设计、时装设计、玩具设计、珠宝设计、工艺设计等多个设计领域。深圳已成为中国最大的女装生产基地,有超过 3 万名设计师为 800 多个中国时尚品牌工作。

2008 年,深圳文化产业保持了高速增长的态势,增速高出全市经济平均增速 3.5 个百分点,增加值达 550 亿元,约占全市 GDP 的 7%。文化产业发展专项资金对全市 87 家文化企业的 117 个项目予以资助,资助金额共计 9738.8 万元。深圳嘉兰图设计公司 2008 年纯设计业务营业收入为 4900 万元,同比增长 28%。全年举办了 447 场公益文化活动。这一切的积累让联合国教科文组织看到深圳作为中国设计领军城市的飞速成长,联合国教科文组织认为"由于深圳本地政府的大力支持,深圳在设计产业方面拥有巩固的地位。它鲜活的平面设计和工业设计部门,快速发展的数字内容和在线互动设计,以及采用先进技术和环保方案的包装设计,均享有特别的声誉"。

2) 申都设想

深圳作为设计创意之都,组织深圳设计青年才俊奖(SZDAY),目标人群为 35 岁以下的年轻设计师。该奖项侧重于创造力对环境可持续性、社会和经济发展以及城市生活质量的贡献。此外，SZDAY 旨在鼓励来自不同国家的年轻人才之间的交流，激发创意城市之间的合作，并促进发展创意和文化产业的经验和想法的共享；主办一年一度的中国平面设计双年展，这是中国最具影响力的平面设计活动之一；和定期组织国际会议，如在巴黎举行的可持续发展创意设计国际会议，邀请其他创意城市参加。

3）申都历程

深圳获得"设计之都"称号的核心有 3 点：一是强大的制造业基础催生以工业设计和平面设计为主的设计力量快速发展；二是国际级设计活动及交流积淀了中国设计的国际影响力；三是深圳市政府对设计产业的重视程度极高，对申都工作反应迅速。

深圳早在改革开放初期设计界领军展览《平面设计在中国展》和其后的《华人平面设计展》就都选择了深圳作为展示舞台。

1995 年 8 月，深圳率先成立中国首个城市平面设计协会。2003 年，"03 深圳设计展"的举办彰显深圳对设计的包容与创新。随后，深圳明确"文化立市"战略，并于 2004 年积极响应联合国教科文组织全球创意城市网络倡议，提出构建"2 城 1 都"（图书馆之城、钢琴之城、设计之都），将设计定位为文化产业核心。同年，深圳市成立工业设计促进中心，助力本土企业特别是中小企业发展。中国首届文化产业博览会亦在深圳举办，促进国内外文化产业交流。2007 年，深圳正式启动"申都"工作，赴巴黎递交申请信，并与意大利都灵市签订合作协议。同年，深圳建立多个文化产业集聚区，如"田面设计之都"吸引多家知名设计公司入驻。市委宣传部将"申都"纳入文化产业发展重要议程，并成立专门小组推进。经过半年努力，深圳成功向联合国教科文组织发送百余封沟通信函，并完成中英文"申都"报告。期间，中国联合国教科文组织全委会也发函推荐深圳。2008 年 8 月，首届中国（深圳）国际创意设计博览会举行，助力深圳创意设计发展。同年 11 月，深圳获联合国教科文组织批准，成为中国首个、全球第 6 个"设计之都"。12 月，双方在北京联合宣布此消息，标志着深圳长期坚持的自主创新和文化创意产业战略得到国际认可。

2. 上海

1）申都时期产业概况

上海是 2010 年 2 月继深圳后中国第二个加入联合国教科文组织"创意城市

网络",获得"设计之都"称号的城市。上海设计创意产业的生命力来自其深厚的文化,特别是海派文化的加持,后依靠强大的商业和金融产业得到进一步发展。2010年,上海文化创意产业从业人员为108.94万,实现总产出5499.03亿元,比上年增长14.2%;实现增加值1673.79亿元,高于全市GDP增幅5.3个百分点,占上海生产总值的9.75%;对上海经济增长的贡献率达到14%。全市已有100多个文化创意产业集聚区,已经不再满足于老厂房、老仓库转变用途,而是出现了产业门类集聚、功能定位明晰、部市合作共建的文化创意产业集聚区,如国家数字出版基地、中国(上海)网络视听产业基地、国家音乐产业基地、国家绿色创意印刷示范园区等一批国家级的文化产业基地建设。上海在A股和海外市场上市的文化创意企业已有8家。2010年上海文化产品和服务贸易进出口逆势上升,进出口总额达到149.9亿美元,同比增长12.9%(其中,进口52.9亿美元,增长21.3%,出口97亿美元,增长8.8%),实现贸易顺差44.1亿美元。整体上来说,上海的设计产业发展规模和成熟度在中国和世界上都是领先的,其获得"设计之都"的称号也是当之无愧的。作为创意设计之都,上海设想:加强设计城市与UCCN其他创意领域在文化产品和服务的创作、生产、分销和享受方面的交流;编写《创意城市发展报告》,分享创意城市的经验和最佳实践;和发展将设计与民间艺术联系起来的举措,以展示现代设计与文化遗产相结合的重要性。上海成功申都的关键总结为两个方面:一是扎实的文化产业孕育土壤,其作为世界航运版图的重要城市,受到西方文化影响,上海设计衍生出"海派设计"风格,诞生了很多百年本土品牌,可以说是中国创意产业的重要发源地。上海也是中国第一个拥有第一家设计、电影和音乐工作室等创意产业单位的城市。二是上海市政府对文化创意产业的重视程度高,文化产业基因觉醒早,且一以贯之。上海是全国首个提出推动创意产业发展的城市,至今上海一直将文化创意产业发展作为城市个性、文化、品牌的重要组成部分。

2)申都设想

作为创意设计之都,上海设想:加强设计城市与UCCN其他创意领域在文化产品和服务的创作、生产、分销和享受方面的交流;编写《创意城市发展报告》,分享创意城市的经验和最佳实践;推出将设计与民间艺术联系起来的举措,以展示现代设计与文化遗产相结合的重要性。

3）申都历程

上海对于设计之都的关注于 2008 年开始，相对于深圳来说，上海的文化积淀更深、设计人才储备更丰富，设计发展潜力也更大，但对于"申都"还是后知后觉的。但基于其文化创意产业的多年积累和城市对创意产业自始至终的重视程度，其申都工作十分顺利且毫无悬念。

自 2004 年起，上海率先推动创意产业发展，市委市政府致力于构建服务经济为主的产业结构，并将文化产业和创意产业视为关键发展领域。2006—2009 年间，民革上海市委通过提案、课题研究与论坛交流，为上海申请"设计之都"奠定坚实基础。期间，提出多项关于机制创新、城市发展与创意设计融合的建议，并推动加入联合国"创意城市联盟"，旨在吸引国际创意资源，建设全球设计之都。同时，民革上海市委深入调研，完成多项研究课题，助力政府决策。此外，还成功举办多场专题论坛，探讨创意产业与城市发展的关系。2008 年，上海国际工业设计论坛首次提出"建设中国设计之都"的目标。2009 年，市政府正式启动加入联合国教科文组织"创意城市网络"的申请程序。最终，2010 年 2 月 10 日，上海成功获得"设计之都"称号，标志着其在国际创意城市网络中的显著地位。

3. 北京

1）申都时期产业概况

北京是一座历史悠久的古都，也是中国的政治中心。迄今已有 3000 余年的建城史，如今也被誉为中国的文化中心。北京拥有国家图书馆等 47 座公共图书馆，170 余座博物馆，以及国家大剧院等 300 余家剧院，每年艺术剧团演出 12000 余场。

北京市共有设计院校 119 所，在校设计类学生 3 万余人，以其活力四射的设计产业而闻名。设计产业是北京支柱产业之一，从业人数近 25 万，产业总值估计超过 1600 亿元。北京每年举办北京国际设计周、中国设计红星奖、北京时装周、北京国际电影节、北京国际文化创意产业博览会和北京科技产业博览会等活动，均得到世界认可。

北京拥有 30 余个文化创意集聚区，以及约 270 个设计创意工作室为女性提供工作机会。此外，2012 年北京与内罗毕大学合作建有"北京－内罗毕创意设计研究中心"。北京汇集了世界最富声望的顶级建筑设计，如法国建筑师保罗·安德鲁设计的国家大剧院、英国扎哈·哈迪德设计的银河 SOHO 和英国诺曼·福斯特设计的北京首都机场 T3 航站楼等。

北京在申都前已高度重视设计产业发展，出台多项政策促进产业升级与创新。1995 年，北京市启动"工业设计示范工程"，聚焦多领域，提升产品设计与品牌形象，累计投入经费激发企业创新，成功塑造联想等品牌。2005 年，建立 DRC 工业设计创意产业基地，提供技术共享服务。2007 年推出"设计创新提升计划"，精选企业与机构合作，推动创新产品上市，显著促进设计服务业增长。2006—2008 年，设计服务业收入年均增速高达 40%，且从业人员众多，成为经济重要推动力。北京设计服务收入在 2009 年超 800 亿元，持续推动设计创新计划。2012 年，北京加入联合国教科文组织"创意城市网络"，成为"设计之都"，举办大量国际设计活动，吸引全球设计师与企业入驻，通过品牌活动提升"北京设计"国际影响力。

2）北京对设计产业的设想

作为创意设计之都，北京设想：通过支持研究、推广、培训、实践分享和决策，将 ICCSD 发展成为一个全球"思想实验室"，重点关注创造力、创新、可持续发展和创意城市；在城市一级实施设计促进计划，以促进设计行业的发展及其与其他行业的联系；每年举办中国红星设计奖，表彰优秀设计，鼓励创造新的优质产品，造福人民生活，促进更可持续的消费和生产模式；实施促进城市生活质量的项目，利用设计促进历史文化城市的保护以及老城的改造和复兴；定期组织联合国教科文组织创意城市北京峰会、北京设计周、中国时装周等各类国际设计活动，加强与 UCCN 其他成员城市特别是设计领域的交流与合作。

3）申都历程

北京"设计之都"的申报过程历经 2 年时间，同时申报世界教科文组织 UNESCO 创意城市网络的"设计之都"和国际设计联盟（IDA）旗下的"世界设计之都"评选。最终获得主攻项目世界教科文组织 UNESCO 创意城市网络的

"设计之都"称号,成为第 3 个中国"设计之都"。虽然北京申都工作相较于深圳、上海来说滞后几年,但后来者居上,北京分别于 2013 年、2016 年和 2020 年举办了三届联合国教科文组织创意城市北京峰会。北京还于 2014 年在联合国教科文组织总部举办了名为"体验中国设计北京"的展览。为了进一步宣传创意在可持续发展中的重要性,2015 年联合国教科文组织大会第三十八届会议在北京设立了一个名为"国际创意与可持续发展中心"(ICCSD)的第二类中心。成为联合国教科文组织深度合作城市。北京申都过程历时 2 年,可以说是水到渠成,有其极强的先天优势,也有其后天努力因素。申都成功关键点总结为两点:一是北京拥有丰富的科技资源、设计人才和市场,为工业设计为主的设计产业提供了良好的发展基础。二是政府层面一直对设计产业发展十分重视。

2010 年,中国工业设计发展进入国家战略层面,首次在政府工作报告中明确强调其重要性。同年,以工信部为首的 11 个部委联合发布了促进工业设计发展的指导意见,标志着国家层面对工业设计的高度重视。北京市紧随其后,于 6 月通过了《全面推进北京设计产业发展工作方案》,提出"首都设计创新提升计划",旨在三年内培育设计产业领军企业,建设产业集聚区,并设定了到 2012 年设计产业服务收入超 1300 亿元的目标,旨在引领全国设计产业发展。7 月,中国设计交易市场在中关村德胜科技园正式启航,这个 6 万平方米的综合性平台汇聚了全球顶尖设计机构,如美国的青蛙公司和英国的"萤"设计工作室,为工业设计等多个领域提供国际交易信息与互动服务。随后,在北京文博会上,设计创意展与申报设计之都工作紧密结合,通过红星奖颁奖典礼及红点奖"红点之夜"等活动,展示了中国设计的国际竞争力,红点奖首次在中国举办"红点之夜",吸引了 50 余家参展机构,展览主题"设计、北京、未来"凸显了设计与城市、产业、公众及世界的紧密联系。10 月,《北京市促进工业设计产业发展指导意见》进一步细化了发展路径,提出六大工程以优化产业发展环境。2011 年,首都设计产业提升计划启动,覆盖 11 个设计领域,支持 60 家企业创新。2011 设计周暨三年展以"设计北京"为主题,紧密契合北京设计产业发展与"设计之都"申办的背景,彰显了创意设计作为城市经济增长新动力和未来发展方向的重要地位。

4. 武汉

1）申都时期产业情况

武汉位于中国的中心地带，是一个拥有 1076 万人口的大城市，也是湖北省的省会。这座城市拥有 3500 年的文化历史，是长江流域城市文明的摇篮，也是茶古道的东方茶港。武汉以其在桥梁和高铁工程、弹性城市规划和高科技产业方面的专业知识而闻名。世界上 50% 的大跨度桥梁和 60% 的中国高速铁路都是由武汉设计师设计的。创意产业是当地经济的重要支柱，其增加值为 130.7 亿美元（2016 年），占该市 GDP 的 7.47%。

武汉作为内陆城市，是全国工业布局的重点地区，很多重大项目在这落地，武汉钢铁厂、武汉锅炉厂、武汉船舶制造厂以及武汉长江大桥成为那个时代的工业记忆。工程设计一直是武汉的优势产业，截至 2016 年，武汉申都之前，其工程设计企业数达到 497 家，从业人数达 7.28 万人，营业收入 131.94 亿美元。文化创意产业园区（基地）28 个，企业达 2.95 万家，总产值已经超过千亿元。设计项目多次获得国际、国内大奖，并参与了高铁、水利等设计领域国际标准的制定和设立。但这些工程设计却难以纳入设计之都的评选范围内，于是武汉申都之路崎岖且漫长。

2）申都设想

作为创意设计之都，武汉设想：以设计之城示范区振兴长江两岸的遗产区，该示范区将通过创意设计主导的活动，重点关注城市生态和文化历史；通过专门设立 UCCN 成员展区，展示跨领域的方法，促进互动会议，并进一步支持年轻设计师，丰富武汉设计双年展的计划；通过创意设计建立 100 个创意社区，提高城市生活质量；通过大江论坛与其他相关创意城市分享关于城市生态、大江城市保护的知识；实施非洲青年创意设计师技能发展计划，每年资助 20 名非洲青年设计师到武汉学习和实习；发展武汉设计创新学院，进行设计教育和培训，旨在加强与其他设计创意城市的科学研究和知识共享。

3）申都历程

武汉的申都之路持续 8 年，自 2009 年开始武汉就以工程设计为特色开展申都工作，但工程设计最初不被纳入设计之都的内容中，于是武汉申都工作组尝试说服联合国教科文组织，世界文化遗产本身的一个硬性条件就是它必须是工程的遗址，工程与遗址两者必须兼备——显然工程本身就是科学、文化、技术的结合体，具有非常好的文化属性，并在2017年将申都主题转变为"老城新生文化遗产改造"，最终获得了"设计之都"称号。这个过程相较于其他设计之都城市更为漫长曲折，这其中有2点经验可以学习：①每个城市申请设计之都都需要有符合该城市的主题，该主题需要与大设计、文化创意产业相契合，同时还要兼具城市特色；②申都过程是个漫长的过程，但申都历程中，城市的文化产业竞争力也在不断提升，应像武汉一样将申都工作的阶段性行为变为城市文化产业推进的常态化行为。

2009年，武汉市政府设定"工程设计之都"目标，并推出系列政策规划。2011年，首届设计双年展及《十二五规划》发布，确立"一城、两园、五片区"布局。至2015年，武汉工程设计产业蓬勃发展，利润领先，人才资源丰富。2013年，第二届双年展聚焦艺术与工程融合，市政府强化"武汉设计"品牌。2014年起，武汉修复历史建筑翟雅阁为"设计之都客厅"，推动申都。2015年成立申报小组，次年设促进中心，推动产业发展与国际交流。2017年，武汉以"老城新生"为口号申请，11月成功获评全球创意城市网络"设计之都"，成为中国第四座获此荣誉的城市，标志着其创意设计产业走向国际。

5. 重庆

1）申都时期产业情况

重庆，作为我国西部重要现代制造业基地，其工业发展可追溯到抗日战争时期，大批由东南沿海西迁的兵工企业为其工业发展奠定了基础，枪炮、弹药、钢铁、机械、化工、纺织等工业基本形成了近代工业体系。新中国成立后，借鉴苏联经济发展模式，重庆在原有工业基础上发展了国防及电子工业，工业体系进一步完善。改革开放后，作为老工业基地之一的重庆形成了以汽车、摩托车、钢铁及仪器制造为代表的支柱产业，与综合化工、材料、能源和消费品等共同组成千亿级产业集群，成为我国重要的现代制造业基地。强大的工业基础使重庆制造业发展迅猛。2021年，重庆工业总产值26 493.54亿元，是2016年的1.11倍；2021年工业增加值7888.68亿元，是2016年的1.34倍。2023年重庆地区生产总值达到30 145.79亿元，增长6.1%，这是我国中西部地区首个GDP超过3万亿元的城市。近年来，全市把握新旧动能加速转换的关键点，加强工业设计赋能中小制造业，紧盯高端化、智能化、绿色化方向，构建以先进制造业为骨干的现代化产业体系，产业升级、创新发展迈出新步伐，工业设计的高速发展将进一步推动重庆成为国家重要先进制造业中心。

截至申报"设计之都"时，重庆设计产业颇具规模，已建成10个国家级、101个市级工业设计中心，另有22个国家级工业设计中心和1个国家工业设计研究院在渝设分支机构，设计行业的产业园区、众创空间、孵化基地等载体300多个。设计人才方面，重庆工业设计产业领域有设计企业5万余家，设计从业人员超过50万人，每年新增设计产业化项目1000多个，全市文化创意与设计服务业总产值超过2000亿元。

2）申都设想

促进设计行业的融合与发展，为国际交流创造更多机会；利用数字设计进行城市更新和可持续城市发展模式；通过服务设计，提升经济、乡村振兴，体现绿色发展和文化多样性保护。

3）申都历程

重庆申都历经10年，可谓十年磨一剑。重庆自2013年提出"大力发展设计产业，打造世界设计之都"后就持续发力，向申都目标逐步前进，从六大方面促进设计产业发展：提升设计产业规模；举办学术论坛、引入国内外设计学者领军人物；举办国际设计展览展会，促进设计行业、设计人才、设计成果的国内外交流和交易；建设城市设计地标，提升城市形象；通过设计产业集聚区的建设。

2012年，中国（重庆）国际设计周以"智汇重庆.体验设计"为主题，举办六大活动，促进重庆与国际设计交流，推动创意设计产业发展。2013年，重庆启动"设计之都"创建计划。随后几年，通过举办设计论坛、峰会及创意周等活动，为创意设计产业搭建平台，促进西部设计师国际交流，并推动设计产业集聚与文化创意园区建设。

2019年后，重庆更加重视工业设计，构建消费品工业设计平台，出台专项行动方案推动数字化智能化转型。市政府全力推动设计产业，建设设计公园与产业城，吸引国际设计力量，并荣获全国首批服务型制造示范城市（工业设计特色类）。各区县积极设立工业设计中心，时尚周等平台扶持原创设计。

2022年，发布"设计之都"行动方案，成功举办首届设计周，加速现代制造业集群构建，并融入全球创意城市网络。2023年，重庆继续推动制造业高质量发展，发布"33618"现代制造业集群体系行动方案，完成国际创意城市网络资格审核，并于8月获评全球创意城市网络"设计之都"。

"设计之都"申都策略分析

中国五大设计之都的申都过程对比来看，可以得出以下几点申都策略。

1. 应聚焦自身城市优势产业和文化积淀，结合设计主题，形成具有自身城市特色的"设计之都"发展路径

路径需具城市优势产业特色，且与此前已获得"设计之都"的城市路径有所区别。中国五大"设计之都"路径特色都十分明确：深圳确立以工业设计和平面设计为主导、多种创意产业为辅的产业发展方向，设计主题倾向于城市设计。上海以设计引领城市从"效率城市"走向"创意城市"，塑造上海特色的海派文化城市品牌，以"大设计"的理念从产品和产品设计领域设计扩展到各个方面，设计成果运用于城市规划和城市建设之中。北京聚焦工业设计领域，融综合设计，提升设计产业链创新力，再通过设计提升其他产业创新力，进而形成以设计创新推动城市发展的目标。武汉位于中国中部，是老工业基地，城市面临资源、环境、工业文化遗产可持续发展的挑战，其转型发展模式将为全世界老工业基地城市转型提供参考，所以武汉聚焦工程设计与艺术设计为老城更新赋能，是其区别于其他设计之都且独一无二的城市创新价值。重庆以工业设计为主导，赋能先进制造业为主题，是独具中国特色、区别于其他"设计之都"的设计助力城市工业化转型路径；以其现代化制造业为基础，将设计作为新旧动能加速转换的关键点，加强工业设计赋能中小制造业，紧盯高端化、智能化、绿色化方向，构建以先进制造业为骨干的现代化产业体系。

2. 将设计之都作为城市长期发展的目标，形成可持续的设计之都发展方式

五大设计之都的申请过程普遍经历预备、申报、冲刺及后续发展四个阶段。预备期，城市发掘设计产业优势，明确发力点，弥补短板，如建立促进中心、集聚区，举办展会，引进人才，促进学术交流，提升城市设计形象与环境，以增强竞争力。申报期，城市准备材料，与联合国教科文组织沟通，根据反馈调整申都策略，如武汉从工程设计转向融合设计助力老城更新，明确产业优势与城市特色。冲刺期，城市通过知名活动展会扩大国际影响力，设计产业竞争力显著提升，为申都成功奠定基础。

申都成功后，建设才真正开始，需完善发展设想，加强国际交流。整个过程不仅带来"设计之都"称号，更是城市通过设计创新提升竞争力、实现转型的可持续发展路径。它明确了城市创意产业特色与发展目标，提升了设计产业链竞争力和品牌形象。即便未申都成功，城市在过程中也收获了竞争力与影响力的提升。"设计之都"成为创意城市网络中热门且持续申请时间最长的项目，因其能显著提升国际影响力和设计产业综合竞争力。

3. 设计之都建设设想的示范作用需要独树一帜

申请设计之都成功的关键，在于所提出的未来构想能否为世界文化遗产保护与设计产业发展提供独树一帜的借鉴与示范。成功申都的城市普遍在未来建设目标中体现了这两大要素。深圳通过定期举办设计国际会议、展览及青年设计才俊奖等活动，展现其作为年轻城市的活力与创新力，尽管在文化遗产方面不占优势，但专注于现代设计的发展。

上海则通过编写《创意城市发展报告》，分享其在创意城市建设中的经验与最佳实践，并加强设计产业间的国际交流。上海还巧妙地将设计与民间艺术相结合，强调现代设计与文化遗产融合的重要性。

北京则多管齐下，实施城市级设计促进计划，促进设计行业与其他产业的联动。通过举办中国红星设计奖、UCCN北京峰会、北京设计周等丰富多样的国际设计活动，加强与全球设计界的交流与合作。同时，北京还致力于提升城市生活质量，利用设计促进历史文化保护及老城复兴。

武汉则以设计之城示范区为载体，聚焦长江两岸遗产区的振兴，通过创意设计活动关注城市生态与文化历史。在提升设计产业竞争力方面，武汉注重设计教育、青年设计师培养及创意社区建设，并设立交流展示区促进国际设计交流。

重庆在促进设计行业融合发展的同时，注重数字设计在城市更新与可持续发展中的应用。通过服务设计，重庆不仅提升了经济活力与乡村振兴，还体现了绿色发展与文化多样性保护的理念，为国际设计之都的创建注入了新的内涵与活力。

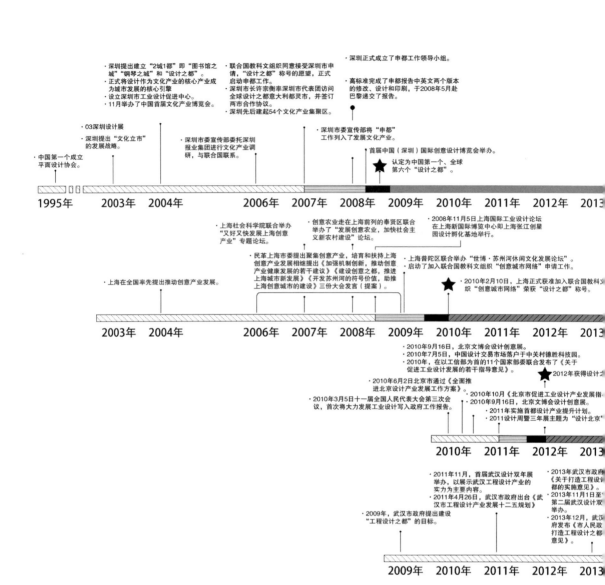

设计的生态 | 330

中国五大设计之都申都历程图
Process Map Of China's Top 5 Design Capitals

2014年　2015年　2016年　2017年　2018年　2019年　2020年　2021年　2022年　2023年

2014年　2015年　2016年　2017年　2018年　2019年　2020年　2021年　2022年　2023年

2014年　2015年　2016年　2017年　2018年　2019年　2020年　2021年　2022年　2023年

- 2015年10月22日武汉正式成立市设计之都申报工作领导小组。
- 2017年6月15日，武汉市正式向联合国教科文组织致函递交申请表。
- 2014年又出台《关于打造工程设计之都配套政策的通知》。
- 2014年组织修复瞿雅阁。
- 2016年6月武汉设计之都促进中心正式成立。
- 2016年，武汉设计年度发布盛典。
- 2017年11月1日，联合国教科文组织评选批准武汉成为设计之都。

2014年　2015年　2016年　2017年　2018年　2019年　2020年　2021年　2022年　2023年

- 2014年，中国·设计·创造国际学术论坛在重庆成功举办。
- 2014年8月，"中国创意设计峰会"西部分会在重庆举办。
- 2016年，重庆两江新区和央企招商局集团旗下招商蛇口联合打造重庆招商金山意库。
- 2018年7月，首届重庆设计周开幕。
- 2018年11月，重庆国际创意周开幕。
- 2019年全市经济工作会议指出，要重视工业设计。
- 2020年7月，重庆出台《工业设计数字化智能化提升专项行动方案》。
- 2020年，市政府主持建设重庆设计公园。
- 2020年10月，正式启动重庆工业设计产业城建设。
- 2020年12月8日，"工业设计为产业赋能"重庆国际设计论坛开幕。
- 2021年8月，重庆市政府发布《重庆市制造业高质量发展"十四五"规划》中，有一章节聚焦"加快工业设计发展"。
- 2021年11月，重庆成为全国首批4个示范城市
- 2021年7月，《重庆市工业设计数字化智能化提升专项行动方案》出台。
- 2021年10月，中国重庆国际时尚周举办。
- 2023年1月，成立申报小组。
- 2023年重庆市委、市政府联合印发了《深入推进新时代新征程新重庆制造业高质量发展行动方案（2023—2027年）》。
- 2023年5月18日，陆海新通道国际合作论坛在重庆举行。
- 2023年，联合国教科文组织创意城市网络（UCCN），并已完成资格审核。
- 2023年10月31日（下午）重庆成为设计之都。

2014年　2015年　2016年　2017年　2018年　2019年　2020年　2021年　2022年　2023年

- 2022年，市政府发布《重庆市创建"设计之都"行动方案》。
- 2022年7月27日，重庆市举办首届重庆设计周。
- 2022年12月，市经信委、市财政局联合出台《加快创建"设计之都"若干政策》。
- 2023年8月23日，重庆在璧山区举办首届重庆设计100论坛。
- 2023年9月5日，2023中国制造业设计大会悦来国际设计论坛。

"设计之都"产业发展情况分析
Analysis Of The Development Of The "City Of Design" Industry

本节通过对五大"设计之都"设计产业近几年的发展情况进行分析比较,具体为设计产业基础情况、城市设计空间情况、设计产业运营项目情况、设计产业政策及制度情况和设计产业影响力5个层面进行分析比较,最后基于设计之都的发展,应用组织生态学理论总结城市设计创新生态的构建路径。

设计产业基础情况

研究数据来源于各城市文化产业政府相关部门,即北京设计之都发展有限公司、上海市经济和信息化委员会、深圳市工业设计协会、国家文化产业研究中心及各城市统计局等机构2019—2023年发布的官方数据。其中选取2022年数据做对比分析,其他数据作为辅助参考。

五大"设计之都"的文化与设计产业现阶段的基础情况可以宏观反映该城市的产业发展情况,在申都成功后进入"设计之都"建设期,其城市基础不同,建设方向不同,建设主题不同,所以本节对比其之间的产业发展情况差异,将其自身城市从申都成功至今几年中在产业规模、人才、企业、机构、教育几个方面的数据进行分析,总结其各自的文化与设计产业发展情况。

1. 产业分布

五大"设计之都"的文化及设计产业类型有所不同。上海和北京文化底蕴相对厚重,且城市各产业发展成熟度较为综合,文化设计产业发展多元化。北京设计产业类型相对综合,据《北京设计产业发展情况报告(2019年)》,北京市主要关注包括工业设计、服装/时尚设计、工艺美术设计在内的产品设计,包括建筑设计、工程设计、规划设计在内的建筑与环境设计,包括平面设计、动漫设计、展示设计在内的视觉传达设计三大核心分类。上海的创意设计产业底蕴深厚、创意产业多元融合,包含工业设计、建筑设计为设计产业主导,影视新闻传媒产业为其优势文化产业,文化产业总体发展全国领先,且潜力巨大。上海工业设计市场份额占长三角地区市场份额的50%左右,且在高端市场占据72%。深圳和重

中国五大"设计之都"文化及设计产业规模情况（2022年）

城市	文化产业产值（亿元）	文化产业增加值（亿元）	占GDP百分比（%）	较上一年增长百分比（%）	创意设计产业增加值（亿元）	创意设计产业增加值占比（%）
深圳	9691.46	2600	8	7.70	1000	10.30
上海	21884	5825.20	13.00	1.17	614.25	10.54
北京	17997.1	4700.30	11.30	13.60	3465	19.25
武汉	2646	1697.94	9	11.60	1072	52.90
重庆	2129	1135	4	6.60	<100	<10

庆均以工业设计作为核心发展产业，两者有良好的制造业基础，都在传统制造业升级转型为先进制造业、智能创造的时期。深圳以工业设计和平面设计为核心文化产业，工业设计对深圳制造业从工厂化、规模化、自动化转变为中国创造和中国智造的高精尖现代先进制造业转化的核心力量，所以尤其重视工业设计的发展。2022年深圳市工业设计总产值达450亿元，带动上下游产业产值超万亿元，工业设计对制造业提质增效明显，撬动产业规模化大幅跃升。重庆重点围绕"工业设计、工程设计、时尚设计"三方面培育设计产业特色优势，其中又以发展工业设计为主。武汉相较其他4个城市来说文化设计产业的集中度较高，主要在工程设计产业上，其早期的设计之都申都主题也是工程设计之都，工程设计作为其优势产业几乎占据了文化产业总产值80%以上的份额。武汉市的设计行业体系组成较为单一。除工程设计之外，其他如服装设计、珠宝设计、动漫设计等设计行业虽具备一定的设计实力，但发展效能并不突出，尚未形成多设计行业相互带动、协同发展的良性发展格局，品牌化、系统化建设成效不显著；而且，创意设计人才结构单一，呈现为工程设计产业实力强，创意实力弱的"跛足"局面。武汉目前呈现出工程设计为主，其他设计与工业、农业、建筑、商贸、文旅、金融、互联网科技领域跨行业融合发展态势。

2. 产业规模

从产业规模方面考察五大"设计之都"在 2022 年的文化及设计产业产值、产业总增量、占 GDP 比例以及较上一年增长情况。

2022 年深圳全市文化及相关产业增加值超 2600 亿元，占全市总 GDP 的 8%，较上一年增长 7.7%。规上文化企业 3143 家，总营收 9691.46 亿元。其中，创意设计产业年产值超过 1000 亿元，带动相关产业产值数千亿元，占比约 10.3%。

2022 年北京规模以上文化及相关产业法人单位实现收入合计 17997.1 亿元，同比增长 0.2%，文化产业增加值为 4700.3 亿元，占 GDP 总额的 13%，较上一年增长 13.60%。其中创意设计服务收入为 3465 亿元，占比 19.25%。

2022 年上海市文化及相关产业总产值为 21884 亿元，增加值为 5825.2 亿元，占整体 GDP 的 13.00%，较上一年增长 1.17%。其中创意设计服务增加值为 614.25 亿元，占比 10.54%。

2022 年武汉市合计实现营业收入 2646 亿元，创意设计产业增加值 1697.94 亿元，占 GDP 比重超过 9%，较上一年增长 11.60%。其中，数字创意等文化新业态特征较为明显的 16 个行业小类共有规上文化企业 267 家，合计实现营业收入 671.2 亿元，占全市规上文化产业营业收入比重为 50.70%。设计服务实现营收 1072 亿元，占整个文化及相关产业总营业收入 52.90%。

截至 2022 年年底，重庆规模以上文化及相关产业企业实现营业收入 2129 亿元，比上年增长 1.50%，增速比全国行业平均高 0.60%。文化产业增加值 1135 亿元，占 GDP 的 4%，较上一年增长 6.60%。其创意设计服务产业仍在成长中，目前产业增加值不超过 100 亿，占整个文化及相关产业增加值比例小于 10%。

从产业总产值来看，北京、上海属于文化产业第一梯队，毕竟城市的综合实力和综合竞争力相较于其他城市领先，其文化产业作为第三产业的核心产业其产值也是相当可观。产业增加值在 GDP 的占比超过 10%，说明文化产业在整个城市经济增长中起到重要的推动作用。其中北京的文化产业增加值较上一年增长 13.6%，远超上海。

但是单从 2022 年度产业规模对比各大"设计之都"的产业竞争力维度过于单一，毕竟每个城市的整体综合实力不同，文化产业积累不同，成为"设计之都"的时间也不同。所以，对年度增长率进行计算来进一步反映五大"设计之都"的成长效率，由于重庆市为 2023 年入选"设计之都"，其数据量不足以支撑该计算方式，所以，这里我们只比较深圳、上海、北京、武汉这几大"设计之都"。

从整体数据情况来看，北京、上海依然为几大"设计之都"之首，文化产业总产值遥遥领先于武汉、重庆，深圳近年文化产业增长迅猛，由原产值仅110亿元经过14年的发展达到9691.46亿元，年均增长率为37.70%，远高于其他几个设计之都。其产业增加率也高于其他设计之都，但其文化产业在整体城市GDP占比下降较快，由此说明，深圳从原来缺乏"文化产业"仅依靠"三来一补"的制造业城市发展为综合性城市，其中文化产业占比虽然整体提高较少，但文化产业产值增长迅速，已经可以越级到与上海、北京这样的文化核心的城市相媲美。北京作为全国的文化中心，近些年其文化产业产值和增加值增长率为设计之都中几乎最低的，文化产业占GDP比例的增长率为-0.60%。其主要原因并不是设计产业产值降低了，而是设计产业与"高精尖"产业融合的"大工业设计"已经成为北京未来发展趋势。北京全国科技创新中心指数得分呈现高速增长态势。2018年，北京全国科技创新中心指数得分达322.90，是2014年指数得分的近两倍，年均增速超过18%，明显高于2010—2013年11.80%的年均增速。更多的工业设计企业向高新技术企业转型，或企业由于工业设计的提高，其高新技术产业的产值和产业附加值很高，进而导致文化产业的占比从表面上看有所下降，但实际在北京跨学科交叉的系统设计已经成为设计发展的方向，设计朝着多元化、个性化、系统化的方向发展。

3. 企业及人才

从设计企业及设计从业人员、设计院校情况可以侧面看出设计之都的文化及设计产业活力，毕竟产业的生命力来源于人才。首先，设计之都需要有健全的设计人才培养高校，高校既是人才培养的地方也是产业学术前沿的高地。设计之都中深圳的设计院校最少，最初申请设计之都时，深圳仅有1所教授设计学的院校——深圳大学。截至2022年，深圳政府主导与全国范围内的各学科知名院校合作办学或将其研究机构的分支引入到深圳，才有了3所设计学科的本科院校——哈尔滨工业大学（深圳）、深圳大学、深圳技术大学，以及清华大学研究生院艺术设计学院、香港中文大学深圳研究院艺术设计学院2所研究机构。可以说学术氛围和设计人才培养缺失的短板一直是深圳文化产业发展的掣肘。但从2022年设计从业人员的数量来看，深圳设计从业人员22万人仅略低于北京市的25万人。在深圳活跃着6000多家工业设计企业，从业人员超过20万人，占据全国近70%的市场份额。这与深圳市政府对于人才吸引的力度有很大关联。自2013年开始，为吸引全国各地的高端设计人才解决设计人才短缺问题，深圳市政府不断出台各种政策和鼓励措施。例如，2012年出台的《关于加快工业设计业发展的若干措施》规定，获得德国 iF 奖、红点奖等国际设计大奖的设计师可获得 5 万元奖金，金奖获得者可以得到 50 万元奖金。

北京在"设计之都"中是设计人才培养环境、学术氛围最好的城市，其文化及设计产业有大量的优秀人才，并源源不断地为企业输送高质量的设计人才。北京拥有清华大学美术学院、中央美术学院、北京理工大学、北京服装学院等一些知名工业设计高校，涌现了如清华大学美术学院柳冠中教授、小米刘德、联想姚映佳、洛可可贾伟等设计领域领军人才。2018—2022 年，北京市文化艺术业企业总数 2019 年同比下降了 30.65%，2020 年同比下降了 10.48%，2021 年同比增长了 28.48%，2022 年同比下降了 168.25%，总数为 11287 家。2018—2022 年，北京市专业化设计服务企业总数 2019 年同比下降了 33.56%，2020 年同比增长了 9.40%，2021 年同比增长了 28.32%，2022 年同比下降了 126.13%，专业设计服务企业总数为 16 220 家，其中规模以上企业数量为 900 家。

2022 年，上海文化行业企业，总数为 76 862 家，专业设计服务行业企业总数为 65 224 家。

上海与北京一样，有众多院校开设文化及设计产业相关学科，每年培养大批的优秀设计毕业生，为企业输送设计人才。上海有 23 所大学开设设计相关学科，拥有上海同济大学、上海交通大学、东华大学、上海大学等设计学科知名高校，同时其设计院校与国际院校的交流办学较多，涌现了一批如 YANG DESIGN 杨明洁、木马设计丁伟、"上下"品牌联合创始人及董事蒋琼耳等设计领域的领军人才。上海一直是国际化大都会，聚集了全球各地的优秀设计师，其设计的国际交流更丰富。以同济大学创意设计学院为例，学校有"中芬中心"（中国与芬兰

中国设计之都文化产业规模情况——机构

城市	国家级工业设计中心	省市级工业设计中心
深圳	13	123
上海	21	57
北京	17	64
武汉	10	39
重庆	11	101

合作的合作型工作室），并于 2015 年与芬兰阿尔托大学共同建立了"同济大学上海国际设计创新学院"。

武汉市拥有 89 所高校，在校学生超百万，其中艺术设计及工程设计类专业学生约 13 万，主导性的设计行业即工程设计方面的从业者共有 7.28 万人，武汉虽然设计院校很多，其从业人员与上海持平，但其设计企业数量较少。因为其设计企业以工程设计院为主，该类企业人员数量众多，但都与工程设计相关，与文化创意相关的中小型企业相对较少。

4. 机构

截至 2023 年，北京市共有 17 个国家级工业设计中心、64 个北京高精尖产业设计中心。其中北京高精尖产业设计中心未来将更名为"北京市工业设计中心"。上海国家级工业设计中心总数达到 21 家，市级工业设计中心 57 家。深圳市累计建成国家级工业设计中心 13 家、省级工业设计中心 123 家、市级工业设计中心 98 家。武汉国家级创新中心、设计中心 8 家；国家级工业设计中心 7 家，省级工业设计中心 39 家；重庆已建成 10 个国家级、165 个市级工业设计中心。

城市设计空间情况

北京的设计企业主要集中在西城、海淀、朝阳等核心区域，同时顺义和亦庄作为新兴区域也有分布。为了促进设计产业的持续发展，北京已逐步建立了多个产业集聚区，如北京 DRC 工业设计创意产业基地、751 时尚设计广场区集聚区、768 创意园以及顺义和亦庄设计集聚区等。这些基地和集聚区的建立形成了卫星结构，不仅为设计企业提供了良好的发展环境，也进一步推动了北京设计产业的整体提升。

上海的创意设计产业已呈现出"一轴两河多圈"的空间分布趋势。在延安路城市发展轴上，静安时尚创意、张江国家级文化科技融合示范基地、8 号桥等重大项目的影响力日益增强。而在黄浦江和苏州河沿线，国际时尚产业园区、"江南智造"、杨浦滨江工业设计等重要创意设计区域也展现出独特的魅力。多个设计创意产业集聚区的形成，如环同济设计创意产业集聚区、中广国际广告创意产业园、复旦软件园等，进一步促进了上海产城融合的进程。特别是在杨浦区，依托其科教资源禀赋优势，不断深化"大学校区、科技园区、公共社区——三区联动"和"学城、产城、创城——三城融合"的建设理念，充分释放社会创新创业潜能，推动了"双创"向更大范围、更高层次、更深程度发展。

深圳设计产业最显著的特征是其与粤港澳大湾区的紧密融合，形成粤港澳的"设计共同体"。作为大湾区的设计集聚中心，深圳与香港两地设计界长期保持着交流与合作。自2015年起，两地设计行业协会、机构及相关民间组织通过签署合作协议，共同推动设计业资源的融合与创新活动的活跃。此外，深港两地政府也积极合作，鼓励轮流主办"深港设计双年展"等活动，促进设计创意领域的深度合作。根据相关政策文件，深圳正致力于探索建立深港澳创意设计联盟，推动粤港澳大湾区创意设计合作圈建设，努力构建接轨全球的完整产业链和创新链。

近年来，武汉加快文化及设计产业集聚发展，构建了"1+3+7+14+19"的文化产业发展平台。该平台以东湖国家文化和科技融合示范基地为核心，涵盖了多家国家级特色文化产业园区、企业、省级文化产业示范园区以及市级文化科技融合示范园区。此外，武汉还注重老城更新和工业遗址的设计更新，通过规划设计、文化创意产业链条等根本动力，打造"三阳"设计之都、武汉设计之都核心示范区、世界级创意城市引领区。在工业设计方面，楚创谷设计园、红T时尚创意街区和"D+M"工业设计小镇等三大工业设计集聚区，形成了产业空间上的集聚。

重庆在提升综合城市文化形象的同时，也注重设计产业的发展。通过建设重庆设计公园、重庆工业设计产业城、金山意库等设计行业的产业园区、众创空间、孵化基地等载体，重庆已拥有300多个设计行业的相关载体。此外，全市还建有200多家驻社区设计师工作站，提供创意设计培训。为了加强国际合作交流，重庆还建成了14个国际设计交流合作中心，并与多个国外城市在设计、电影、文学、音乐等领域开展经验交流、人才培养与产业合作。

设计产业运营项目情况

1. 北京设计产业运营的国际化之路

北京市，作为中国的首都和国际化大都市，其在设计研发与创新领域的布局与成就，不仅体现了城市的文化软实力，也彰显了其推动区域乃至全球设计产业发展的决心与实力。下面从设计研发与创新平台的建设、跨区域与国际合作项目的推进、设计活动的举办与国际影响力的提升以及设计奖项的设立与国际评价体系的引入四个方面，深入剖析北京市在设计产业领域的发展现状与趋势。

1）设计研发与创新平台的建设

北京市在设计研发领域拥有近200个重点实验室和工程技术中心，涵盖了人机工程、虚拟现实、仿真测试、绿色建筑设计、3D打印等多个前沿领域。同时，北京市设计创新中心构建了 12 个共性技术平台，包括产品设计新材料应用、装备制造数字化设计、PNT 产品设计等，为近 3000 家中小企业提供了技术支持和服务。这些平台和中心的建设，为北京市的设计研发提供了强有力的技术支撑，推动了设计创新的持续发展。

2）跨区域与国际合作项目的推进

北京市在设计领域的合作项目丰富多样，年均开展京津冀合作项目 2700 余项，对口支援与区域合作项目 11000 余项，服务"一带一路"项目 370 项，服务区域涵盖了包括马来西亚、俄罗斯、泰国等在内的 50 多个国家和地区。北京市通过成立民族地区设计创意产业服务联盟、京津冀设计产业联盟、品牌创意创新中心等机构，整合了北京的优势设计资源与滇、黔、藏等地的特色资源，推动了产业的跨区域发展。

3）设计活动的举办与国际影响力的提升

北京市在设计活动方面也取得了显著成果，如成功举办了联合国教科文组织创意城市北京峰会、北京国际设计周、北京文博会等国际设计活动。其中，北京国际设计周近年来参与人数超过 800 万人，带动设计消费超过 30 亿元，形成了"国庆·北京看设计"的特色品牌。这些活动不仅提升了北京市的设计影响力，也促进了设计文化的交流与传播。

4）设计奖项的设立与国际评价体系的引入

为了进一步宣传设计的价值，提升设计的国际影响力，北京市在 2006 年设立了中国设计红星奖。该奖项在北京市科学技术委员会的支持下，由中国工业设计协会、北京工业设计促进中心、国务院发展研究中心《新经济导刊》杂志社共同发起设立。该奖项旨在宣传设计的价值，评价设计的水平，引导设计的发展。同时，通过面向全球征集产品并引入国际专家参与评审，让世界认识到中国设计产品的品质和价值。这一奖项的设立，不仅提升了中国设计的国际地位，也为中国设计师提供了一个展示才华、交流学习的平台。

2. 深圳政府与协会双轨制促产业发展

1）市政府在产业发展中的引领作用

深圳文化设计产业的繁荣发展离不开市政府在行业发展中发挥的主导作用。深圳市政府、市委宣传部特别成立创意设计发展办公室，负责深圳创新创意设计学院的各项筹建工作，包括办学筹备、申报设置、人才引进、学科专业规划以及校园规划建设等核心任务。这一举措旨在培养高学历人才，开展本科和研究生教育，构建本硕博一体化人才培养体系，为深圳的文化设计产业注入源源不断的人才动力。

2）创新创意设计学院的建设目标

创新创意设计学院的建设目标紧密围绕粤港澳大湾区的创新发展需求，旨在面向未来设计产业人才需求，打造一所国际化、高水平、创新性、实践型的世界一流设计学院。该学院的建设不仅为粤港澳大湾区创新创意产业提供了重要的人才支撑和智力支持，同时也为深圳市乃至全国的文化设计产业树立了新的标杆。

3）深圳创意设计发展办公室的重点工作

深圳创意设计发展办公室在推动深圳文化设计产业发展中扮演了关键角色。该办公室重点推进深圳设计周和深圳环球设计大奖等活动，为设计产业打造一个国际化、跨门类的专业平台。深圳设计周通过促进设计品牌推广、设计成果展示、设计产品交易等活动，推动设计资源的集聚和融合，提升深圳设计的国际影响力。而深圳环球设计大奖（又名"鲲鹏奖"）则致力于发掘和奖励具有前瞻力、创造力、驱动力和影响力的设计师及作品，进一步推动深圳设计的创新发展。

4）设计行业协会的推动作用

深圳的设计行业协会也在推动产业发展中发挥了重要作用。以工业设计行业协会为例，该协会自 1987 年成立以来，一直积极促进深圳工业设计产业的发展。通过与设计企业的紧密合作，该协会开展了一系列有影响、有成效的设计推广活动，如中国智造·深圳设计创新商年展、中国（深圳）国际工业设计周等。这些活动不仅提升了深圳设计的知名度和影响力，也推动了设计价值的转化和产业的持续发展。同时，这些活动还辐射到整个粤港澳大湾区乃至全国，为设计产业的繁荣做出了积极贡献。

3. 上海设计产业多元发展与国际接轨

近年来，上海在文化活动举办方面展现出了极高的活跃度，不仅推动了文化产业的多维度融合，更在设计领域取得了显著的国际影响力。下面探讨上海文化活动的活跃度、设计领域的国际影响力，以及文化产业的多维度融合态势。

1）上海文化活动与设计领域的国际影响力

上海成功举办了包括法兰克福家居展、伦敦设计节、首届长三角文博会、首届文化装备博览会等一系列国际性的设计展览和活动，不仅彰显了上海设计产业的实力，也进一步提升了其国际影响力。此外，上海还通过"魅力上海"活动在法国联合国教科文组织总部和在美国纽约的创新设计对话活动，向国际社会推广了上海的设计文化和创新理念。

2）中意设计交流与工业设计的创新发展

为深化中意设计交流，联合国教科文组织"创意城市"（上海）推进工作办公室与意大利佛罗伦萨市政府共同建立了"上海佛罗伦萨－中意设计交流中心"。在工业设计领域，上海通过中国工业设计研究院及中国工业设计（上海）研究院股份有限公司（CIDI）等机构的运营，成功举办了"2019 IEID 创新设计助力新兴产业发展会议""2019 国际工业设计创新（上海）展览会"等主题活动，并推出了中国工业设计研究院设计大奖，有效推动了工业设计产业的发展和创新。

3）上海文化产业运营管理与产业链构建

上海的设计活动及推广项目主要由中国工业设计研究院、中国工业设计（上海）研究院股份有限公司、上海设计周投资管理有限公司等机构负责运营管理和产业推广。这些机构通过建设数字化实验室等服务平台，促进了设计产业与科技产业的深度融合，形成了一条涵盖"新设计、新材料、新工艺、新产品、新能源、新市场"的新型产业链。

4）上海文化产业生态的丰富与多元

除了设计领域，上海在电影、动漫、电竞、广告等文化产业领域也取得了显著成绩。国际电影节、国际艺术节、国际动漫游戏博览会、上海国际广告节、全球电竞大会等一系列活动的成功举办，进一步丰富了上海的文化产业生态，使其呈现出多元化的发展态势。

5）文化产业扶持政策的实施与成效

在文化产业扶持方面，上海市政府给予了大力支持。2018 年，上海共有 405 个文创项目获得扶持，其中民营项目占 84%，获得了市级资金扶持 3.78 亿元和区级配套资金 2.38 亿元，撬动了超过 42.6 亿元的社会资本投入。为进一步提高资金使用效率，上海在 2019 年整合了原市文广局、市新闻出版局产业类扶持资金，修订了市级文创资金管理办法，实现了专项资金的统一发布、申报、评审和管理。

综上所述，上海在文化活动举办方面展现出了极高的活跃度，形成了文化产业的多维度融合态势。通过举办一系列国际性的设计展览和活动，以及加强与其他国家和地区的文化交流与合作，上海不仅提升了自身的设计产业实力和国际影响力，也为文化产业的发展注入了新的活力。未来，上海应继续深化文化产业的多维度融合，推动文化产业的高质量发展。

4. 武汉：成长中的"设计之都"多产业融合态势与稳步发展

武汉，作为一座正在崛起的设计之都，其设计创意产业虽尚未达到北京、上海、深圳等城市的高水平，但在多产业融合与稳步发展方面展现出了独特的活力和潜力。

1）设计产业集聚区的精心打造

武汉基于其独特的资源禀赋、文化底蕴、发展历史及模式，各区因地制宜，积极开展特色文化产业园区规划和建设。目前，已形成了以武汉东湖国家文化和科技融合示范基地为核心，涵盖多个国家级、省级和市级文化产业示范园区的文化产业园区体系。这些园区通过点、线、面相结合的方式，促进了文化产业的集聚化发展，形成了文化产业创新发展的新格局。

2）专业设计活动的成功举办

武汉在设计活动的举办方面也取得了显著成果。红T时尚创意街区等地成功举办了包括中国工业设计展览会"红T设计师之夜"在内的多种设计主题活动，吸引了众多设计师和业内人士的参与。此外，武汉还举办了"2018首届武汉数字创意产业创新发展论坛"等高端论坛，邀请了数字创意产业精英、高校专家学者及投资领域专业人士共同探讨数字创意产业的发展与建设，进一步提升了武汉设计产业的国际影响力。

3）城市文化生活的丰富与提升

武汉不仅在设计产业方面取得了显著成果，还在城市文化生活方面进行了积极探索和尝试。例如，"2018简单生活节·武汉站"活动的成功举办，不仅丰富了市民的文化生活，还展示了武汉的文化创意成果。该活动专辟武汉特色策展区域，汇聚了本土品牌和产品，为市民带来了全新的文化体验。

4）文化产业基层工作的落实

在文化产业基层工作方面，武汉也取得了显著成效。通过区委宣传部等主要领导的带队调研和督办，武汉深入了解文化企业发展中存在的问题，并针对性地进行调度和协调。同时，编发《文化产业统计专报》等文件，总结成绩、积累经验，推动各区完善工作机制、配备工作力量、加强政策宣传，为文化企业提供必要的帮扶和长效服务。这些举措有效促进了文化产业基层工作的落实和发展。

5. 重庆设计产业的系统性发展策略

1）品牌活动塑造行动

为了塑造城市品牌活动并提升设计产业的知名度，重庆积极发挥活动品牌效应，精心策划并举办了山顶设计奖、智博杯工业设计大赛、工业设计创新成果展、成渝地区双城经济圈工业设计赋能大会、中国制造业设计大会、川渝工业设计节等一系列活动。这些活动形成了"一奖、一赛、一展、一会、一节"的品牌矩阵，不仅为设计师提供了展示才华的平台，也促进了设计文化的交流与传播。

2）载体平台培育行动

为优化设计产业的发展空间布局，重庆引导工业设计集聚发展，形成了"1+N"的产业协同发展布局。以两江新区悦来片区为核心承载地，辅以沙坪坝区、渝中区、巴南区等多个区县为支撑，共同构建设计产业的生态圈。同时，重点支持重庆设计公园、重庆工业设计产业城、重庆工业设计总部基地等集聚区项目，打造一批工业设计生态家园，为设计师和企业提供优越的发展环境。

3）设计生态构建行动

重庆致力于构建"工业设计+"生态，推动工业设计与乡村振兴、城市更新、文化艺术、工业遗产活化利用等领域的深度融合。通过建设一批"工业设计+"试点示范项目，探索设计在各个领域的应用价值，为城市的发展注入新的活力。

4）专业人才引育行动

在专业人才引育方面，重庆深入开展工业设计专业职称评价工作，创新工业设计人才成长激励机制，将工业设计人才纳入高层次人才培养和选拔范围，享受各级人才政策待遇。同时，加大高端设计人才引进力度，鼓励国内外设计人才来渝就业或设立设计机构。加强设计学科建设，推广CDIO工程教育模式，深化产教融合、校企合作，构建工业设计现代职业教育体系。此外，支持国家级和市级工业设计中心、研究院以及各类设计园区（平台）建设制造业工业设计实训基地，为设计人才的培养提供有力支撑。

5）三级设计服务体系建设行动

为统筹文化创意产业的促进工作，重庆创新引入"总部+区县分中心+镇街工作站"三级设计服务体系。以重庆设计之都促进中心为载体，辐射建成大足、秀山等多个区县分中心，并设立多个乡镇工作站。这一体系不仅有效整合了设计资源，也推动了"设计意识"在基层一线的普及与渗透，为城市的文化创意产业发展注入了新的动力。

设计产业政策及制度情况

1. 战略地位显著提升

国家通过出台一系列重要文件，自2010年起，国家相关部门对工业设计的重视程度不断提升，将其发展上升到国家层面。工业和信息化部等十一部委联合出台了《关于促进工业设计发展的若干指导意见》（工信部联产业〔2010〕390号），标志着工业设计成为国家发展战略的重要组成部分。如《关于促进工业设计发展的若干指导意见》《中国制造2025》以及《质量强国建设纲要》等，将工业设计明确为国家发展战略的重要组成部分。这些政策不仅提升了工业设计在制造业转型升级中的战略地位，还为其发展指明了方向和目标。

近年来，我国工业设计产业得到了国家层面的高度重视与大力扶持，形成了一整套完善的政策与制度体系，以推动该产业的快速发展和转型升级。

2. 财政与税收支持

为鼓励工业设计产业的发展，国家加大了财政投入，提供了专项资金支持，并出台了税收优惠政策。这些措施有效减轻了工业设计企业的负担，激发了企业的创新活力，促进了设计创新成果的涌现。

3. 知识产权保护加强

国家高度重视工业设计领域的知识产权保护工作，加强了知识产权法律法规的宣传普及和执法力度。通过建立完善的知识产权保护体系，保障了设计创新成果的合法权益，为工业设计产业的健康发展提供了有力保障。

4. 人才培养与引进

为了培养具有国际竞争力的高素质设计人才，国家加强了高校工业设计学科建设，提高了人才培养质量。同时，鼓励企业与高校开展产学研合作，共同培养具有创新能力和实践经验的设计人才。此外，还通过举办各类设计竞赛活动，发掘和培养优秀设计人才，为工业设计产业的持续发展提供了人才支撑。

5. 产业集聚与国际交流

为推动工业设计产业的集聚发展，国家鼓励形成具有国际竞争力的产业集群，提升产业整体竞争力，目前已经形成了以广东工业设计城为代表的一系列大型设计产业集聚区。同时加强与国际知名设计机构的交流与合作，引进先进设计理念和技术，提升我国工业设计产业的国际影响力。通过举办国际工业设计展览、论坛等活动，为国内外设计机构和设计师搭建了交流合作的平台。

6. 质量标准与评估体系

为保障设计产品的质量和安全性能，国家制定了一系列工业设计产品的质量标准和技术规范。同时，建立完善的设计评价体系，开展设计评价活动，提升设计水平和市场竞争力。这些措施有助于推动我国工业设计产业向规范化、标准化方向发展。

设计产业影响力

随着我国设计产业集聚度、综合性越来越强,设计产业的影响力也越来越大,由设计产业所组织的产业资源、事业资源等引发的影响力越来越大。

1. 广东工业设计城

广东工业设计城作为以工业设计为主的现代服务业集聚区,自 2009 年开园运营以来,已聚集设计研发人员超过 8000 名,吸引了国内外设计企业数百家。这种高度的产业集聚效应不仅促进了设计资源的共享和合作,还推动了设计产业的快速发展。

该区域拥有高新技术企业 30 家,创新设计产品转化率近 85%,累计设计服务收入近 40 亿元,广东工业设计城已孵化出 50 多个原创品牌,并获得了 5000 余项知识产权和 400 余项国内外设计大奖。这些成果不仅提升了"顺德设计"的品牌影响力,还推动了设计产业向高端化、品牌化方向发展。

广东工业设计城还通过举办各类设计展览、论坛等活动,加强了与国际设计界的交流与合作,进一步提升了其国际知名度和影响力。广东工业设计城积极搭建工业设计公共服务平台,强化高端人才引进与培养,不断优化工业设计发展环境。这些措施为设计产业的创新提供了有力支持,促进了设计成果的转化和应用。

2. 北京 751 园区

北京 751 园区从工业工厂转型为时尚秀带,成功吸引了大量时尚、设计、文娱等领域的知名品牌入驻。这里不仅保留了德式风格的电厂、古朴的老蒸汽火车等工业遗存,还融入了现代时尚元素,形成了独特的文化氛围。园区内举办的各类时尚活动,如中国国际时装周、751 国际设计节等,不仅推动了时尚设计产业的发展,还提升了北京乃至中国的时尚影响力。751 园区聚集了 150 余家入驻商户和超过 1500 名设计师,涵盖了服装、建筑、家居、汽车等多个领域。这种跨界融合不仅促进了设计产业的多元化发展,还推动了设计与其他产业的深度融合。

园区内还引入了奥迪亚洲研发中心、米未传媒、小柯剧场等知名创意设计企业,进一步提升了园区的创新能力和市场竞争力。751 园区利用改造后的工业空间资源,为高端品牌发布、原创设计展示提供场馆场地。这里举办的爱马仕、万宝龙等国际一流品牌的发布会和时尚展览,不仅提升了园区的品牌价值,还推动了设计产业与商业的深度融合。

设计创新的新生态

第十八章 从"1 到 N"的城市综合体

URBAN COMPLEXES FROM "1 TO N"

社会的发展机制，是考察一个文明的向度，也是一个文明发展的势能。为了深入探究中国社会的设计创新和新质生产力发展机制，本章将从生产力、生产关系以及新质生产力的角度展开分析，特别依托马克思主义的两个经典理论作为论述的基石。

首先，我们必须回顾和理解马克思关于生产力和生产关系的核心观点。生产力，简而言之，就是人们改造自然的能力，它决定了生产关系的性质和变革。在马克思的理论体系中，生产力和生产关系是相互作用、相互影响的。随着科技的飞速发展和时代的变迁，我们迎来了新质生产力的崭新时代。

新质生产力，作为当今时代的产物，具有鲜明的特征。它以创新为主导，摒弃了传统的经济增长方式和生产力发展路径，形成了一种高科技、高效能、高质量的生产力生态集群。这种新兴的生产力形态，不仅注重科学技术的运用，更强调设计创新的重要性。

科学技术，被誉为第一生产力，是推动社会进步的核心力量。而设计创新，作为第二生产力，同样发挥着不可或缺的作用。它不仅是固化新质生产关系的关键因素，更是催化生产关系转型升级的重要催化剂。设计创新，以其独特的视角和方法，为产品和服务注入了新的活力和价值，从而推动了整个社会经济的繁荣发展。

然后，为了进一步阐释设计创新在新质生产力中的地位和作用，我们将目光投向了两个具有代表性的案例——"798 艺术区"和"751D·PARK 时尚设计广场"。这两个地方，不仅是设计创新的摇篮，更是新质生产力生态的缩影。

"798 艺术区"，作为中国当代艺术的发源地之一，汇聚了大量的艺术家和创意人才。他们通过独特的艺术设计和创新思维，为这片区域注入了浓厚的艺术气息和创新活力。这里的设计创新生态 1.0，以艺术家为主导，注重个性化和原创性的表达，形成了一种独特的艺术生产力。

"751D·PARK 时尚设计广场"，则代表了设计创新生态的 2.0 版本。这里汇聚了众多时尚品牌和设计师，他们通过时尚设计和产品创新，为消费者带来了全新的购物体验和生活方式。这里的设计创新生态，更加注重市场化和商业化的运营，形成了一种高效能、高质量的生产力生态集群。

通过对这两个案例的深入分析，我们可以发现设计创新在新质生产力中的重要作用。它不仅推动了产品和服务的升级换代，更引领了消费市场的潮流和趋势。设计创新，以其独特的魅力和价值，成为了新质生产力中不可或缺的一部分。

最后，基于对"798 艺术区"和"751D·PARK 时尚设计广场"的归纳总结，我们结合新质生产力的理论框架，提出了能够承载新质生产力的设计创新生态园地的构建结构——"1123N1"。这一结构包括"1 个生态体 +2 个平台 +3 层结构 + N 场活动 +1 个综合生活配套社区"，旨在为设计创新提供全方位的支持和服务。

具体来说，"1 个生态体"指的是以设计创新为核心的生产力生态集群，它汇聚了各类创意人才和企业机构，共同构建一个充满活力和创造力的生态环境。"2 个平台"则包括线上和线下两个平台，为设计师和企业提供展示、交流和合作的机会。"3 层结构"涵盖了设计创新的全过程，包括研发设计、生产制造和市场营销等环节。"N 场活动"则是指定期举办的各类设计创新活动和比赛，旨在激发创意灵感和促进产业发展。"1 个综合生活配套社区"则为设计师和企业提供了便捷的生活和工作环境，助力他们更好地投身于设计创新的伟大事业中。

综上所述，设计创新在新质生产力中发挥着举足轻重的作用。它不仅推动了产品和服务的创新升级，更引领了产业发展的方向和趋势。通过构建"1123N1"的设计创新生态园地结构，我们可以为设计师和企业提供更加优质的环境和资源支持，共同推动新质生产力的蓬勃发展。

此外，我们还需要认识到，设计创新并非孤立存在，而是与生产力和生产关系紧密相连的。在新的时代背景下，设计创新已经成为推动社会发展的重要力量之一。因此，我们应该更加重视设计创新在新质生产力中的地位和作用，积极探索其发展的规律和特点，为未来的社会发展注入更多的活力和动力。

同时，我们也要看到，设计创新并非一蹴而就的过程，而是需要长期的积累和不断的探索。在这个过程中，我们需要保持开放的心态和创新的思维，积极借鉴和吸收国内外的先进经验和做法，结合自身的实际情况进行创新和发展。只有这样，我们才能在新的时代背景下不断推动设计创新的深入发展，为社会的进步和发展做出更大的贡献。

在未来的发展中，我们将继续关注设计创新在新质生产力中的发展趋势和影响。通过不断的研究和探索，我们相信设计创新将会在未来的社会发展中发挥更加重要的作用。同时，我们也期待更多的设计师和企业能够积极参与到设计创新的伟大事业中来，共同推动社会的进步和发展。

设计创新的新生态

设计创新在新质生产力生态中的作用与影响
The Role And Impact Of Design Innovation In The Ecosystem Of New Quality Productivity

2023年9月，习近平总书记在黑龙江考察调研期间原创性地提出"新质生产力"，他指出：要整合科技创新资源，引领发展战略性新兴产业和未来产业，加快形成新质生产力。2023年12月，中央经济工作会议提出，要以科技创新推动产业创新，特别是以颠覆性技术和前沿技术催生新产业、新模式、新动能，发展新质生产力。2024年1月31日，习近平总书记在主持中央政治局第十一次集体学习时发表重要讲话，从理论和实践结合上系统阐明新质生产力的科学内涵，深刻指出发展新质生产力的重大意义，对发展新质生产力提出明确要求。2024年3月5日，习近平总书记参加十四届全国人大二次会议江苏代表团审议时强调，要牢牢把握高质量发展这个首要任务，因地制宜发展新质生产力。

自此，"新质生产力"成为社会各界讨论的热点话题，但较少有学者对设计与新质生产力之间的关系进行探讨。

设计创新作为生产力整合科技创新资源，将前沿科技落地产业化，将低端制造业升级为高附加值、高竞争力的品牌和产品，促进了经济增长方式的转变。同时，绿色设计的推广和应用有助于实现可持续发展，推动中国经济向更加环保、高效的方向转型。从这个角度来看，设计创新力也可以说是新质生产力的组成部分之一。

新质生产力的特征

习近平总书记在中共中央政治局就扎实推进高质量发展进行第十一次集体学习中全面阐述了新质生产力的定义，他指出：新质生产力是创新起主导作用，摆脱传统经济增长方式、生产力发展路径，具有高科技、高效能、高质量特征，符合新发展理念的先进生产力质态。它是由技术革命性突破、生产要素创新性配置、产业深度转型升级而催生，以劳动者、劳动资料、劳动对象及其优化组合的跃升为基本内涵，以全要素生产率大幅提升为核心标志，特点是创新，关键在质优，本质是先进生产力。这种生产力形态是创新起主导作用，摆脱了传统经济增长方式和生产力发展路径，具有高科技、高效能、高质量的特征，符合新发展理念。

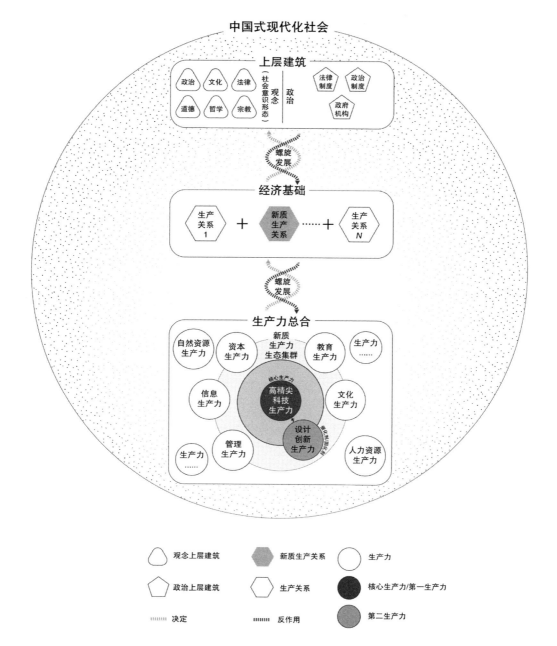

1. 高科技含量

新质生产力是科技创新的集中体现，它涉及的技术水平更高、更前沿。这种高科技含量不仅体现在生产过程中使用的先进技术和设备，还包括产品研发、管理等方面的技术创新。

2. 高效能

新质生产力通过采用先进的生产技术和管理手段，能够大幅度提高生产效率，降低成本和资源消耗。这种高效能不仅体现在单个企业的生产效益上，还体现在整个产业链的协同效率和社会的整体经济效益上。

3. 高质量

新质生产力注重产品和服务的质量提升，追求精益求精。它不仅要求产品达到国家标准和行业标准，还追求更高的品质标准和用户体验。这种高质量的要求是推动新质生产力持续发展的重要动力。

4. 创新驱动

新质生产力的发展离不开创新驱动。只有通过不断创新，才能保持新质生产力的先进性和竞争力。这种创新驱动不仅体现在技术研发上，还包括管理创新、商业模式创新等多个方面。

总的来说，新质生产力不应该是单纯的技术决定论，但技术是新质生产力的核心，且不局限于科技领域，而是应该有更广泛的外延，是一种以创新为主导、高科技、高效能、高质量的先进生产力形态，是推动经济社会高质量发展的关键力量。

设计创新的特征

首先，我们来看下国际上对于设计和工业设计的定义，因为工业设计是最直接连接科技和商业的桥梁，所以这里对于设计的定义可细化到工业设计范围。

世界设计组织对设计的定义：设计是一种创造性的过程，旨在解决问题和改变世界。它结合了想象力、技术和艺术等要素，通过创新的方式塑造和改善物品、环境和服务。设计的核心在于创新。它是一种探索未来可能性的过程，依赖于设计师的创造力和想象力来推动社会进步和经济发展。

对工业设计的定义：工业设计是一个战略性的解决问题的过程，通过创新的产品、系统、服务和体验来推动创新，建立商业成功，并带来更好的生活质量。

该定义的扩展版本为：工业设计是一个战略性的解决问题的过程，通过创新的产品、系统、服务和体验来推动创新，建立商业成功，并带来更好的生活质量。工业设计弥合了现实与可能之间的差距。这是一个跨学科的职业，它利用创造力来解决问题，并共同创造解决方案，以使产品、系统、服务、体验或业务变得更好。从本质上讲，工业设计通过将问题重新定义为机遇，提供了一种更乐观地看待未来的方式。它将创新、技术、研究、商业和客户联系起来，在经济、社会和环境领域提供新的价值和竞争优势。

国际工业设计协会（ICSID）对工业设计的定义强调了其在产品、服务、系统和体验方面的创新和应用，以及其在提高可用性、市场竞争力和环境可持续性方面的重要性。

工业设计是一种创造性活动，旨在通过产品、工具、设备、视觉传达和服务的整体设计，改善人们的生活方式和环境。它涉及创新的产品形状、功能、技术和美学属性，以提高产品的可用性、市场竞争力和环境可持续性。工业设计包括但不限于产品设计、环境设计、传播设计、设计管理等，涵盖造型设计、机械设计、服装设计、环境规划、室内设计、用户界面设计、平面设计、包装设计、广告设计和展示设计等多个领域。此外，工业设计还涉及到心理学、社会学、人机工程学、机械构造、摄影和色彩学等多个学科。

通过以上定义，可以明确设计是生产力的一种，通过将设计思维与科技创新相结合，从而推动产品或服务升级的一种生产力形态。这种生产力注重创造性，以用户需求为中心，通过不断优化设计来提升产品的附加值和市场竞争力。

设计创新力的特征

1. 用户导向

设计创新生产力始终以用户需求为出发点和落脚点。它强调深入了解用户的真实需求和期望,并据此进行设计和优化,从而确保产品或服务能够精准满足用户需求。

2. 创新驱动

设计创新生产力高度重视创意和想象力。它鼓励设计师打破传统思维定式,勇于尝试新的设计理念和风格,以创造出独具特色的产品或服务。

3. 科技与设计的融合

设计创新生产力注重科技与设计之间的深度融合。它充分利用现代科技手段来辅助设计过程,提高设计的精准度和效率,同时也将最新的科技成果应用于产品中,提升产品的科技含量和附加值。

4. 可持续性

设计创新生产力强调设计的可持续性。它倡导使用环保材料和节能技术,致力于减少对环境的影响,同时追求产品的长久使用和可循环利用。

5. 商业价值与社会价值的统一

设计创新生产力不仅关注商业价值,还注重社会价值。它致力于通过设计创新来推动社会进步和文化发展,实现商业价值与社会价值的和谐统一。

将设计创新力与新质生产力的特征对比来看,设计创新力具备新质生产力的创新驱动、高科技含量、高效能、高质量几大属性。设计创新其本身不是科学技术,而是转化科学技术、前沿技术的引擎,通过设计思维进行产品研发、设计进行研发管理和供应链管理,进而创造出高附加值的产品或服务,所以企业具备高科技含量属性,且是推动前沿高科技技术产业化的推力。设计创新以用户为中心,强调深入了解用户的真实需求和期望,并据此进行不断的设计和优化,精益求精,从而确保产品或服务能够达到更高的行业标准、市场标准,满足用户需求,这一点也符合新质生产力的属性。在高效能方面,设计创新通过绿色设计、可持续设计思维优化产业链，极大程度地提高生产效率，降低成本和资源消耗，不仅体现在产品管理的环节，也应用于服务创新，社会组织创新，推动中国经济向更加环保、高效的方向转型。所以，设计创新力具备新质生产力的特征。

综上所述，设计创新力是否是新质生产力？笔者认为，新质生产力主要是由技术革命性突破、生产要素创新性配置、产业深度转型升级而催生的当代先进生产力。在这个框架下，设计生产力通过创新设计理念和技术手段，推动产品创新、服务创新和产业升级，从而成为新质生产力的重要组成部分。

设计不仅关注产品的外观和美感，更涉及产品的功能性、可用性、用户体验等多个方面。在现代经济中，设计已经成为一种重要的生产力，它能够将创意和技术转化为具有市场竞争力的产品和服务。因此，设计生产力在推动新质生产力发展方面发挥着重要作用。

此外，设计生产力还通过促进创新、优化资源配置、提高效率等方式，推动经济的持续增长和产业升级。所以，从这个角度来看，设计生产力确实可以被视为新质生产力的一个组成部分。新质生产力不是单一生产力或者几个生产力的集合，而应该是一个内部有相互作用力、共融共生的一个新兴创造性生产力的生态集群。设计创新力是生态集群的重要组成部分，是固化新生质生产力生态集群的催化剂；高科技生产力是第一生产力，是核心部分；其中还应有新质管理生产力、新质金融生产力等其他具备创造性且能够对经济高质量发展、推动产业创新、促进中国式现代化进程的添砖加瓦的生产力。而这些生产力组成的生态集聚为新质生产力，新质生产力催生了创新性的更高效能、更高质量、更高产值、更高附加值的生产关系，进而使得生产关系的总和，即经济基础实现飞跃，推进中国式现代化——人口规模巨大的现代化、全体人民共同富裕的现代化、物质文明和精神文明协调发展的现代化、人与自然和谐共生的现代化、走和平发展道路的现代化。

设计创新生态3.0——新质生产力设计创新园地构建

Construction Of Innovation Park For New Quality Productivity Design

通过对"798艺术区"——设计创新1.0园区和"751D·PARK"——设计创新2.0园区的机制解读，遍历了设计创新园区从无序的"自下而上"发展到有策略的"自上而下"的发展，不仅展示了中国当代国企协同国家和城市发展战略，跨越自身旧有行业惯性鸿沟，将地方优势和自身优势相结合，捕捉时代脉搏，顺应未来发展的创业创新性发展机制，也展示了设计产业发展的势能的变化和一个国家意志战略发展的势能变化。

设计园区是一个城市具有综合性质的特色物理空间，不但将设计文化凝聚在一起，更是将创新产业要素聚合在一起，为新质生产力的发生和新型生产关系的转变提供了天然的土壤。1.0和2.0设计创新园区已经具备创新性集聚区的效应，为城市发展和国家经济发展做出了一定贡献，但随着新质生产力带来的生产关系的变革，园区的组织机制也需要发生变革以产生更高质量、更高附加值、更高效、更可持续的产业生态，以推动传统生产力跃升，推动现代化产业体系提质增效，在促进城市乃至国家经济发展实现质的稳步提升和量的合理增长，创造更多物质财富和精神财富，为中国式现代化建设提供扎实的经济支撑和凝聚磅礴的精神力量。

在这里我们将探讨面向未来的，能够孕育和承载新质生产力和生产关系的设计创新园区新生态。设计创新新生态园区将是一个更加开放的园地，以园区品牌运营企业为主体，搭建以新质生产力生态为核心的综合性城市社区型园地，以"无形之手"通过创新品牌活动、创新平台搭建为园区生态提供开放式的、多元的产业资本能够介入的新生态聚合体。

"123N1"结构构建新质生产力设计生态园地

新质生产力设计创新园地从搭建结构上应符合"123N1"的结构，即"1生态体+2平台+3层结构+N场活动+1综合生活配套社区"。

1. "1"个园区品牌运营主体企业

目前，国内园区运营主体主要有3种：一是国有企业转型后自行成立的物业管理公司；二是政府主导的相关部门下属事业单位组成的运营管理公司；三是专业园区运营管理公司。新质生产力设计生态园地需要构建更创新性的新质生产力生态平台，并应对生产关系的迭代、未来生产力的聚合和不断变化的市场环境。这需要更加专业的运营主体来担任这一角色。不是简单"卖瓦片"的物业服务,而是系统化的运营体系;不是一蹴而就的产业集聚,而是创造性搭建产业协同发展的平台;不是封闭的产业链运营,而是多元开放的产业资本的介入。这是全方位多层次的综合性运营管理,需要更专业化的运营团队,从园区筹备期对市场环境、园区整体的主题、发展定位、战略规划做充分论证,到园区招商期对入园企业进行系统化的筛选和评估,具备敏锐的市场洞察力和专业的判断力,确保入驻企业符合园区的整体定位和发展方向。再到运营期搭建新质生产力协同发展平台,以设计创新催化前沿科技的产业化落地和市场化营销推广,抢占未来市场;具备丰富的跨产业、国际化的产业资源,为园区内主体提高国内外、行业内外的交流和合作机会;园区运营服务还需要注重品牌建设和营销推广。通过举办各种活动如论坛、研讨会、展览等,提升园区的知名度和影响力,吸引更多的优质企业和人才加入。

国有企业和政府主导的企业对文化产业园区的运营相对缺乏实战经验,且由于之前所处行业与设计行业差别较大,会有其管理惯性,与设计创新的市场化管理方式相矛盾或水土不服,且新质生产力设计生态园地的运营管理相较于传统设计创新园区,更需要对前沿科技和设计产业有更深的理解,具备前瞻性的市场洞察和灵活的运营策略适应市场变化。但不排除这类型的企业通过自身管理团队的优化更新或者团队内部的运营能力提升,解决以上矛盾,从而具备专业的运营管理能力。

2. "1"个新质生产力生态协同创新的平台机制

新质生产力设计创新园区运营应具备一双"无形的手",引进具备全产业链服务能力和协调创新能力的设计企业和具备占领生产未来产业高地潜力的高新技术企业。设计创新是作为第二生产力,也是固化和催化生产关系向新质生产关系转化的固化剂或催化剂,需要与科技生产力一起协同创新而不是单纯的服务。协同创新是区别于传统生产关系的新质生产关系,设计与科技企业不再是单纯的雇佣关系,而是变成了利益共同体,这样会产生"1+1>2"甚至大于 N 的产业效能,实现生产力水平的飞跃,进而实现生产的高效能、高质量、高附加值和可持续性。还需要搭建新质生产力生态平台机制,促进设计企业和高新技术企业间的协同效应,催生新质生产力的产生和发展，进而打造具备未来竞争力的、持续创新高效运营的承载新质生产力的生态型创新园区平台。

3. 创新核力聚合新质生力设计生态"3层结构"

新质生产力设计创新园区的产业生态层级也分为3层，即核心层（专业创新市场环境）、紧密层（大众消费市场环境）和松散层（外围环境）。但不似设计创新园区生态1.0和2.0版本时，大众消费市场环境层通过园区实体商业的方式格外活跃于园区内，新质生产力园区的产业技术含量更高，其产品更偏向于专业化，其中偏向于大众化的产品则直接面向特定的消费场景，如未来产业中人形机器人、脑机接口、超大规模新型智算中心、第三代互联网等创新标志性产品等，其消费门槛较高，也需要特定的营销环境。所以在新质生产力设计创新园区，大众化的创意产业消费会变弱，创新消费会变强。其三层结构中：核心层（专业创新市场环境）集中度最高，活跃度最高；紧密层（大众消费市场环境）和松散层（外围环境）活跃度低，但会出现大量的园区外溢效能，对园区外相关高新技术产业的影响会指数级增长。

4. "N"场活动成为有形的促进创新生产，生态体内外交流的载体

新质生产力设计创新园区运营活动是推动创新和生态交流的关键载体。通过引进设计企业和具备前瞻技术的高新技术企业，不仅为园区注入了创新活力，还为未来产业发展奠定了基础。这些企业通过园区这一平台，可以实现资源共享、技术交流和合作研发，从而推动新质生产力的快速发展。同时，园区运营活动还促进了生态体内外的交流与合作，为各企业提供了更广阔的市场和合作机会。这种交流与合作不仅限于技术层面，最主要是搭建协调创新机会，甚至协同管理、协同市场拓展等多个方面，有助于形成全方位、多层次的创新生态体系。通过这些运营活动，新质生产力设计创新园区成功搭建了一个促进创新生产、加强生态体内外交流的优质平台，为推动新质生产关系的发展做出了积极贡献。

5. 综合性生活配套开放式园地补充城市功能，构建社区化创新创业型园地

新质生产力设计创新园区作为一个综合性的创新平台，不仅需要高端的技术设施和研发环境，同样也需要完善的生活配套设施。这样的综合性生活配套不仅满足了园区内人员的基本生活需求，同时也为他们提供了一个开放、多元、舒适的工作和生活环境，进一步促进了创新思维的碰撞和研发灵感的产生。

（1）综合性生活配套的重要性

提升工作生活质量：优质的餐饮、住宿、娱乐设施等，能够让科研人员在紧张的工作之余得到良好的休息和放松，从而提升工作效率。

促进交流与合作：咖啡厅、图书馆等公共空间，为园区内人员提供了非正式的交流场所，有助于创新想法的产生和团队之间的合作。

吸引并留住人才：一个宜居宜业的园区环境，能够吸引更多高端人才加入，并增强他们的归属感和忠诚度。

（2）社区化创新创业型园地的构建

通过将创新创业园地与社区相结合，可以打造一个更加开放、包容的创新环境。这种社区化的创新创业型园地不仅能够提供必要的工作和生活设施，还能够促进不同领域之间的交流与合作，激发更多的创新火花。

例如美国1010创业社区是一个集生活、工作、娱乐于一体的创业社区。该社区提供了全方位的创业服务，包括办公空间、酒店式住宿、娱乐设施等，为创业者创造了一个舒适、便捷的工作和生活环境。

（3）运营模式

收入来源多元化，包括办公租赁、商业服务租赁收费等。

综上所述，新质生产力设计创新园区需要注重综合性生活配套的建设，打造开放式的多元化创新园地，并借鉴国外成功的创新创业社区实验室模式，以构建一个充满活力、开放包容的创新创业环境。

"引未来产业之种，育未来经济之星"策略机制

未来产业由前沿技术驱动，当前处于孕育萌发阶段或产业化初期，是具有显著战略性、引领性、颠覆性和不确定性的前瞻性新兴产业。大力发展未来产业，是引领科技进步、带动产业升级、培育新质生产力的战略选择。未来产业是新质生产力的核心产业，以专业眼光和未来市场洞察能力重点推进未来制造、未来信息、未来材料、未来能源、未来空间和未来健康六大方向中的潜力企业，打造新质生产力园区核心竞争力，推动其成为世界未来产业重要策源地。现在处于孕育期的未来产业，将是未来带动整个中国经济腾飞的明日之星。

1. 传统生产关系产业链

传统生产关系主要指的是在物质生产过程中形成的人们之间的社会关系，它涉及生产资料的所有制形式、人们在生产中的地位及其相互关系，以及产品的分配方式。

目前，传统企业之间的生产关系有以下几种。

供应链关系：企业之间在生产过程中形成的供应链关系，涉及原材料的采购、产品的生产和销售等环节。这种关系确保了企业之间的协作与配合，使得生产过程能够顺利进行。

竞争与合作关系：企业之间既存在竞争也存在合作。竞争可以推动企业不断创新和提升效率，而合作则有助于实现资源共享、风险共担，共同应对市场挑战。

技术与知识共享关系：在现代经济中，技术与知识的共享成为企业之间生产关系的重要组成部分。这种共享可以促进技术的进步和创新，提高企业的竞争力。

投融资关系：企业之间可能存在着投资和融资的关系，一方提供资金支持，另一方提供项目或技术，共同实现利益最大化。

产销关系：生产企业与销售企业之间的合作关系，确保产品能够顺利进入市场并实现销售。这种关系直接影响到企业的生产计划和销售策略。

2. 新质生产关系产业链

企业的发展就是解决生产关系与生产力间的矛盾，然后螺旋发展的。而新质生产力的生产关系则是对传统生产关系的一种创新和发展，它主要适应了新质生产力的发展需求。新质生产力的生产关系可以归纳为以下几点。

新型的所有制形式：新质生产力可能推动生产资料的所有制形式发生变化，例如出现共享经济、平台经济、协同创新等新型经济形态，使得生产资料的所有权和使用权发生分离，形成更加灵活和高效的所有制形式。

人在生产中的新地位：在新质生产力下，人们的生产地位可能发生变化。例如，在知识经济时代，知识和技能的价值得到更大程度的认可，知识工作者在生产中的地位得到提升。

新型的产品分配方式：新质生产力可能带来产品分配方式的创新。例如，随着数字技术的发展，数字货币、智能合约等新型支付方式的出现，使得产品分配更加便捷、透明和公平。

未来产业前瞻部署新赛道列举

分类	产业名称
未来制造	发展智能制造、生物制造、纳米制造、激光制造、循环制造;突破智能控制、智能传感、模拟仿真等关键核心技术;推广柔性制造、共享制造等模式,推动工业互联网、工业元宇宙等发展
未来信息	推动下一代移动通信、卫星互联网、量子信息等技术产业化应用;加快量子、光子等计算技术创新突破;加速类脑智能、群体智能、大模型等深度赋能;加速培育智能产业
未来材料	推动有色金属、化工、无机非金属等先进基础材料升级;发展高性能碳纤维、先进半导体等关键战略材料,加快超导材料等前沿新材料创新应用
未来能源	聚焦核能、核聚变、氢能、生物质能等重点领域,打造"采集—存储—运输—应用"全链条的未来能源装备体系;研发新型晶硅太阳能电池、薄膜太阳能电池等高效太阳能电池及相关电子专用设备;加快发展新型储能,推动能源电子产业融合升级
未来空间	聚焦空天、深海、深地等领域,研制载人航天、探月探火、卫星导肮、临空无人系统、先进高效航空器等高端装备;加快深海潜水器、深海作业装备、深海搜救探测设备、深海智能无人平台等研制及创新应用;推动深地资源探采、城市地下空间开发利用、极地探测与作业等领域装备研制
未来健康	加快细胞和基因技术、合成生物、生物育种等前沿技术产业化。推动5G/6G技术、元宇宙、人工智能等技术赋能新型医疗服务,研发融合数字孪生、脑机交互等先进技术的高端医疗装备和健康用品

新型的市场机制和企业组织形式:新质生产力需要与之相适应的市场机制和企业组织形式。例如,平台经济、共享经济、协同创新等新型经济形态的出现,推动了市场机制的创新和企业组织形式的变革。

总的来说,新质生产力的生产关系是对传统生产关系的创新和发展,它适应了新质生产力在协同创新层面的发展需求,推动了经济的高质量发展。同时,新质生产力的生产关系也在不断演变和完善中,以适应不断变化的经济环境和社会需求。但对于新质生产力和生产关系的探讨还需要更多实例来进行验证,这里仅做初步的理论探讨,供各界讨论和研究。

设计创新的新生态

设计创新生态 1.0—3.0 演化图
Evolution Diagram Of Design Innovation Ecology 1.0-3.0

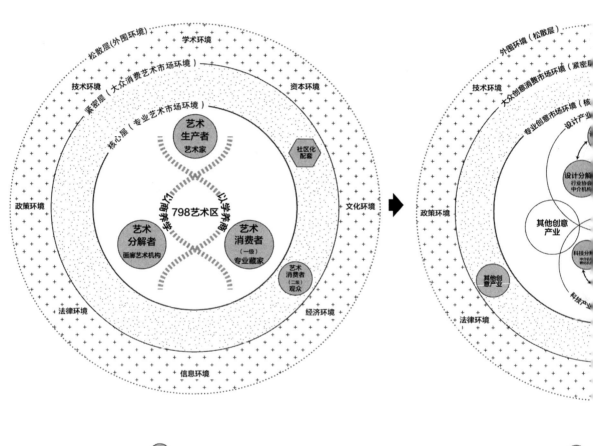

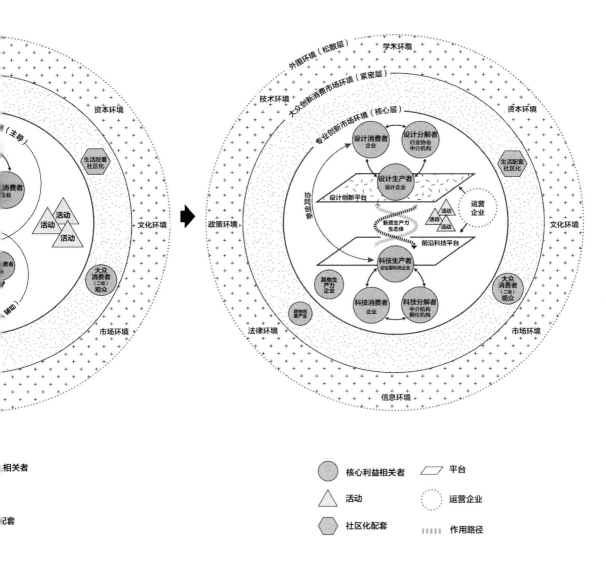

结语
EPILOGUE

我们漫步当今世界的知名地方，会有这样的感受：作为城市，最可贵的是阳光、树林、草地、湖面和供人们驻足的咖啡屋；作为园地，最可贵的是圆桌、橱窗、剧场和供同行们聚会的长廊；作为空间，最可贵的是宁静、氛围、记忆和绽放着人文精神的场域；作为设计文化的集聚地，最可贵的是常态化的主题会演、新品展陈、优质资讯、顶级专题交流会和设计事业者们需要的适宜空间和交流。这些，在"798"和"751D·PARK"都能找到，这里已经成为北京汇聚设计者生态的典型园区之一。

所谓设计者生态，应该具备这样几个特征：第一，以设计为核心的经济、文化和生活等要素汇聚的机制。第二，能够引发各类专业的设计者愿意交流的机制。第三，可以获得设计的专业体验、知识拓展和学养提高的机制；第四，可获得跨越专业文化、经济和人文等领域的社会资源汇聚的机制。

在对"798"和"751D·PARK"的经营管理者访谈的过程中体会到，园区的稳健发展，首先依靠的是管理者们高度的发展意识和强烈的社会担当精神。在对其发展战略的多次深访中清晰地了解到，他们身上拥有着砥砺前行、团结奋进的中国工业精神；能够首先从国家利益、社会利益和企业员工利益作为企业转型发展核心要求；主动依靠城市发展要求，在国家战略目标的指引下，寻求自身企业的发展；在历史与未来之间建构智慧的链接，系统考量所在地区环境要素的优势，将国家和城市发展的新战略与自身发展的新目标有机地整合在一起；以国有企业高度的使命感和责任感来作为园区发展定位的指南针。这样的理念和价值观是园区能够在近十年的发展过程中，不断成长、砥砺前行的关键因素：践行其提出的成为集"国际化、高端化、时尚化、产业化"于一体的、具有国际影响力的老工业资源再利用的设计园区；打造环境更优雅、公共设施系统更完备的城市设计生态绿洲，成为拥有自主品牌和文化创新内容的、驻园企业年经营数额达到亿元经济规模的，集品牌价值与社会价值于一身的设计事业示范区；使之成为首都北京城市生活的一种方式和一类景观，为探索中国设计事业的良好发展做出贡献。

我们之所以将研究的视点落在"798"和"751D·PARK",更重要的原因是要通过一个运行良好、汇聚社会蓬勃效应和人气的典型设计园地,来分析和探究当代中国以工业设计为核心动能的设计园区,应该如何策划、如何组织、如何管理与建设。努力回答设计园区最底层的建设逻辑——获得集聚效益,应该集聚什么、应该如何集聚和集聚的意义与价值。

通过深入专访,我们认为"798"和"751D·PARK"在回答中国当代设计园区"集聚什么"的问题上成绩斐然。这里概括为以下几个方面:

首先,"798"和"751D·PARK"集聚了国家发展的意志。一个中国当代的规模以上级的国有企业,在其转型的过程中,一定要高度协同国家发展战略,而不是图企业自身或地方产业变化之一时之快。

以国家整体发展战略目标为指南,将地方优势和自身优势结合起来综合思考,捕捉时代脉搏,顺应未来要求,形成转型目标是"798"和"751D·PARK"之所以能够发展起来的基本特质。也就是说,任何一个大中型设计园区的策动与建设,最重要的是在战略上具有高举高打的真正意识。在理念上直接对接时代特质和国家战略,从而在思路上与地方政策的动能相匹配。在建设园区的战略思考上越过错综复杂的地方色彩和企业旧有的行业惯性鸿沟。其具体的做法,就是依据中国改革开放几十年的成就,将创业创新的国家战略视为自身企业转型发力的下一个战场。主动链接企业自身优势和地理优势,在创新产业中对接优质的行业资源,迅速汇聚该领域的高端协同组织,形成社会带动效应。

其次,他们在园区的环境打造上,集聚了城市文化、时代特质、历史遗存和设计精神的物理性要素。园区的基础是物理环境。良好的物理环境是体现任何一个城市功能的基本要素。尤其在打造人文类园区和园地,这样的要求尤为必要。将得天独厚的历史遗存自然地封存在园地中,并巧妙地将其融合成不同类型的活动场域,将文化巡游的猎奇、设计文化对历史特色的关注,以及城市文化遗存的保护折叠在一起,作为其中最具特质的感受内容,是面对当代中国如何保存文化、如何创造文化的优良回答。

在回答设计园区建设"怎么获得集聚"的问题上，他们的方法亦十分得当。分为两个要领，第一，在建园之初就联合一个与城市功能相适宜的设计领域。将其中的行业资源和行业组织引入创建者联盟之中。具体的做法就是联络中国服装协会，将协会的组织机构和办事基地汇聚到园区，并由此吸引其重要的会员入驻其间，在最短的时间内凝聚专业高地，以呈现园区自身的社会价值。第二，发挥城市在国际交流领域的角色作用，将园区资源与北京首都的国际交流功能联系起来，凝聚国际影响力。从世界的设计行业中获得园区的知名度，由此反向赢得国内设计领域的尊重和注意。用国际的视野来照亮园区实际功能的路径，是他们能够迅速凝集专业影响力，获得政府支持和认可，以及社会各界对其专业引领性认同的要核。

在回答"设计园区形成汇聚效应的含义和价值"的问题上，他们呈现了更为可贵的答案。其中，在设计园区的汇聚价值上，来自于整个社会在经济生活和文化生活中的作用性和价值度。经济不是商业和生意，文化不是标签和符号。任何社会经济体的存在，都是建立在其社会功能的呈现和价值基础之上的。没有刻意为了建设而建设的成功案例。

在设计园区作为汇聚专业政策的良好渠道上。当下中国的实际情况是设计基层和一般机构，在获得政策资讯上存在着一定的难度和纷杂的途径。作为中间组织的园区企业，客观上汇集了多方资源，联结政策资讯和传达政策内容有着得天独厚的优势。尤其在凝聚了一个行业影响力机构入驻之后，在引导政府对创业创意类政策的宣传上极具能动性和组织力。通过园区，既有效地传递了最新政策的内容与目标，又反向地成为回馈政策实施情况的最基层实体。从创新型社会建设的角度上，可以将这一机制看作具有中国设计发展特色的世界性成果，成为现代设计文明真正落地生根于中国的最具自身实践价值和意义的机制。

最后，中国现代化建设方兴未艾。面向未来的城市文明与城市功能设计是一个至关重要的战略问题。"798"和"751D·PARK"对设计资源的汇聚和设计功能的集聚，在意义和价值上首推能够超越设计行业的狭义聚集，而在如何呈现一个能够反映城市功能，铸就当代文化的城市生活和经济生活相融合的新基地。一个具有城市综合体性质的特色物理空间，不但将设计的文化凝聚在这里，同时还将设计的生态要素汇聚成一体，将音乐、电影、时尚和创业等更具生态性的要素汇合在一起，形成了一个互相作用、互相辅助、相互促进的城市人文生态系统，在城市的功能中确立文化的能量和价值。现代设计在城市中，首先应该成为这个城市的一种人文生态的有机组成部分，这是由设计的根本逻辑决定的。面向未来，设计在当代中国的社会发展中，再也不可能只是成为制造商模仿国外产品时的美工，或者是服务于企业技术原型后的外观，而是成为国民创业创新精神的思维方法和社会文化生活的关键机能。

一个城市具有人文精神和设计文化的引力，关键是要具有人文主义精神的城市功能和生态环境。设计园区对于一个城市，就像聚合人文要素的园地，将利于这一生态的一切要素汇聚起来进行呵护和培育。像园丁之于花圃，像农人之于良田，像设计的战略研究之于企业的发展目标一样。城市是属于时代的，应该具有时代的脉搏和呈现人文精神的机能。没有文明与文化的支撑，漠视幸福与情感的交汇，任何城市都将失去其存在的意义和价值，像巨人失去了灵魂和意志。"798"和"751D·PARK"近十年来的耕耘与建设，就像一个耕耘城市人文精神的园艺工作者，在创新与创造之间，培育着北京城里的一个可以将时代折叠在一个品味的家园；一个可以将中国的设计创新、设计创业和文化建设汇合成家园的体验之地。

人们说，一个社会机制的向度，是这个社会文明发展的势能。寻求和认识如何在中国社会中建立和建设设计的社会性生态机制，是我们孜孜以求的学术目标和学问动力。愿我们对当今中国大地上不断涌现出来的、出色的设计园区建设者们的系列深访，能够总结这个目标下凝结的中国智慧和属于中国人自己对设计应该如何在中国发展的真实回答。

参考文献
REFERENCES

白鸥，李拓宇，2021. 从竞争优势到可持续发展：智慧城市创新生态系统的动态能力研究 [J]. 研究与发展管理，33(6): 44-57.

北京市统计局，2022 年北京国民经济和社会发展统计公报.

边宏雷，2009. 论国家工业设计创新系统的构建 [J]. 生产力研究，(24): 122-124.

蔡红，2022. 基于全局主成分——聚类分析的城市创新生态系统评价——以中国 19 个重点城市为例 [J]. 科技和产业，22(5): 229-234.

曾国屏，苟尤钊，刘磊，2013. 从"创新系统"到"创新生态系统" [J]. 科学学研究，31(1): 4-12.

陈超凡，蓝庆新，王泽，2021. 城市创新行为改善生态效率了吗？——基于空间关联与溢出视角的考察 [J]. 南方经济，(1): 102-119.

陈健，高太山，柳卸林，等，2016. 创新生态系统：概念、理论基础与治理 [J]. 科技进步与对策，33(17)：153-160.

陈亮，2014. 现代生态城市规划设计的理念创新与发展 [J]. 江西建材，(15): 39.

邓荣荣，张翱祥，陈鸣，2022. 低碳试点政策对生态效率的影响及溢出效应——基于空间双重差分的实证分析 [J]. 调研世界，(1): 38-47.

段进军，吴胜男，2017. 苏州创新生态系统成熟度研究——基于上海、杭州、深圳等 16 城市的比较分析 [J]. 苏州大学学报（哲学社会科学版），38(6): 96-107.

韩庚君，2020. 京津冀城市群创新生态系统构建研究 [J]. 合作经济与科技，(16): 36-37.

何群，2018. 构建创新生态系统：我国文化产业提质增效的路径 [J]. 学习与探索，(2): 108-116.

华岳，谭小清，2021. 区位导向型创新政策与城市生态效率——来自中国创新型城市建设的证据 [J]. 南京财经大学学报，(5): 76-85.

姜红，高思芃，吴玉洁，2020. 区域科技服务协同创新生态系统研究——以哈长城市群为例 [J]. 中国科技资源导，52(4): 1-9, 54.

蒋红斌，2013. 分工、结构和工业设计园区的演进 [J]. 装饰，(10): 98-100.

蒋红斌，2018. 中国工业设计园区基础数据与发展指数研究（2017 年度）[M]. 北京：清华大学出版社.

蒋红斌，方憬，2014. 中国的工业设计产业园区发展特质 [C]// 北京数字科普协会，中国科学院网络科普联盟. 2014 年科学与艺术研讨会——主题："科学与艺术 融合发展服务社会"论文集. 北京：163-170.

雷雨嫣，刘启雷，陈关聚，2019. 网络视角下创新生态位与系统稳定性关系研究 [J]. 科学学研究，37(3): 535-544.

李健楠，2018. 智能城市绿色创新生态系统模型研究 [J]. 环渤海经济瞭望，(8): 42.

李守林，2008.天津提升城市竞争力的策略分析 [J].天津行政学院学报，(3): 66-69.

李长安，2003.建设中国中部经济"金三角"刍议 [J].科技导报，(1): 49-51.

刘浩轩，2018.引入生态环境视角的创新型城市动态评价体系研究 [J].价值工程，37(26): 33-35.

刘嘉元，2024.重庆工业优势产业的选择与发展研究 [J].科学咨询（科技 管理），(1): 1-4.

刘洁，柳冠中，2018.专访柳冠中：峰起峦涧中，任重而道远——中国工业设计 40 年 [J].美术观察，(11): 20-23.

刘静，2022.城市创新生态系统韧性的测算及提升 [J].河南科学，40(4): 681-688.

刘宁，冷潇潇，2022.2022 年我国工业设计行业发展现状统计研究 [J].设计，35(8): 100-106.

刘平峰，张旺，2020.创新生态系统共生演化机制研究 [J].中国科技论坛，(2): 17-27.

刘轶，2006.陕西省循环经济发展状况评价与对策研究 [D].西安西北大学.

刘云强，权泉，朱佳玲，等，2018,.绿色技术创新、产业集聚与生态效率——以长江经济带城市群为例 [J].长江流域资源与环境，27(11): 2395-2406.

柳冠中，2005.事理学论纲 [M].长沙：中南大学出版社.

柳卸林，吉晓慧，2024.中国城市创新生态系统竞争力评价研究——基于中国 100 个城市的分析 [J].科学学与科学技术管理，45(1): 91-109.

柳卸林，吉晓慧，杨博旭，2022.城市创新生态系统评价体系构建及应用研究——基于"全创改"试点城市的分析 [J].科学学与科学技术管理，43(5): 63-84.

龙如银，董秀荣，2007.面向循环经济的资源型城市技术创新的路径选择 [J].能源技术与管理，(5): 35-39.

卢超，尤建新，郑海鳌，2016.创新驱动发展的城市建设路径——以上海创新型城市建设为例 [J].科技进步与对策，33(23): 25-31.

陆小成，2014.新型城镇化的低碳创新道路研究 [J].广西社会科学，(11): 132-135.

罗能生，余燕团，2018.创新对中国城市生态效率的影响研究——基于空间溢出分解的视角 [J].环境经济研究，3(2): 27-44.

吕晓静，刘霁晴，张恩泽，2021.京津冀创新生态系统活力评价及障碍因素识别 [J].中国科技论坛，(9): 93-103.

曼纽尔·卡斯泰尔，2001.信息化城市 [M].南京：江苏人民出版社.

梅亮，陈劲，刘洋，2014.创新生态系统：源起、知识演进和理论框架 [J].科学学研究，32(12): 1771-1780.

彭定洪, 董婷婷, 2022. 城市群创新生态系统健康性评价方法研究——以长江经济带五大城市群为例 [J]. 华东经济管理, 36(11): 17-27.

上海市统计局, 2022 年上海国民经济和社会发展统计公报.

深圳市统计局, 2022 年深圳国民经济和社会发展统计公报.

史竹生, 2019. 创新生态系统视角下安徽省企业创新效率评价研究 [J]. 中国市场, (11): 163, 165.

苏章宏, 古严才, 2013. 论生态城市园林建设的突破性的思维 [J]. 现代园艺, (8): 240-242.

隋映辉, 2004. 城市创新生态系统与"城市创新圈" [J]. 社会科学辑刊, (2): 65-70.

汪东敬, 任雪萍, 2012. 基于城市创新体系中创新主体的个体生态化建设研究 [J]. 经济研究导刊, (25): 138-139.

王发明, 朱美娟, 2019. 创新生态系统价值共创行为协调机制研究 [J]. 科研管理, 40(5): 71-79.

王星星, 2019. 武汉"设计之都"建设面临的问题及对策分析 [J]. 长江论坛, (4): 44-47.

王智敏, 2017. 构建科创枢纽关键在创新制度供给——对广州建设国际科技创新枢纽城市的思考 [J]. 学理论, (8): 19-21.

文小才, 2008. 郑东新区可持续发展的政策措施研究 [J]. 河南商业高等专科学校学报, (3): 30-34.

巫英, 2017. 上海建设城市创新体系的现状与对策研究——基于创新生态系统视角 [J]. 科技管理研究, 37(16): 1-6.

武汉市统计局, 2022 年武汉国民经济和社会发展统计公报.

武英凯, 徐君, 2021. 资源型城市创新生态系统动态演化研究 [J]. 河南大学学报（社会科学版）, 61(4): 50-55.

肖澜, 孙蕾, 2019. 北京设计产业发展情况报告（2019）[R]. 北京: 社会科学文献出版社.

徐君, 戈兴成, 王曦, 等, 2020. 资源型城市高质量转型发展的机制及路径研究——基于需求侧和供给侧双轮驱动视角 [J]. 广西社会科学, (12): 53-61.

许正权, 潘雄锋, 2008. 点—线—面—体的创新型城市建设构架 [J]. 科技与经济, (5): 6-9.

颜靖艺, 李博, 2021. 基于 dice 模式的中小城市国家高新区创新生态系统评价研究——以 9 个中小城市国家高新区为例 [J]. 产业创新研究, (22): 24-26.

杨博旭, 2023. 科技创新支撑共同富裕: 理论基础、现实挑战和战略路径 [J]. 山东财经大学学报, 35(6): 15-25.

杨秀丽, 汪玉珍, 寇晨欢, 2022. 资源型城市构建创新生态系统的机制研究——以黑龙江省大庆市为例 [J]. 生态经济, 38(12): 89-96.

叶堂林, 刘佳, 2024. 京津冀与珠三角产业协同发展比较研究 [J]. 河北学刊, 44(4): 160-167.

扎恩哈尔·杜曼, 孙慧, 2022. 绿色技术创新对城市生态效率空间溢出和门槛效应分析 [J]. 统计与决策, 38(14): 169-173.

张珂, 张峥维, 2021. 创新生态化背景下城市创新城区空间发展探析——以武汉创谷汉江湾云谷实践

为例 [J]. 城市住宅，28(10): 138-139.

张秋凤，肖义，唐晓，等，2022. 中国五大城市群生态效率的演变及其影响因素 [J]. 经济地理，42(11): 54-63.

张永凯，韩梦怡，2018. 城市创新生态系统对比分析：北京与上海 [J]. 开发研究，(4): 64-70.

郑述招，吴琴，2016. 从知识产权看城市创新能力及创新生态系统构建——以珠海市为例 [J]. 科技管理研究，36(5): 111-116.

重庆市统计局，2022 年重庆国民经济和社会发展统计公报．

周蕾，2022. 理工科大学助力城市创新生态系统建设的路径和机制——以纽约康奈尔理工学院为例 [J]. 高等工程教育研究，(2): 122-128.

朱骏，黄卫东，游骏霞，2009. 选择合适再利用模式，推动工业遗存有机更新——以杭州创新 创业新天地城市设计为例 [C]// 中国城市规划学会. 城市规划和科学发展——2009 中国城市规划年会论文集. 深圳：深圳市城市规划设计研究院有限公司设计所：9.

祝影，唐春光，孙锐，等，2019. 基于系统耦合的中国科技创新城市评价 [J]. 科技管理研究，39(24): 30-39.

ADNER R, KAPOOR R, 2010. Value creation in innovation ecosystems: how the structure of technological interdependence affects firm performance in new technology generations[J]. Strategic management journal, 31(3): 306-333.

ADNER R, 2006. Match your innovation strategy to your innovation ecosystem[J]. Harvard business review, 84(4) : 98.

ADNER R, 2017. Ecosystem as structure: an actionable construct for strategy[J]. Journal of management, 43(1): 39-58.

BASKARAN, S, 2016. What is innovation anyway? Youth perspectives from resource constrained environments[J]. Technovatio, 52-53: 4-17.

BELITSKI M，2016. Creativity, entrepreneurship and economic development: city-level evidence on creativity spillover of entrepreneurship[J]. Journal of technology transfer, 41(6): 1354-1376.

CARAYANNIS E G, CAMPBELL D F J, 2009. "Mode 3" and "quadruple helix": toward a 21st century fractal innovation ecosystem[J]. Int. J. of technology management, 46 (4): 18-32.

CECCAGNOLI M, FORMANC, HUANG P, et al. 2012. Co-creation of value in a platform ecosystem: the case of enterprise software[J]. Mis quarterly, 36(1): 263-290.

COHEN B，2015. Toward a theory of purpose-driven urban entrepreneurship[J]. Organization & environment, 28(3): 264-285.

COOKE P, BECHTLE G, BOEKHOLT P, et al., 1997. Business processes in regional innovation systems in the european union[C]//Paper submitted to the eu-tser workshop on globalization and the learning economy:

implications for technology policy.

COOKE P, 1997. Regional innovation systems: institutional and organisational dimensions[J]. Research policy, 26(4-5): 475-491.

DE ZUBIELQUI D, 2015. Knowledge transfer between actors in the innovation system: a study of higher education institutions (heis) and smes[J]. Journal of business & industrial marketing, 30(3-4): 436-458.

EDLER J, 2019. Innovation in the periphery: a critical survey and research agenda[J]. International regional science review, 42(2): 119-146.

EDLER J, FAGERBERG J, 2017. Innovation policy: what, why, and how[J]. Oxford review of economic policy, 33(1): 2-23.

ESCALONAORCAO, 2016. The location of creative clusters in non-metropolitan areas: a methodological proposition[J]. Journal of rural studie, 45: 112-122.

FASOLI A, 2017. Engaged by design: the role of emerging collaborative infrastructures for social development. Roma makers as a case study[J]. Design journal, 20(1): s3121-s3133.

GALLUZZO L, 2019 . Prototyping social practices in the martesana district: research and teaching experience that involve local communities[C]//Edulearn19: 11th international conference on education and new learning technologies, palma, spain: iated-int assoc technology education & development, 7567-7574.

GOMES L A D V, FACIN A L F, SALERNO M S, et al., 2018. Unpacking the innovation ecosystem construct: evolution, gaps and trends[J]. Technological forecasting and social change. 136: 30-48.

GRANSTRAND O, HOLGERSSON M, 2020. Innovation ecosystems: a conceptual review and a new definition[J]. Technovation, 90-91.

GRILLITSCH M, 2019. Innovation policy for system-wide transformation: the case of strategic innovation programmes (sips) in sweden[C]//Research policy, elsevier, 1048-1061.

HANNAH D P, EISENHARDT K M, 2018. How firms navigate cooperation and competition in nascent ecosystems[J]. Strategic management journal, 39(12): 3163-3192.

JACOBIDES M G, CENNAMO C, GAWER A, 2018. Towards a theory of ecosystems[J]. Strategic management journal, 39(8): 2255-2276.

KAISER R, PRANGE H, 2004. Managing diversity in a system of multi-level governance: the open method of co-ordination in innovation policy[J]. Journal of european public polic, marburg, germany: routledge journals, taylor & francis ltd, 249-266.

KLIMAS P, CZAKON W, 2022. Species in the wild: a typology of innovation ecosystems[J]. Review of managerial science, 16(1): 249-282.

KRÄTKE S, 2007. Metropolisation of the european economic territory as a consequence of increasing specialisation of urban agglomerations in the knowledge economy[J]. European planning studies, (1): 1-27.

KUHLMANN S, ELDER J, 2003. Scenarios of technology and innovation policies in europe: investigating future governance[J]. Technological forecasting and social change, 70(7): 619-637.

LARANJA M, 2008. Policies for science, technology and innovation: translating rationales into regional policies in a multi-level setting[J]. Research policy, 37(5): 823-835.

LUNDVALL B A, 1985. Product innovation and user-producer interaction[M]. Aalborg: Aalborg university press.

MARTIN R, 2018. The city dimension of the productivity growth puzzle: the relative role of structural change and within-sector slowdown[J]. Journal of economic geography, 18(3): 539-570.

MONNA V, 2017. Make the environment the (next) economy. [J]. Design journal, 20(1): s1836-s1851.

NIJKAMP P, KOURTIT K. 2013. The "new urban europe": global challenges and local responses in the urban century[J]. European planning studies, 21(3): 291-315.

SANGER M B, LEVIN M, 1992. Using old stuff in new ways - innovation as a case of evolutionary tinkering[J]. Journal of policy analysis and management, 11(1): 88-115.

SHEARMUR R, 2012. Are cities the font of innovation? A critical review of the literature on cities and innovation[J]. Cities, 29(2): S9-S18.

STERNBERG R, 2010. Cluster policies in the us and germany: varieties of capitalism perspective on two high-tech states[J]. Environment and planning c-government and polic, 28(6): 1063-1082.

TEECE D J, 2018. Profiting from innovation in the digital economy: enabling technologies, standards, and licensing models in the wireless world[J]. Research policy, 47(8): 1367-1387.

TUCKERMAN, NELLES J, 2023. Sustainable innovation policy: examining the discourse of uk innovation policy[J]. Environmental science & policy, 145: 286-297.

WILLIAMS R, EDGE D, 1996. The social shaping of technology[J]. Research policy, 25(6): 865-899.

XU Z M, 2019. Challenges of building entrepreneurial ecosystems in peripheral places[J]. Journal of entrepreneurship and public polic, 8(3): 408-430.

致谢

设计的生态

      清华大学艺术与科学研究中心下属的设计战略与原型创新研究所，自2010年以来，每年都以专题研究的方式考察和分析全国的工业设计型园区，以及园区与地区经济、城市更新、产业转型、人才发展等社会发展要素之间的联结，从机制、组织方式和组织成效上考察其特质和规律。

      此书是继原来著作的基础上，自2019年起由本所研究人员再次组成新的联合研究团队，并联络社会资源协同开展的专题研究。内容主要是对北京市的发展战略、区域规划目标和产业形态要求等做了详细的资料收集、分析梳理和联合研究。在此，要对过程中参与主要工作的人员深表感谢，其中，张俏作为联合研究人员，在两年多的时间里对"751D·PARK和798艺术区"进行了深入的调研和考察，不辞辛劳，与园区建设者、驻园企业友好交流，为本书提供了宝贵的第一手资料，并通过大量的分析，运用社会学和组织经济学等相关理论和方法，为书中重要观点与内容的输出起到了关键作用。此外，北京联合大学的方憬老师、清华大学的靳梦菲、李俏儒、曹馨月、刘馨忆和程思娴等同学，都在一手资料、现场访谈、照片摄制和示意图生成的工作上付出了辛勤的劳动。金志强作为助理研究员，更是能力出色，在封面图形制作和版式整理中作出了重要的贡献。

      感谢北京"798艺术区"和"751D·PARK"驻园企业的诸多设计企业者的支持和帮助，尤其是"hofo"的创始人枣林先生，是他力荐将典型设计园区的研究专案凝聚在北京"751D·PARK"这块土地上如何呈现城市发展与设计事业之间的有机联系。同时，还要特别感谢原园区总经理张军元先生，是他饱含热情，以对北京"751D·PARK"建设的至诚之心激励着我们对设计园区的发展事业如何凝聚在这里做了深入的、饶有趣味的梳理。

      另外，还要感谢中国工业设计协会专家工作委员会的相关专家们，是他们的信任和对此事的高度认可和帮助下，才让我们得以更为细致地发现和采访典型人物和整理相关事迹。